"十四五"高等职业教育计算机类专业系列教材

鲲鹏云安全技术与应用

主　编　池瑞楠　张　梁　高　琪
副主编　勾春华　张松柏　秦景辉
　　　　谢洁明　杨志景

電子工業出版社
Publishing House of Electronics Industry
北京·BEIJING

内 容 简 介

本书通过实践导引的方式，全面介绍了在华为鲲鹏云平台上进行云安全防护的关键技术和应用。通过深入探讨内外网防护、华为云 DDoS 防护、主机安全服务、数据加密服务、数据库安全审计、Web 应用防火墙服务、漏洞管理服务和云堡垒机等核心内容，读者可以对鲲鹏云安全技术与应用有一个全面的认识。

本书可以作为高职高专院校计算机、云计算、网络安全等相关专业的教学用书，也可以作为从事公有云交付、云计算安全运维、服务器安全运维、安全应用实施等工作的技术人员的参考书。

未经许可，不得以任何方式复制或抄袭本书之部分或全部内容。
版权所有，侵权必究。

图书在版编目（CIP）数据

鲲鹏云安全技术与应用 / 池瑞楠，张梁，高琪主编.
北京：电子工业出版社，2025. 1. -- ISBN 978-7-121-49586-1

Ⅰ. TP393.027

中国国家版本馆 CIP 数据核字第 202507ZJ83 号

责任编辑：刘　洁
印　　刷：三河市鑫金马印装有限公司
装　　订：三河市鑫金马印装有限公司
出版发行：电子工业出版社
　　　　　北京市海淀区万寿路 173 信箱　　邮编：100036
开　　本：787×1092　　1/16　　印张：18.75　　字数：480 千字
版　　次：2025 年 1 月第 1 版
印　　次：2025 年 1 月第 1 次印刷
定　　价：64.80 元

凡所购买电子工业出版社图书有缺损问题，请向购买书店调换。若书店售缺，请与本社发行部联系，联系及邮购电话：（010）88254888，88258888。
质量投诉请发邮件至 zlts@phei.com.cn，盗版侵权举报请发邮件至 dbqq@phei.com.cn。
本书咨询联系方式：（010）88254178，liujie@phei.com.cn。

随着互联网的不断发展，云安全防护作为云计算的重要组成部分，一直受到广泛的关注和重视。

云安全防护可以通过互联网向用户提供安全资源和服务。用户可以根据需求灵活地使用这些资源和服务，无须担心自己的应用被攻击、数据被泄露。云安全防护可以保障云服务的高效、灵活、可靠和安全。

编写本书的初衷是将公有云厂商的前沿技术转化为人才培养素材，用于培养适应社会经济发展需要的专业技术人才，帮助他们就业。随着社会的不断发展和进步，企业对云安全防护人才的需求量越来越大，因此需要有一套完整的教材，帮助读者掌握所需的知识和技能。

本书可以作为教师教学的参考书，为培养高质量的人才提供有力支持。通过实际案例，本书可以帮助读者在学习过程中更好地将理论知识与实际应用相结合，提高读者的就业能力和职业发展潜力。

本书编者深入了解了当前就业市场的需求和趋势，并且意识到学校教育和工程实践之间的差距。编者认为，将实际工作中的知识和技术引入教材，可以帮助读者更好地适应就业市场，提高读者的就业竞争力。

本书具有以下特点。

- 理论与实践相结合。本书不仅注重理论知识的传授，还充分结合了实际案例和实践经验，将理论知识与实践应用相结合，帮助读者更好地理解和掌握知识。
- 内容全面且系统。本书内容全面、系统，涵盖了大部分专业知识和技能，可以帮助读者建立完整的知识体系。此外，本书按照由浅入深、循序渐进的方式组织内容，可以帮助读者逐步掌握知识和技能。
- 注重技能培养。本书提供了大量的实际案例和实践经验，可以培养读者解决实际问题的能力。
- 与时俱进。本书在编写过程中注重与较新的 IT 技术和行业发展保持同步，可以反映当前的主流技术和行业发展趋势，使读者了解和掌握较新的专业知识和技能。

结合以上特点，本书旨在为读者提供一套完整、实用的学习资料，帮助读者掌握所需的专业知识和技能，提高其就业能力和职业发展潜力。

本书采用实践驱动的编写思路，旨在帮助读者更好地理解和掌握知识。本书分为 8 章，每章都涵盖一个特定的主题或技能领域，可以让读者按顺序学习，逐步掌握所需的知识和技能。每章都分为 6 部分，分别为本章导读、知识准备、任务分解、安全防护实践、本章小结、本章练习。其中，本章导读概述本章的主要内容和学习目标，帮助读者快速了解本章的核心主题和重点知识；知识准备为读者全面、详细地介绍本章的主要内容；任务分解主要通过任务实操，引导读者逐步掌握每个知识点；安全防护实践主要帮助读者掌握云安全防护的实战经验；本章小结主要总结本章的重点和难点内容；本章练习主要帮助读者巩固所学的知识。

本书建议的授课学时为 64 学时，课程内容及学时分配如表 1 所示。

表 1　本书的课程内容及学时分配

项目	课程内容	学时分配
第 1 章	内外网防护实践	8 学时
第 2 章	华为云 DDoS 防护实践	8 学时
第 3 章	主机安全服务实践	8 学时
第 4 章	数据加密服务实践	8 学时
第 5 章	数据库安全审计实践	8 学时
第 6 章	Web 应用防火墙服务实践	8 学时
第 7 章	漏洞管理服务实践	8 学时
第 8 章	云堡垒机实践	8 学时

本书可以作为高职高专院校计算机、云计算、网络安全等相关专业的教学用书，也可以作为从事公有云交付、云计算安全运维、服务器安全运维、安全应用实施等工作的技术人员的参考用书。本书假设读者具备一定的云操作基础，因此书中的操作步骤较为简略。对于初学者和希望温故知新的读者，建议在阅读本书前学习或回顾云计算和网络安全的基础知识，同时利用在线资源（如教程、论坛和官方文档）补充和加深理解相关知识。

本书由深圳职业技术大学的池瑞楠与深圳市讯方技术股份有限公司、中国软件评测中心的工程师共同编写完成，这些工程师包括但不限于张梁、高琪、勾春华、张松柏、秦景辉、谢洁明、杨志景（排名不分先后）。

在本书的编写过程中，编者参阅了国内外同行编写的相关著作和各类文献，以及许多在线资源和技术文档。在此，编者对所有参考文献的作者表示衷心的感谢。在本书的验证和校对阶段，深圳市讯方技术股份有限公司的工程师们提供了很大的帮助和支持。

编者会尽力保证书中内容的准确性和完整性，但由于时间、篇幅和专业知识等方面的限制，书中难免存在一些不足之处，编者对此深表歉意。如果读者在阅读本书的过程中发现了任何问题，请随时与编者联系（编者的电子邮箱：xinhuang@szpu.edu.cn），编者会尽快核实并修正。此外，欢迎各位读者提出宝贵意见和建议，帮助编者不断提高本书的质量。

编　者

目录

第 1 章 内外网防护实践 1

1.1 本章导读 1
1.2 知识准备 2
    1.2.1 内网防护技术 2
    1.2.2 内外网连接防护技术 6
    1.2.3 外网边界防护技术 10
1.3 任务分解 10
1.4 安全防护实践 11
    1.4.1 VPC 实践 11
    1.4.2 威胁检测服务实践 19
    1.4.3 云专线实践 25
    1.4.4 VPN 实践 29
1.5 本章小结 30
1.6 本章练习 31

第 2 章 华为云 DDoS 防护实践 32

2.1 本章导读 32
2.2 知识准备 33
    2.2.1 华为云 DDoS 33
    2.2.2 DDoS 原生基础防护 35
    2.2.3 DDoS 原生高级防护 36
    2.2.4 DDoS 高防 37
2.3 任务分解 41
2.4 安全防护实践 41
    2.4.1 DDoS 原生基础防护实践 41
    2.4.2 DDoS 原生高级防护实践 43
    2.4.3 DDoS 高防实践 47
    2.4.4 DDoS 阶梯调度策略实践 58

| 2.5 | 本章小结 | 62 |
| 2.6 | 本章练习 | 62 |

第3章 主机安全服务实践 ... 63

3.1	本章导读	63
3.2	知识准备	64
	3.2.1 主机安全	64
	3.2.2 容器安全	65
	3.2.3 网页防篡改	66
3.3	任务分解	67
3.4	安全防护实践	67
	3.4.1 HSS 的登录安全加固实践	67
	3.4.2 HSS 的多云纳管部署实践	78
	3.4.3 HSS 的护网/重保实践	95
3.5	本章小结	104
3.6	本章练习	104

第4章 数据加密服务实践 ... 105

4.1	本章导读	105
4.2	知识准备	105
	4.2.1 数据加密服务	105
	4.2.2 KMS	107
	4.2.3 CSMS	111
	4.2.4 KPS	114
	4.2.5 DHSM	115
4.3	任务分解	119
4.4	安全防护实践	119
	4.4.1 使用 KMS 加密保护线下数据	119
	4.4.2 云服务使用 KMS 加密和解密数据	131
	4.4.3 使用加密 SDK 进行本地文件的加密和解密	142
	4.4.4 跨 Region 容灾的加密和解密	145
4.5	本章小结	148
4.6	本章练习	148

第5章 数据库安全审计实践 ... 149

5.1	本章导读	149
5.2	知识准备	149
	5.2.1 数据库安全审计	149
	5.2.2 部署架构与安全	152

		5.2.3 个人数据保护机制	157
		5.2.4 数据库安全审计资源的权限管理	157
	5.3	任务分解	159
	5.4	安全防护实践	159
		5.4.1 审计 ECS 的自建数据库	159
		5.4.2 审计关系型数据库	165
		5.4.3 数据库检测实践	176
		5.4.4 数据库审计配置	186
	5.5	本章小结	197
	5.6	本章练习	197

第 6 章 Web 应用防火墙服务实践 198

6.1	本章导读		198
6.2	知识准备		199
	6.2.1	WAF	199
	6.2.2	防护原理	199
	6.2.3	功能特性	200
	6.2.4	个人数据保护机制与安全	200
6.3	任务分解		201
6.4	安全防护实践		201
	6.4.1	配置反爬虫防护策略	201
	6.4.2	配置 ECS/ELB 访问控制策略	206
	6.4.3	独享引擎实例升级最佳实践	210
	6.4.4	WAF 接入配置实践	213
6.5	本章小结		218
6.6	本章练习		218

第 7 章 漏洞管理服务实践 219

7.1	本章导读		219
7.2	知识准备		220
	7.2.1	漏洞管理服务	220
	7.2.2	功能介绍	220
	7.2.3	功能特性	221
	7.2.4	个人数据保护机制	222
7.3	任务分解		223
7.4	安全防护实践		223
	7.4.1	开通漏洞管理服务	223
	7.4.2	网站漏洞扫描	228
	7.4.3	主机扫描	244

          7.4.4 安全监测 260
   7.5 本章小结 264
   7.6 本章练习 264
第 8 章 云堡垒机实践 265
   8.1 本章导读 265
   8.2 知识准备 266
      8.2.1 云堡垒机 266
      8.2.2 功能特性 266
      8.2.3 个人数据保护机制 270
   8.3 任务分解 271
   8.4 安全防护实践 271
      8.4.1 数据库高危操作的复核审批 271
      8.4.2 云堡垒机等保实践 278
      8.4.3 跨云、跨 VPC、线上、线下统一运维实践 285
      8.4.4 事后追溯安全事故实践 290
   8.5 本章小结 291
   8.6 本章练习 291

第 1 章

内外网防护实践

1.1 本章导读

内外网防护是云平台安全的重要一环。本章主要介绍鲲鹏云系统中的内外网防护技术,包括内网防护技术、内外网连接防护技术、外网边界防护技术等。内网防护技术可以在虚拟私有云(Virtual Private Cloud,VPC)内进行子网隔离,以业务系统为界限,对于同一个应用中的不同节点,根据其业务端口进行细粒度划分,从而大幅度提高云主机的网络安全性。内外网连接防护技术可以利用虚拟专用网络(Virtual Private Network,VPN)和云专线(Direct Connect,DC)服务,确保内网和外网之间的通信安全性。外网边界防护技术可以利用云防火墙(Cloud Firewall,CFW),对云上的互联网边界和 VPC 边界进行防护。

1. **知识目标**

- 了解内网防护的架构和原理。
- 了解内外网连接防护的架构和原理。
- 了解外网边界防护的架构和原理。

2. **能力目标**

- 能够配置内网防护。
- 能够配置内外网连接防护。
- 能够配置外网边界防护。

3. **素养目标**

- 培养以科学的思维方式审视专业问题的能力。
- 培养实际动手操作与团队合作的能力。

1.2 知识准备

1.2.1 内网防护技术

华为云数据中心节点众多、功能区域复杂。为了简化网络安全设计，防止网络攻击在华为云中扩散，最小化攻击影响，华为云参考 ITU E.408 安全区域的划分原则，并且结合业界网络安全的优秀案例，对华为云网络进行了安全区域、业务层面的划分和隔离。安全区域内部的节点具有相同的安全等级。华为云在网络架构设计、设备选型配置和运行维护等方面进行了综合考虑，对承载网络进行了各种针对物理和虚拟网络的多层安全隔离，接入了控制和边界防护技术，并且严格执行相应的管控措施，从而确保自身的安全。在华为云的内网中，华为云主要以业务系统为界限，在 VPC 中进行子网隔离，对于同一个应用中的不同节点，会根据节点业务端口进行细粒度划分，从而大幅度提高云主机的网络安全性。

1. VPC

VPC 是用户在华为云上申请的隔离、私密的虚拟网络环境。用户可以基于 VPC 构建独立的云上网络空间，配合弹性公网 IP 地址（Elastic IP，EIP）、云连接（Cloud Connection，CC）、云专线等服务与 Internet、云内私网、跨云私网互通，构建可靠、稳定、高效的专属云上网络空间。VPC 通常使用网络虚拟化、链路冗余、分布式网关集群、多 AZ（Availability Zone，可用区）部署等技术，保障网络的安全性、稳定性、高可用性。

1）VPC 的产品架构

VPC 的产品架构可以分为 3 部分，分别为 VPC 组成部分、安全、VPC 连接，如图 1-1 所示。

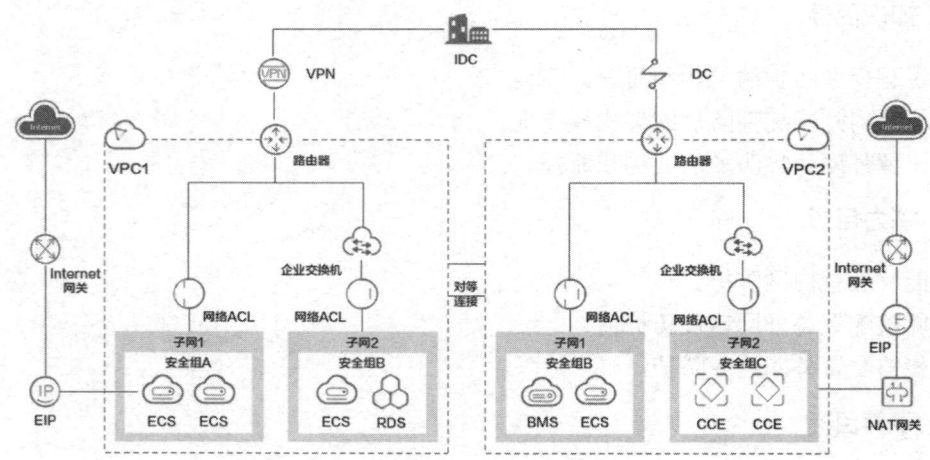

图 1-1　VPC 的产品架构

- VPC 组成部分：每个 VPC 都由一个私网网段、路由表和至少一个子网组成。
  - 私网网段：用户在创建 VPC 时，需要指定 VPC 使用的私网网段。当前 VPC 支持的网段有 10.0.0.0/8～24、172.16.0.0/12～24 和 192.168.0.0/16～24。

- ➢ 子网：云资源（如云服务器、云数据库等）必须部署在子网内。
  - ➢ 路由表：在创建 VPC 时，系统会自动生成默认路由表。默认路由表的作用是保证同一个 VPC 下的所有子网互通。当默认路由表中的路由策略无法满足应用需求（如未绑定 EIP 的云服务器需要访问外网）时，用户可以创建自定义路由表。
- 安全：安全组与网络 ACL（Access Control List，访问控制列表）主要用于保障 VPC 内部署的云资源安全。安全组类似于虚拟防火墙，可以为同一个 VPC 内具有相同安全保护需求并互相信任的云资源提供访问策略。为具有相同网络流量控制的子网关联同一个网络 ACL，通过设置出方向规则和入方向规则，可以对进出子网的流量进行精确控制。
- VPC 连接：华为云提供了多种 VPC 连接方案，用于满足不同场景的诉求，具体如下。
  - ➢ 通过 VPC 对等连接，可以实现同一个区域内不同 VPC 下的私网 IP 地址互通。
  - ➢ 通过 EIP 或 NAT 网关，可以使 VPC 内的云服务器与公网互通。
  - ➢ 通过 VPN、云连接、云专线及企业交换机，可以将 VPC 和数据中心连通。

2）访问 VPC 的方法

在华为云中，用户访问 VPC 的方法有两种：通过管理控制台访问 VPC、使用基于 HTTPS 请求的 API（Application Programming Interface，应用程序编程接口）访问 VPC。

- 通过管理控制台访问 VPC：管理控制台是网页形式的，用户可以使用直观的界面进行相应的操作。因此，用户可以登录管理控制台，通过界面操作访问 VPC。
- 使用基于 HTTPS 请求的 API 访问 VPC：如果用户需要将云平台上的 VPC 集成到第三方系统中，用于进行二次开发，则可以使用该方法访问 VPC。

3）华为云提供的 VPC 服务的优势

华为云提供的 VPC 服务具有以下优势。

- 灵活配置：自定义虚拟私有网络，按需划分子网，配置 IP 地址段、DHCP、路由表等服务，支持跨可用区部署弹性云服务器（Elastic Cloud Server，ECS）。
- 安全可靠：VPC 之间通过隧道技术进行 100%逻辑隔离，不同的 VPC 之间默认不能进行通信。网络 ACL 可以对子网进行防护，安全组可以对 ECS 进行防护，多重防护可以使用户的网络更安全。
- 互联互通：在默认情况下，VPC 与公网之间是不能进行通信的，但可以使用 EIP、弹性负载均衡（Elastic Load Balance，ELB）、NAT 网关、VPN、云专线等多种方式连接公网。在默认情况下，两个 VPC 之间也是不能进行通信的，但可以使用对等连接的方式，使用私有 IP 地址在两个 VPC 之间进行通信。对于云上和云下网络的二层互通问题，企业交换机支持二层连接网关功能，允许在不改变子网、IP 规划的前提下，将数据中心或私有云主机的业务部分迁移至云上。华为云可以提供多种连接方式，满足企业云上的多业务需求，让用户可以轻松地部署企业应用，降低企业的 IT 运维成本。
- 高速访问：使用全动态 BGP 协议接入多个运营商，支持二十多条线路。可以根据设定的寻路协议实时进行故障自动切换，保证网络稳定、网络时延低，使云上业务访问更流畅。

2. 威胁检测服务

为了确保云上内网资源的隔离和安全，除了 VPC 提供的安全隔离能力，华为云还提供了威胁检测服务（Managed Threat Detection，MTD），用于进一步保障内网安全。威胁检测服务可以接入目标区域内用户在华为云上的操作涉及的 IAM（Identity and Access Management，统一身份认证）日志、DNS（Domain Name Service，云解析服务）日志、CTS（Cloud Trace Service，云审计服务）日志、OBS（Object Storage Service，对象存储服务）日志、VPC 日志，持续、实时检测这些日志中访问者的 IP 地址或域名，判断是否存在潜在的恶意活动和未经授权的行为，并且对其进行告警。威胁检测服务集成了 AI 引擎、威胁情报、规则基线共 3 种检测方式，用于智能检测来自多个云服务（包含 IAM、DNS、CTS、OBS、VPC）日志数据中的访问行为，判断是否存在潜在威胁，针对可能存在威胁的访问行为生成并输出告警信息。用户可以对告警信息进行核查、处理，在未造成信息泄露等重大损失前，及时对潜在威胁进行处理，对服务安全进行升级、加固，从而保障用户的账户安全及服务的稳定运行。

1）威胁检测服务的检测原理

威胁检测服务的检测原理如图 1-2 所示。

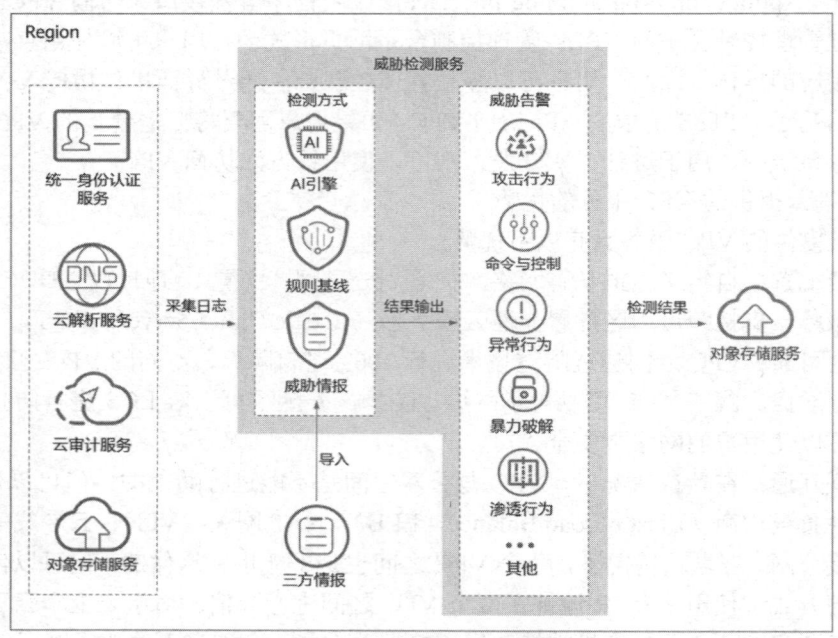

图 1-2　威胁检测服务的检测原理

2）威胁检测服务的功能特性

华为云基于 AI 引擎的威胁检测服务具有以下功能特性。

- 威胁检测服务在基于威胁情报和规则基线检测的基础上，融入了 AI 引擎，使用弹性画像模型、无监督学习模型、有监督学习模型对风险口令应用、凭证泄露、Token 利用、异常委托、异地登录、未知威胁存在、暴力破解七大 IAM 高危场景进行智能检测，使用 SVM、随机森林、神经网络等算法对隧道域名、DGA（Domain Generation

Algorithm，域名生成算法）域名及异常行为进行智能检测。基于 AI 引擎的威胁检测服务可以保持模型对真实数据的学习，保证数据对模型的反复验证和人工审查，精准制定预过滤和后处理逻辑，结合先验知识，使模型实现零误报。此外，基于 AI 引擎的威胁检测服务能够以阶段性检测结果为输入，通过模型重训练和依赖文件定期更新持续优化模型，提升模型的告警准确率。

- 实时检测，缩短风险处理周期。威胁检测服务可以实时收集并分析来自 IAM、DNS、CTS、OBS 及 VPC 的日志信息，如果检测到潜在的安全威胁，那么系统会立即发出告警，使用户能够迅速进行核查和处理。这种即时响应机制可以有效缩短对威胁的响应时间，显著减少由潜在风险造成的损失。
- 威胁告警按照严重性等级进行划分。威胁检测服务可以根据告警的严重性等级（致命、高危、中危、低危、提示），对检测到的告警信息进行统计，并且对告警信息进行详细的等级划分，以便确定威胁告警信息的响应等级，从而及时对告警进行优先级处理。
- 告警信息支持转存，以便满足合规要求。威胁检测服务检测到的告警信息中默认存储着最近 30 天的数据，为了满足等保合规要求，可以使用 OBS 将威胁检测服务的告警信息转存至对象存储数据库中，从而对数据进行更长时间的存储。
- 名单库管理策略。用户可以将自定义的情报信息或白名单上传至 OBS 桶中。这些上传的内容会被异步地同步给威胁检测服务。威胁检测服务在接收到新数据后，会立即更新其检测名单库，并且对库中的 IP 地址和域名进行优先级关联分析。这样的机制使威胁检测服务可以迅速识别并响应相关活动（对于情报库中的项），或者主动忽略相关活动（对于白名单库中的项），不但可以缩短威胁检测服务的响应时间，而且可以有效减轻威胁检测服务的运行负载。

3）基于 AI 引擎的威胁检测服务的优势

与其他威胁检测服务相比，华为云基于 AI 引擎的威胁检测服务具有以下优势。

- 基于 AI 引擎进行统一认证异常行为检测。威胁检测服务在基于威胁情报和规则基线检测的基础上，融入了 AI 引擎。通过弹性画像模型、无监督学习模型、有监督学习模型，可以对风险口令应用、凭证泄露、Token 利用、异常委托、异地登录、未知威胁存在、暴力破解七大 IAM 高危场景进行智能检测。
- 挖掘数据特性，创新算法架构。在算法方面，威胁检测服务可以分析域名系统的域名格式特点，结合 BERT（Bidirectional Encoder Representations from Transformers，基于变换器的双向编码器表征量）思想构造三通道 CNN（Convolutional Neural Network，卷积神经网络）模型，具有更好的检测效果，在业内较先采用。
- 多模型协同检测，准确识别威胁。除了威胁情报和规则基线检测外，威胁检测服务还提供了 4 类基于 AI 引擎的算法能力，包括 IAM 异常检测、DGA 检测、DNS 挖矿木马检测、DNS 可疑域名检测。针对不同的检测目标，威胁检测服务可以利用有监督深度神经网络算法、无监督深度神经网络算法、马尔科夫算法等训练 7 种 AI 模型，结合特征规则、分布统计及外部输入的威胁情报，综合构建检测系统，从而有效提升威胁检测服务的效率和准确性。
- 智能化威胁响应。威胁检测服务可以通过联动态势感知服务对接消息通知服务，在发现威胁的情况下，迅速通过短信或邮件的方式直接通知用户，从而高效地完成从威胁检测发现到告知安全运维人员的响应闭环。
- 黑/白名单汇集。可以将威胁检测服务或其他服务发现的情报历史以纯文本格式（Plaintext）添加到威胁检测服务的对象存储数据库中，也可以将白名单添加到威胁检测服务的对象存储数据库中，从而自定义威胁检测的范围。威胁检测服务会忽略白名单中 IP 地址的活动，并且对情报中 IP 地址的活动生成告警信息。
- 跨服务联动响应。为了满足等保合规要求，华为云提供的基于 AI 引擎的威胁检测服务，不仅能够将检测结果存储 OBS 桶中，以便进行数据的持久化和后续分析，还具备将检测结果同步至态势感知平台的能力。这种同步机制，使威胁检测结果能够被可视化地展示在态势感知系统中，从而成为态势感知平台的重要组成部分。通过这种可视化展示，安全团队可以更直观地理解当前的安全态势，进而基于这些关键信息，制定相应的安全运营策略，并且采取相应的措施，从而提高整体的安全防护能力。

1.2.2　内外网连接防护技术

为了确保内网安全，华为云不仅提供了上述的 VPC 服务，还提供了 VPN 和云专线服务，用于确保在内网和外网之间进行安全访问。使用 VPN 可以在远端用户和 VPC 之间建立一条安全加密的通信管道。远端用户可以通过 VPN 直接使用 VPC 中的业务资源。在默认情况下，VPC 中的 ECS 无法与客户自营的数据中心或私有网络进行通信，如果需要进行通信，那么客户可以启用 VPN 功能并配置相关参数。云专线服务是在客户自营的内网本地数据中心与华为云 Stack 之间建立连接的专线网络连接服务。客户可以利用云专线建立华为云 Stack 与客户之间的数据中心、办公室或主机托管区域的专线连接，从而降低网络时延，获得比互联网线路更快速、安全的网络体验。下面我们对 VPN 和云专线分别展开介绍。

1. VPN

VPN 主要用于在企业用户本地网络、数据中心与华为云云上网络之间搭建安全、可靠、高性价比的加密连接通道。VPN 主要由 VPN 网关、对端网关和 VPN 连接组成。VPN 网关可以提供 VPC 的公网出口，与用户数据中心的对端网关对应。其中，对端网关和对端子网是两个相对的概念，在建立 VPN 连接时，从云的角度出发，VPC 网络就是本地子网，创建的 VPN 网关就是本地网关，与之对接的用户侧网络就是对端子网，用户侧的网关就是对端网关。VPN 连接可以使用加密技术，将 VPN 网关与对端网关相关联，使数据中心与 VPC 进行通信，从而更快速、更安全地构建混合云环境。

1）VPN 的组网图

VPN 的组网图如图 1-3 所示。

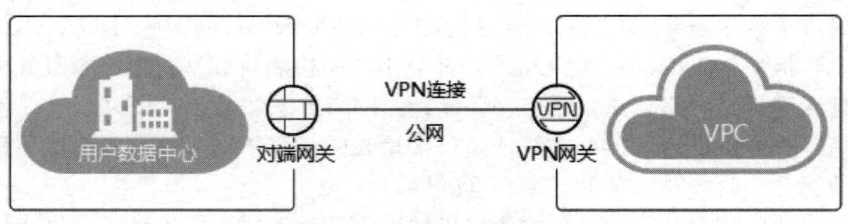

图 1-3　VPN 的组网图

- VPN 网关：VPN 在华为云上的虚拟网关，主要负责与用户本地网络、数据中心的对端网关建立安全的私有连接。
- 对端网关：用户数据中心的 VPN 设备或软件应用程序。VPN 服务提供了 Web 化的服务管理平台，即管理控制台。在管理控制台上创建的对端网关是云上虚拟对象，主要用于记录用户数据中心实体设备的配置信息。
- VPN 连接：VPN 网关和对端网关之间的安全通道，主要使用 IKE（The Internet Key Exchange，互联网密钥交换）协议和 IPSec（Internet Protocol Security，互联网安全）协议对传输的数据进行加密。

2）VPN 的优势

VPN 具有以下优势。

- 更安全。VPN 基于 IKE 和 IPSec 协议对传输的数据进行加密，可以保证用户的数据传输安全。VPN 支持为每个用户都创建独立的 VPN 网关，提供用户网关隔离防护能力。
- 高可用。VPN 网关可以提供两个接入地址，支持一个对端网关创建两条相互独立的 VPN 连接，在一条 VPN 连接中断后，可以将流量快速切换到另一条 VPN 连接。将双活网关部署在不同的 AZ 区域，实现 AZ 级高可用保障。
- 低成本。利用 Internet 构建 IPSec 加密通道，费用比使用云专线服务的费用更低。
- 灵活、易用。
  - VPN 支持多种连接模式。VPN 网关支持配置策略、静态路由和 BGP 路由等多种连接模式，可以满足不同对端网关的接入需要。
  - VPN 支持分支互访。可以将云上的 VPN 网关用作 VPN Hub。云下的站点可以通过 VPN Hub 实现分支互访。
  - VPN 可以即开即用。VPN 部署快速，实时生效，在用户数据中心的 VPN 设备中进行简单配置，即可完成对接。
  - VPN 可以关联企业路由器（Enterprise Router，ER），构建更加丰富的云上网络。
  - VPN 实现了专线互备，支持与云专线进行互备，支持故障自动切换。

3）VPN 的应用场景

VPN 可以在以下场景中应用。

- 混合云部署：通过 VPN 将云下的用户数据中心和云上的 VPC 互联，利用云上的快速扩展能力，扩展应用层的计算能力。
- 跨区域 VPC 互联：通过 VPN 将云上不同区域的 VPC 连接，使用户的数据和服务在不同区域互联。
- 多企业分支互联：通过 VPN Hub 实现企业分支之间的互相访问，避免在两个分支之间配置 VPN 连接。
- VPN 和专线互备：云下的用户数据中心与云上的 VPC 通过专线连接，建立 VPN 连接，实现备份，可以提高网络连接的可靠性。

2. 云专线

云专线主要用于在用户本地数据中心与华为云上的 VPC 之间搭建一条高速、低时延、稳定、安全的专属连接通道，在充分利用华为云服务优势的同时，继续使用现有的 IT 设施，打造灵活、可伸缩的混合云计算环境。

1）云专线的组网图

云专线的组网图如图 1-4 所示。在图 1-4 中，云专线主要包括 3 部分，分别是物理连接、虚拟网关、虚拟接口。

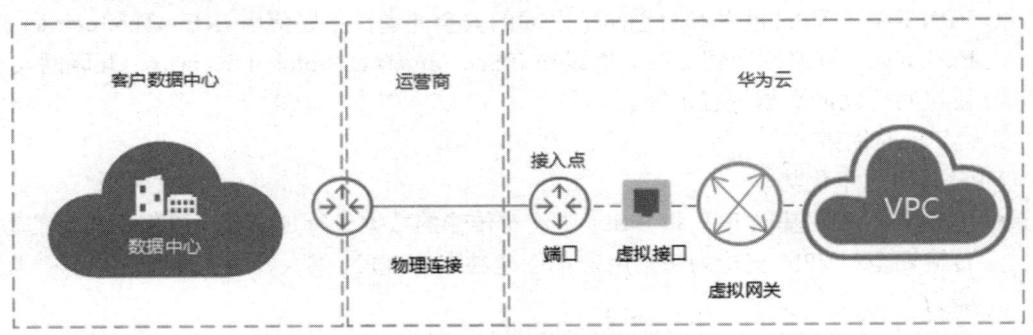

图 1-4　云专线的组网图

- 物理连接：用户本地数据中心与接入点的运营商物理网络之间的专线连接。物理连接可以提供两种专线接入方式。
  - 标准专线接入：用户独占端口资源的物理连接。这种物理连接由用户创建，并且支持用户创建多个虚拟接口。
  - 托管专线接入：多个用户共享端口资源的物理连接。这种物理连接由合作伙伴创建，并且只允许用户创建一个虚拟接口。用户通过向合作伙伴申请，可以创建托管专线接入的物理连接，但需要合作伙伴为用户分配 VLAN 和带宽资源。
- 虚拟网关：连接物理网络与 VPC 的逻辑接入网关，会关联用户访问的 VPC。一个 VPC 只能关联一个虚拟网关，多条物理连接可以通过同一个虚拟网关实现专线接入，访问同一个 VPC。
- 虚拟接口：用户本地数据中心通过专线访问 VPC 的入口。用户创建的虚拟接口可以关联物理连接和虚拟网关，连通用户网关和虚拟网关，实现云下数据中心和云上 VPC 的互相访问。

2）云专线的特点

云专线具有以下特点。
- 使用专用网络进行数据传输，网络性能高、延迟低，用户使用体验更佳。
- 用户使用云专线接入华为云上的 VPC，使用专享私密通道进行通信，实现网络隔离，满足各类用户对高网络安全性的需求。
- 云专线单线路最大支持 100Gbit/s 的带宽连接，满足各类用户的带宽需求。

用户可以通过多条线路（不同的运营商）接入不同的华为云接入点，实现多链路互备，保障云专线网络连接的高可靠性。多线路云专线的组网图如图 1-5 所示。

3. 云专线的应用场景

云专线可以在以下场景中应用。

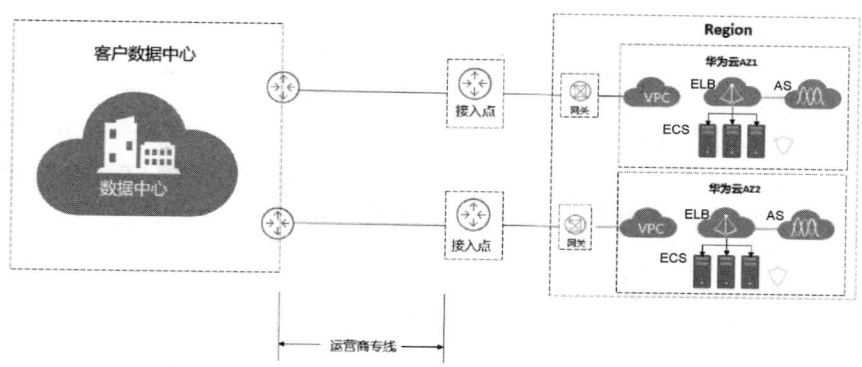

图 1-5　多线路云专线的组网图

- 本地数据中心跨区域访问多个 VPC。通过云专线和云连接实现跨区域的多个 VPC 与用户数据中心互通，如图 1-6 所示。

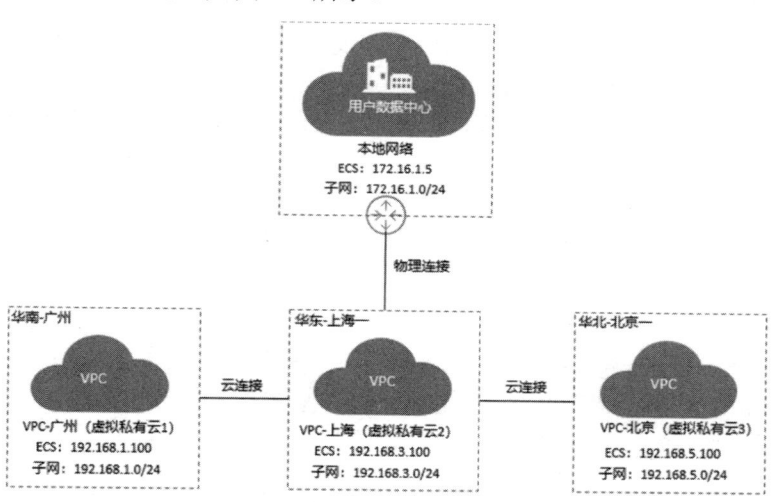

图 1-6　本地数据中心跨区域访问多个 VPC

- 混合云部署。通过云专线将云下的用户数据中心和云上的 VPC 互联，利用云上的弹性、快速的扩展能力，扩展应用层的计算能力，如图 1-7 所示。

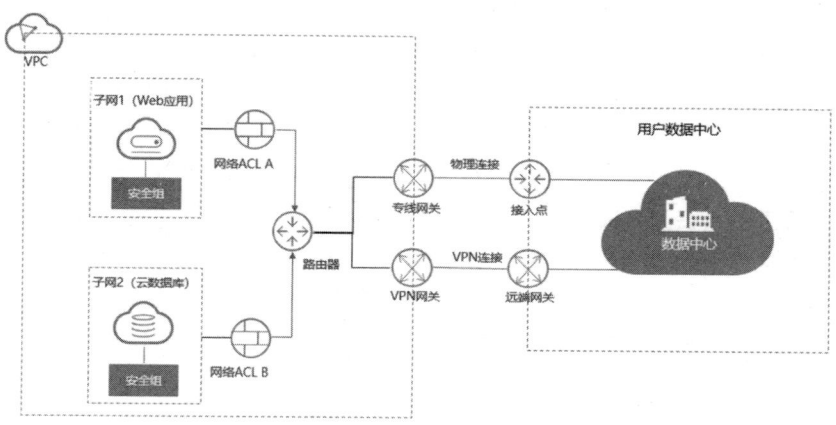

图 1-7　混合云部署

1.2.3 外网边界防护技术

云防火墙是新一代的云原生防火墙,可以对云上互联网边界和 VPC 边界进行防护,包括实时入侵检测与防御、全局统一访问控制、全流量分析可视化、日志审计与溯源分析等;可以使用 AI 提升智能防御能力;支持按需弹性扩容,满足云上业务的变化和扩展需求;采用极简应用,可以让用户快速、灵活地应对威胁。云防火墙服务是为企业上云提供网络安全防护的基础服务,该服务具有以下特点。

- 智能防御。云防火墙通过安全能力积累和华为全网威胁情报,可以提供 AI 入侵防御引擎,对恶意流量进行实时检测和拦截;与安全服务全局联动,可以防御木马、蠕虫、注入攻击、漏洞扫描、网络钓鱼、暴力破解等。
- 灵活扩展。云防火墙可以对全流量进行精细化管控,防止外部入侵、内部渗透攻击和从内到外的非法访问。此外,带宽、EIP、安全策略等关键性能规格可以无限扩展(根据客户需求灵活调整底层虚拟机的资源和数量,按需设置 CPU 和内存等资源的规格),集群部署的可靠性高,可以实现大规模流量的安全防护。
- 极简应用。作为云原生防火墙,华为云防火墙支持一键开启、多引擎安全策略一键导入、资产自动秒级盘点、操作页面可视化呈现等功能,可以大幅度提高管理和防护效率。
- 支持多种访问控制策略,具体如下。
  - 基于五元组(源 IP 地址、目的 IP 地址、协议号、源端口、目的端口)的访问控制。
  - 基于域名的访问控制。
  - 基于 IPS(Intrusion Prevention System,入侵防御系统)的访问控制。IPS 有两种模式,分别是观察模式和阻断模式。如果选择阻断模式,那么云防火墙会根据 IPS 规则检测出符合攻击特征的流量并对其进行阻断。
  - 支持对 IP 地址组、黑名单、白名单设置 ACL 策略。

1.3 任务分解

本章旨在让读者掌握鲲鹏云安全技术中常用的内外网防护技术。在知识准备的基础上,我们可以将本章内容拆分为 4 个实操任务,具体的任务分解如表 1-1 所示。

表 1-1 任务分解

任务名称	任务目标	安排学时
VPC 实践	创建 VPC 及其子网,并且通过对等连接和第三方防火墙实现多 VPC 互访流量清洗	2 学时
威胁检测服务实践	利用威胁检测服务和名单库策略提升检测效率	2 学时
云专线实践	使用单专线静态路由接入 VPC	2 学时
VPN 实践	使用 VPN 连接云下数据中心与云上 VPC	2 学时

1.4 安全防护实践

1.4.1 VPC 实践

1. 创建 VPC 及其子网

1）操作场景

VPC 可以为 ECS 构建隔离的、用户自主配置和管理的虚拟网络环境。要拥有一个完整的 VPC，可以先参考本章任务，创建 VPC 的基本信息及默认子网；再根据实际网络需求，参考后续章节，继续创建子网、申请 EIP、安全组等网络资源。

2）操作步骤

（1）登录管理控制台。

（2）单击左上角的 按钮，选择区域或项目。单击左上角的 ≡ 按钮，在弹出的导航面板中选择"网络"→"虚拟私有云 VPC"选项，打开"网络控制台"页面，进入"虚拟私有云"界面。

（3）单击右上角的"创建虚拟私有云"按钮，进入"创建虚拟私有云"界面。

（4）在"创建虚拟私有云"界面中，根据提示配置 VPC 的相关参数。在创建 VPC 的同时会创建一个默认子网，单击"添加子网"按钮，可以创建多个子网。

（5）检查当前配置，单击"立即创建"按钮，如图 1-8 所示，创建 VPC 及其子网。

图 1-8 单击"立即创建"按钮

VPC 的参数及其说明如表 1-2 所示，其子网的参数及其说明如表 1-3 所示。

表 1-2　VPC 的参数及其说明

参数	说明	取值样例
区域	不同区域的云服务产品之间内网互不相通，需要就近选择靠近业务的区域，从而降低网络时延，提高访问速度	华北-北京四
名称	名称只能由中文、英文字母、数字、"_"符号、"-"符号和"."符号组成，不能有空格，并且长度不能超过 64 个字符	vpc-test
网段/IPv4 网段	VPC 内的子网地址必须在 VPC 的网段范围内，目前支持的网段范围如下。 • 10.0.0.0/8～10.0.0.0/24。 • 172.16.0.0/12～172.16.0.0/24。 • 192.168.0.0/16～192.168.0.0/24。 在未开启 IPv4/IPv6 双栈的区域内，显示的参数为"网段"；在开启 IPv4/IPv6 双栈的区域内，显示的参数为"IPv4 网段"	192.168.0.0/16
企业项目	在创建 VPC 时，可以将 VPC 加入已启用的企业项目。 企业项目管理提供了一种按企业项目管理云资源的方式，有助于实现以企业项目为基本单元的资源及人员的统一管理，默认项目为 default	default
高级配置	单击下拉按钮，可以配置 VPC 的高级参数，如标签等	默认配置
标签	VPC 的标识，包括键和值。最多可以为 VPC 创建 10 个标签	键：vpc_key1 值：vpc-01
描述	VPC 的描述信息，非必填项，内容不能超过 255 个字符，并且不能包含 "<" 和 ">" 符号	—

表 1-3　子网的参数及其说明

参数	说明	取值样例
可用区	可用区是指在同一个区域内，电力和网络互相独立的物理区域。在同一个 VPC 网络内，可用区之间内网互通，可以实现物理隔离。 一个区域内有多个可用区，一个可用区发生故障，不会影响同一个区域内的其他可用区。可用区的设置规则如下。 • 在默认情况下，在同一个 VPC 中，不同子网内的所有实例网络互通。同一个 VPC 内的子网可以位于不同的可用区内，不影响通信。例如，在 VPC-A 中，子网 A01 位于可用区 1 内，子网 A02 位于可用区 2 内，子网 A01 和子网 A02 的网络默认互通。 • 使用子网云资源的可用区和子网的可用区不用保持一致。例如，可用区 1 内的云服务器可以使用可用区 3 的子网，如果可用区 3 发生故障，那么可用区 1 内的云服务器可以继续使用可用区 3 的子网，不会影响业务运行。 ➢ 通用可用区：使用未发放至边缘小站的业务资源。通用可用区是可以提供服务的区域，但这些区域并没有被分配到边缘节点或小站。因此，业务资源集中在数据中心或核心网络中，并未部署在地理位置更分散的边缘节点中。使用通用可用区的方法和在华为云上使用云服务的方法完全一致。 ➢ 边缘可用区：使用已发放至边缘小站的业务资源。用户业务数据运行在用户数据中心的边缘小站中（本地）	可用区 1

续表

参数	说明	取值样例
名称	子网的名称，只能由中文、英文字母、数字、"_"符号、"-"符号和"."符号组成，不能有空格，并且长度不能超过64个字符	subnet-01
子网网段	子网网段需要在VPC的网段范围内，在未开启IPv4/IPv6双栈的区域内显示该参数	192.168.0.0/24
子网IPv4网段	子网网段需要在VPC的网段范围内，在开启IPv4/IPv6双栈的区域内显示该参数	192.168.0.0/24
子网IPv6网段	勾选"开启IPv6"复选框，可以开启IPv6功能。在开启该功能后，可以自动为子网分配IPv6网段，暂不支持自定义IPv6网段。该功能一旦开启，就不能关闭了。在开启IPv4/IPv6双栈的区域内显示该参数	—
关联路由表	在子网创建完成后，默认关联默认路由表，可以通过子网的更换路由表操作，关联自定义路由表	默认
高级配置	单击下拉按钮，可以配置子网的高级参数，包括网关、DNS服务器地址等	默认配置
网关	子网的网关，通向其他子网的IP地址，主要用于与其他子网进行通信	192.168.0.1
DNS服务器地址	此处默认填写华为云的DNS服务器地址，可以使云服务器在VPC内直接通过内网域名互相访问。 可以不经过公网，直接通过内网DNS访问云上服务。 如果出于业务原因需要指定其他DNS服务器地址，则可以修改默认的DNS服务器地址。 如果删除默认的DNS服务器地址，则可能导致无法访问云上的其他服务，建议谨慎操作。 用户也可以通过单击"DNS服务器地址"右侧的"重置"超链接，将DNS服务器地址恢复为默认值。 DNS服务器地址最多支持2个IP地址，两个IP地址之间使用英文逗号隔开	100.125.x.x
域名	在此处填写DNS域名，支持填写多个域名，不同的域名之间使用空格分隔，单个域名长度不超过63个字符，并且域名总长度不超过254个字符。 在访问某个域名时，只需要输入域名前缀，子网内的云服务器就会自动匹配设置的域名后缀。 在域名设置完成后，子网内新创建的云服务器会自动同步该设置。 子网内的存量云服务器需要更新DHCP配置，使域名生效，可以通过重启云服务器、DHCP Client服务或网络服务实现	test.com
DHCP租约时间	DHCP租约时间是指DHCP服务器自动分配给客户端的IP地址的使用期限。在超过DHCP租约时间后，IP地址会被收回，需要重新分配。 无限租约：设置DHCP不过期。 修改后的DHCP租约时间会在一段时间后自动生效（与DHCP租约时长有关），如果需要立即生效，则可以重启ECS，或者在实例中主动触发DHCP更新	365天
NTP服务器地址	NTP服务器地址是指NTP服务器的IP地址，非必填项。 可以根据业务需要，设置子网需要新增的NTP服务器地址，该地址不会影响默认的NTP服务器地址。 如果此处为空，则表示不新增NTP服务器的IP地址。 最多允许输入4个格式正确且不重复的IP地址，多个IP地址之间使用英文逗号隔开。 在新增或修改原有子网的NTP服务器地址后，需要子网内的ECS重新获取一次DHCP租约或重启ECS才能生效。 在清空NTP服务器地址后，需要子网内的ECS重新获取一次DHCP租约，重启ECS无法生效	192.168.2.1

续表

参数	说明	取值样例
标签	子网的标识，包括键和值。最多可以为子网创建 10 个标签	键：subnet_key1 值：subnet-01
描述	子网的描述信息，非必填项，内容不能超过 255 个字符，并且不能包含 "<" 和 ">" 符号	—

VPC 的标签命名规则如表 1-4 所示，其子网的标签命名规则如表 1-5 所示。

表 1-4　VPC 的标签命名规则

参数	命名规则	取值样例
键	• 不能为空。 • 对于同一个 VPC，键的值是唯一的。 • 长度不超过 36 个字符。 • 由英文字母、数字、"_" 符号、"-" 符号和中文组成	vpc_key1
值	• 长度不超过 43 个字符。 • 由英文字母、数字、"_" 符号、"." 符号、"-" 符号和中文组成	vpc-01

表 1-5　子网的标签命名规则

参数	命名规则	取值样例
键	• 不能为空。 • 对于同一个子网，键的值是唯一的。 • 长度不超过 36 个字符。 • 由英文字母、数字、"_" 符号、"-" 符号和中文组成	subnet_key1
值	• 长度不超过 43 个字符。 • 由英文字母、数字、"_" 符号、"." 符号、"-" 符号和中文组成	subnet-01

2. 通过对等连接和第三方防火墙实现多 VPC 互访流量清洗

1）应用场景

VPC 支持用户自主配置和管理虚拟网络环境，可以在 VPC 中使用安全组及网络 ACL 进行网络访问控制，也可以使用第三方防火墙软件对云上的业务进行灵活的安全控制。

2）方案架构

在本案例中，vpc-A、vpc-B、vpc-C 为业务所在的 VPC，vpc-X 为防火墙所在的 VPC，这些 VPC 可以通过对等连接实现网络互通。vpc-A、vpc-B、vpc-C 之间互通的流量均需要经过 vpc-X 上的防火墙。根据默认路由表配置，先将 vpc-X 的所有入方向流量均引入防火墙，再根据自定义路由表的目的地址，将防火墙清洗后的流量送往指定业务的 VPC。使用第三方防火墙进行云上 VPC 互访的组网规划如图 1-9 所示。以 ecs-A01 访问 ecs-C01 为例，可以清晰地看到请求流量路径和响应流量路径。

3）资源规划说明

在本案例中，需要创建 VPC、ECS 及对等连接。

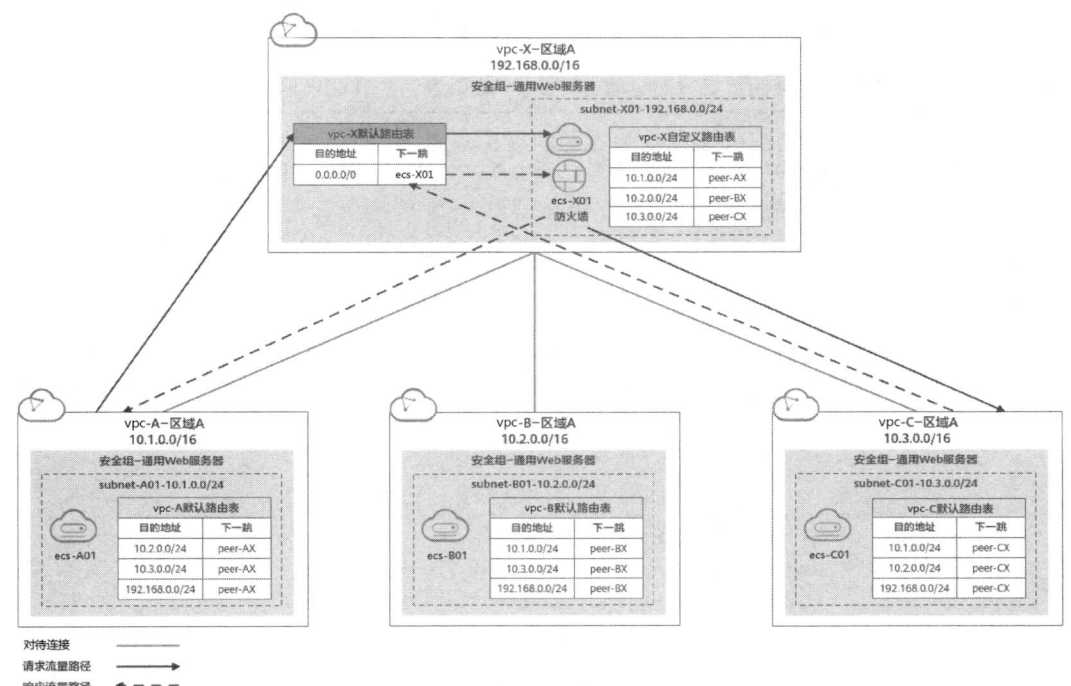

图 1-9　使用第三方防火墙进行云上 VPC 互访的组网规划

VPC 的资源规划详情如表 1-6 所示。

表 1-6　VPC 的资源规划详情

名称	网段	子网名称	子网网段	关联路由表	子网作用
vpc-A	10.1.0.0/16	subnet-A01	10.1.0.0/24	默认路由表	部署业务
vpc-B	10.2.0.0/16	subnet-B01	10.2.0.0/24	默认路由表	部署业务
vpc-C	10.3.0.0/16	subnet-C01	10.3.0.0/24	默认路由表	部署业务
vpc-X	192.168.0.0/16	subnet-X01	192.168.0.0/24	自定义路由表	部署防火墙

ECS 的资源规划详情如表 1-7 所示。

表 1-7　ECS 的资源规划详情

ECS 名称	VPC 名称	子网名称	私有 IP 地址	镜像	安全组	ECS 的作用
ecs-A01	vpc-A	subnet-A01	10.1.0.139	公共镜像：CentOS 8.2 64bit	sg-demo：通用 Web 服务器	部署业务
ecs-B01	vpc-B	subnet-B01	10.2.0.93			部署业务
ecs-C01	vpc-C	subnet-C01	10.3.0.220			部署业务
ecs-X01	vpc-X	subnet-X01	192.168.0.5			部署防火墙

对等连接的资源规划详情如表 1-8 所示。

表 1-8　对等连接的资源规划详情

对等连接名称	本端 VPC 名称	对端 VPC 名称
peer-AX	vpc-A	vpc-X
peer-BX	vpc-B	vpc-X
peer-CX	vpc-C	vpc-X

使用第三方防火墙进行云上 VPC 互访的资源规划总体说明如表 1-9 所示。

表 1-9　使用第三方防火墙进行云上 VPC 互访的资源规划总体说明

资源	说明
VPC	本案例中共有 4 个 VPC，包括业务所在的 VPC 和防火墙所在的 VPC，这些 VPC 位于同一个区域内，并且这些 VPC 的子网网段不重叠。 vpc-A、vpc-B、vpc-C 为业务所在的 VPC，vpc-X 为防火墙所在的 VPC，这些 VPC 可以通过对等连接实现网络互通。 vpc-A、vpc-B、vpc-C、vpc-X 各有一个子网。vpc-A、vpc-B、vpc-C 各有一个默认路由表。vpc-A、vpc-B、vpc-C 的子网分别关联相应的默认路由表。vpc-X 有两个路由表，一个系统自带的默认路由表，一个用户创建的自定义路由表，默认路由表可以控制 vpc-X 的入方向流量，自定义路由表可以控制 vpc-X 的出方向流量。vpc-X 的子网关联自定义路由表
ECS	本案例中共有 4 个 ECS，这些 ECS 分别位于不同的 VPC 内。如果这些 ECS 位于不同的安全组中，则需要在安全组中添加相应的规则，允许对端安全组之间进行通信
对等连接	本案例中共有 3 个对等连接，网络连通需求如下。 • peer-AX：连通 vpc-A 和 vpc-X 的网络。 • peer-BX：连通 vpc-B 和 vpc-X 的网络。 • peer-CX：连通 vpc-C 和 vpc-X 的网络。 VPC 的对等连接具有传递性，根据路由配置，vpc-A、vpc-B 和 vpc-C 之间可以通过 vpc-X 进行网络通信

4）组网规划说明

在本案例中，需要在 VPC 的路由表中配置路由，实现 VPC 之间的互通，并且使用防火墙进行流量清洗。

业务所在 VPC 的路由表规划如表 1-10 所示。

表 1-10　业务所在 VPC 的路由表规划

名称	路由表	目的地址	下一跳类型	下一跳	路由类型	路由作用
vpc-A	rtb-vpc-A	10.2.0.0/24	对等连接	peer-AX	自定义	将目的地址指向 vpc-B 的子网 subnet-B01，连通子网 subnet-A01 和 subnet-B01
		10.3.0.0/24	对等连接	peer-AX	自定义	将目的地址指向 vpc-C 的子网 subnet-C01，连通子网 subnet-A01 和 subnet-C01
		192.168.0.0/24	对等连接	peer-AX	自定义	将目的地址指向 vpc-X 的子网 subnet-X01，连通子网 subnet-A01 和 subnet-X01
vpc-B	rtb-vpc-B	10.1.0.0/24	对等连接	peer-BX	自定义	将目的地址指向 vpc-A 的子网 subnet-A01，连通子网 subnet-B01 和 subnet-A01
		10.3.0.0/24	对等连接	peer-BX	自定义	将目的地址指向 vpc-C 的子网 subnet-C01，连通子网 subnet-B01 和 subnet-C01
		192.168.0.0/24	对等连接	peer-BX	自定义	将目的地址指向 vpc-X 的子网 subnet-X01，连通子网 subnet-B01 和 subnet-X01
vpc-C	rtb-vpc-C	10.1.0.0/24	对等连接	peer-CX	自定义	将目的地址指向 vpc-A 的子网 subnet-A01，连通子网 subnet-C01 和 subnet-A01

续表

名称	路由表	目的地址	下一跳类型	下一跳	路由类型	路由作用
vpc-C	rtb-vpc-C	10.2.0.0/24	对等连接	peer-CX	自定义	将目的地址指向vpc-B的子网subnet-B01，连通子网subnet-C01和subnet-B01
		192.168.0.0/24	对等连接	peer-CX	自定义	将目的地址指向vpc-X的子网subnet-X01，连通子网subnet-C01和subnet-X01

防火墙所在VPC的路由表规划如表1-11所示。

表1-11 防火墙所在VPC的路由表规划

名称	VPC的路由表	目的地址	下一跳类型	下一跳	路由类型	路由作用
vpc-X	默认路由表：rtb-vpc-X	0.0.0.0/0	服务器实例	ecs-X01	自定义	将目的地址指向部署防火墙的ecs-X01，将vpc-X的入方向流量引入防火墙
	自定义路由表：rtb-vpc-custom-X	10.1.0.0/24	对等连接	peer-AX	自定义	将目的地址指向vpc-A的子网subnet-A01，连通子网subnet-X01和subnet-A01
		10.2.0.0/24	对等连接	peer-BX	自定义	将目的地址指向vpc-B的子网subnet-B01，连通子网subnet-X01和subnet-B01
		10.3.0.0/24	对等连接	peer-CX	自定义	将目的地址指向vpc-C的子网subnet-C01，连通子网subnet-X01和subnet-C01

使用第三方防火墙进行云上VPC互访的组网规划总体说明如表1-12所示。

表1-12 使用第三方防火墙进行云上VPC互访的组网规划总体说明

路由表	说明
业务所在VPC	vpc-A、vpc-B、vpc-C为业务所在VPC。在vpc-A、vpc-B、vpc-C的默认路由表中，分别添加指向其他VPC子网、下一跳为对等连接的路由，实现不同VPC之间的网络互通
防火墙所在VPC	vpc-X为防火墙所在VPC。 在vpc-X的默认路由表中，根据防火墙部署方案的场景如下。 • 将防火墙部署在一台ECS上：添加目的地址为默认网段（0.0.0.0/0）、下一跳为ecs-X01的路由，将流量引入防火墙所在的弹性云服务器。 • 将防火墙部署在两台ECS上：对外通过同一个虚拟IP地址进行通信，当主ECS发生故障、无法对外提供服务时，将虚拟IP地址动态切换到备ECS，继续对外提供服务。在该场景中，添加目的地址为默认网段（0.0.0.0/0）、下一跳为虚拟IP地址的路由，将流量引入虚拟IP地址，由虚拟IP地址将流量引入防火墙所在的弹性云服务器。 在本案例中，将防火墙部署在一台ECS上，vpc-A、vpc-B、vpc-C互访的流量都需要经过vpc-X，然后通过虚拟IP地址的路由，将流量引入防火墙中进行清洗、过滤。 在vpc-X的自定义路由表中，添加目的地址为业务所在VPC的子网网段（vpc-A、vpc-B、vpc-C的子网网段）、下一跳为对等连接的路由，将清洗后的流量引入业务所在VPC

5）约束与限制

对等连接只能实现同区域内VPC之间的网络互通，因此需要确保VPC位于同一个区域内。

需要通过对等连接通信的VPC的子网网段不能重叠，否则对等连接不会生效。

第三方防火墙部署的ECS所在的子网需要关联自定义路由表。如果在"网络控制台"

17

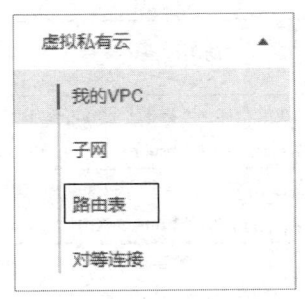

图 1-10 网络控制台左侧子栏目中的"路由表"选项

页面左侧的导航栏中看到独立的"路由表"选项，如图 1-10 所示，则表示支持自定义路由表功能。

6）操作步骤

（1）在区域 A 内，创建 4 个 VPC 及其子网，具体的资源规划参考表 1-6。

（2）在 vpc-X 中创建一个自定义路由表，并且将子网 subnet-X01 关联至该自定义路由表。

步骤 1：在 vpc-X 中创建一个自定义路由表 rtb-vpc-custom-X。

步骤 2：将子网 subnet-X01 关联至步骤 1 创建的自定义路由表 rtb-vpc-custom-X。子网在创建完成后，会自动关联 VPC 的默认路由表。因此子网 subnet-X01 自动关联的是 vpc-X 的默认路由表 rtb-vpc-X，需要将其更换为步骤 1 创建的自定义路由表 rtb-vpc-custom-X。

（3）创建 4 个 ECS，分别属于不同的 VPC，具体的资源规划参考表 1-7。

（4）配置 ecs-X01 的网卡，并且安装第三方防火墙软件。

步骤 1：关闭 ecs-X01 的网卡的"源/目的检查"功能。

步骤 2：在 ecs-X01 中安装第三方防火墙。

（5）（可选）：为弹性云服务器配置虚拟 IP 地址，该步骤为可选步骤，可以在 vpc-X 中创建主、备 ECS，并且绑定同一个虚拟 IP 地址，当主 ECS 发生故障、无法对外提供服务时，会将虚拟 IP 地址动态切换到备 ECS，继续对外提供服务。如果部署第三方防火墙的 ECS 不区分主备，则不需要执行该步骤。

步骤 1：在 vpc-X 的子网中创建虚拟 IP 地址。

步骤 2：将虚拟 IP 地址绑定到部署防火墙的主、备 ECS 上。

（6）创建 3 个对等连接，并且为其配置路由。

步骤 1：创建 3 个对等连接，具体的资源规划参考表 1-8。

步骤 2：在 vpc-A、vpc-B、vpc-C 的默认路由表中，添加指向其他 3 个 VPC、下一跳为对等连接的路由，具体的路由表规划参考表 1-10。

步骤 3：在 vpc-X 的默认路由表和自定义路由表中分别配置路由，具体的路由表规划参考表 1-11。

（7）登录 ECS，验证防火墙是否生效。

步骤 1：登录 ecs-A01，使用 ping 命令检测 vpc-A 与 vpc-B 之间的网络互通情况，命令示例如下，命令结果如图 1-11 所示。

```
ping 10.2.0.93
```

```
[root@ecs-A01 ~]# ping 10.2.0.93
PING 10.2.0.93 (10.2.0.93) 56(84) bytes of data.
64 bytes from 10.2.0.93: icmp_seq=1 ttl=64 time=0.849 ms
64 bytes from 10.2.0.93: icmp_seq=2 ttl=64 time=0.455 ms
64 bytes from 10.2.0.93: icmp_seq=3 ttl=64 time=0.385 ms
64 bytes from 10.2.0.93: icmp_seq=4 ttl=64 time=0.372 ms
...
--- 10.2.0.93 ping statistics ---
```

图 1-11 检测 vpc-A 与 vpc-B 之间的网络互通情况

步骤 2：不要中断步骤 1 中的操作，登录 ecs-X01，检测从 vpc-A 到 vpc-B 的流量是否通过 ecs-X01。

在 ecs-X01 上执行以下命令，检查 eth0 网卡的流量变化。

```
ifconfig eth0
```

至少连续执行两次上述命令，检查 RX packets 和 TX packets 是否发生变化，如果发生变化，则表示流量通过 ecs-X01，即流量被防火墙过滤了，如图 1-12 所示。

```
[root@ecs-X01 ~]# ifconfig eth0
eth0: flags=4163<UP,BROADCAST,RUNNING,MULTICAST>  mtu 1500
        inet 192.168.0.5  netmask 255.255.255.0  broadcast 192.168.0.255
        inet6 fe80::f816:3eff:feb6:a632  prefixlen 64  scopeid 0x20<link>
        ether fa:16:3e:b6:a6:32  txqueuelen 1000  (Ethernet)
        RX packets 726222  bytes 252738526 (241.0 MiB)
        RX errors 0  dropped 0  overruns 0  frame 0
        TX packets 672597  bytes 305616882 (291.4 MiB)
        TX errors 0  dropped 0 overruns 0  carrier 0  collisions 0

[root@ecs-X01 ~]# ifconfig eth0
eth0: flags=4163<UP,BROADCAST,RUNNING,MULTICAST>  mtu 1500
        inet 192.168.0.5  netmask 255.255.255.0  broadcast 192.168.0.255
        inet6 fe80::f816:3eff:feb6:a632  prefixlen 64  scopeid 0x20<link>
        ether fa:16:3e:b6:a6:32  txqueuelen 1000  (Ethernet)
        RX packets 726260  bytes 252748508 (241.0 MiB)
        RX errors 0  dropped 0  overruns 0  frame 0
        TX packets 672633  bytes 305631756 (291.4 MiB)
        TX errors 0  dropped 0 overruns 0  carrier 0  collisions 0
```

图 1-12　检测从 vpc-A 到 vpc-B 的流量是否通过 ecs-X01

步骤 3：参考步骤 1 和步骤 2，检测其他 VPC 之间的网络互通情况。

1.4.2　威胁检测服务实践

1. 威胁检测服务的使用

1）创建威胁检测引擎

（1）登录管理控制台。

（2）在首页单击左上角的 按钮，选择区域或项目。

（3）单击左上角的 ≡ 按钮，在弹出的导航面板中选择"安全与合规"→"威胁检测服务 MTD"选项，打开"威胁检测服务"页面。

（4）在"流程引导"界面的"购买威胁检测服务"下单击"立即购买"按钮，进入"购买威胁检测服务"界面。

（5）在"购买威胁检测服务"界面中设置"区域""版本规格""叠加包""购买时长"，如图 1-13 所示。

| 鲲鹏云安全技术与应用

图 1-13 在"购买威胁检测服务"界面中进行相关设置

- 区域：威胁检测服务不支持跨区域使用，在该下拉列表中选择需要进行威胁检测的目标区域。
- 版本规格：可选"入门包"、"初级包"、"基础包"和"高级包"共 4 种规格的检测包，不同规格的检测包每月支持检测的日志量存在差异。威胁检测服务有两种日志检测量计算方式，检测 DNS 和 VPC 的日志按流量进行计算，检测 CTS、IAM 和 OBS 的日志按事件（一个日志为一个事件）进行计算。
- 叠加包：无须主动购买，当月检测用量超出购买的版本规格时，系统会自动根据检测量购买相应的叠加包，自动按需计费。
- 购买时长：单击时间轴上的点，选择购买时长。

（6）阅读并勾选《华为威胁检测服务免责声明》复选框。

（7）单击页面右下角的"立即购买"按钮，进入"订单信息确认"界面。

（8）在确认购买信息无误后，单击右下角的"去支付"按钮，进入"付款"界面。

（9）选择付款方式，完成付款，进入"订单支付成功"界面。

（10）单击"返回控制台"按钮，跳转至主控制台，按照第（3）步重新打开"威胁检测服务"页面，其中的"流程引导"选区如图 1-14 所示，表示威胁检测服务已购买成功。下面需要在该区域内创建威胁检测引擎，威胁检测服务才会开始检测日志数据。

（11）单击"创建检测引擎"下的"立即创建"按钮，创建威胁检测引擎。在页面运行结束后，页面右上角会提示"检测引擎创建成功"，页面会自动刷新一次，可以查看威胁检测引擎是否创建成功。

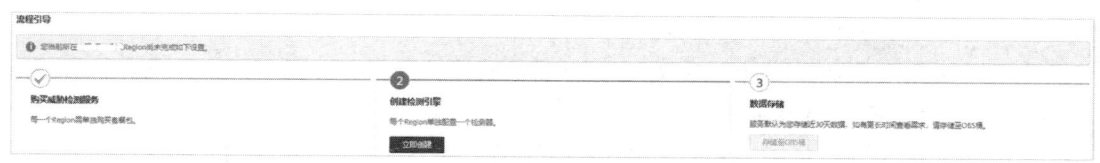

图 1-14 "流程引导"选区

在创建威胁检测引擎时，默认开启了 CTS 日志检测，但是此时威胁检测服务不能正常获取 CTS 日志的数据源。为了保证威胁检测服务可以正常获取 CTS 日志的数据源，我们还需要配置追踪器。

在创建威胁检测引擎后，威胁检测服务就可以实时检测目标 Region 中接入的各类服务日志数据了。

2）配置追踪器

（1）登录管理控制台。

（2）单击左上角的 ⊙ 按钮，选择区域或项目。

（3）单击左上角的 ≡ 按钮，在弹出的导航面板中选择"安全与合规"→"威胁检测服务 MTD"选项，打开"威胁检测服务"页面。在总览界面中会提示"以下服务无法直接获取日志数据，需要您进行配置"，如图 1-15 所示。

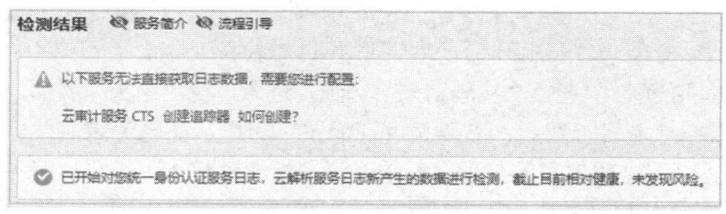

图 1-15 提示"以下服务无法直接获取日志数据，需要您进行配置"

（4）单击"创建追踪器"按钮，跳转至 CTS 追踪器页面，在追踪器列表中找到"追踪器类型"为"管理事件"的唯一默认追踪器。

（5）单击目标"操作"列的"配置"超链接，进入配置追踪器界面。

步骤 1：在"基本信息"选区中，默认生成追踪器名称，无须进行配置。

步骤 2：单击"下一步"按钮，进入"配置转储"选区。

步骤 3：在"配置转储"选区中，单击"转储到 LTS"后的 ⬤ 按钮，开启转储功能，如图 1-16 所示。

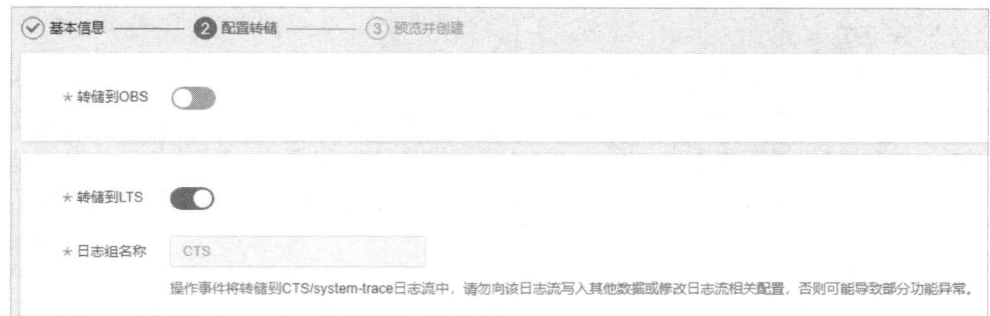

图 1-16 "配置转储"选区

步骤 4：单击"下一步"按钮，进入"预览并创建"选区。

步骤5：在确认无误后，单击"配置"按钮。

（6）单击左上角的 ≡ 按钮，在弹出的导航面板中选择"安全与合规"→"威胁检测服务MTD"选项，返回"威胁检测服务"页面。

（7）在左侧的导航栏中选择"设置"→"检测设置"选项，进入"检测设置"界面，关闭"云审计服务日志（CTS）"开关，使其从 ◉ 转换为 ◯，在弹出的"关闭确认"对话框中单击"确认"按钮，关闭云审计服务日志检测功能，如图1-17所示。在操作结束后，页面右上角会提示"设置成功！"。

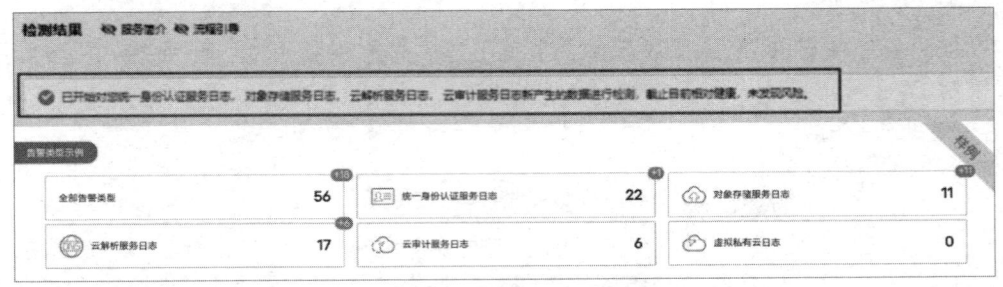

图1-17 关闭云审计服务日志检测功能

（8）再次开启"云审计服务日志（CTS）"开关，使其从 ◯ 转换为 ◉，会在页面右上角提示"设置成功！"，表示开启云审计服务日志检测功能。

（9）在左侧的导航栏中选择"检测结果"选项，进入"检测结果"界面，此时页面中显示"以下服务无法直接获取日志数据，需要您进行配置"的提示框已关闭，并且提示"已开始对您统一身份认证服务日志，对象存储服务日志，云解析服务日志，云审计服务日志新产生的数据进行检测，截至目前相对健康，未发现风险。"，表示追踪器配置成功，如图1-18[①]所示。

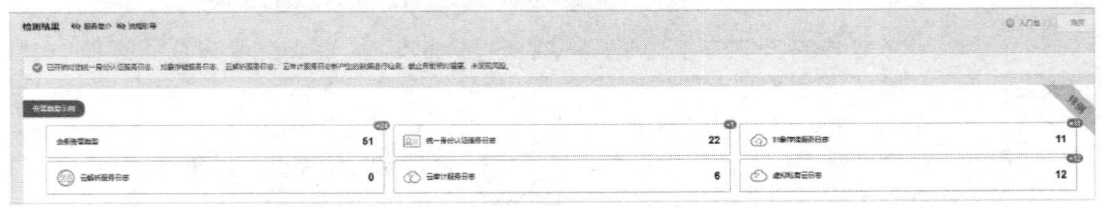

图1-18 配置追踪器成功

2. 名单库策略提升检测效率

1）场景说明

威胁检测服务允许用户将通过服务发现的所有IP地址和域名（无论是情报中的可疑项，还是白名单中的可信项）添加到其名单库中。在添加后，威胁检测服务会优先处理这些名单库中的条目，对情报名单中的IP地址或域名迅速发出警报，而对白名单中的项予以忽略。这种方法可以加快威胁检测服务的响应速度，提高整体的检测效率，减轻威胁检测服务的运行负载。

2）前提条件

• 由于威胁检测服务添加的情报/白名单是从OBS桶中添加的，因此威胁检测服务在添

---

① 图中"截止目前"的正确写法应该为"截至目前"。

加情报/白名单时，需要添加的情报/白名单对象文件应该已经被上传至 OBS 桶中了。
- 由于威胁检测服务添加的情报/白名单仅支持 Plaintext 格式，因此 OBS 桶上传的情报/白名单对象文件应该按照 Plaintext 格式编写。

3）操作步骤

（1）登录管理控制台。

（2）单击左上角的 ◉ 按钮，选择区域或项目。

（3）单击左上角的 ☰ 按钮，在弹出的导航面板中选择"安全与合规"→"威胁检测服务 MTD"选项，打开"威胁检测服务"页面，在左侧的导航栏中选择"设置"→"威胁情报"选项，右侧会显示"威胁情报"界面，如图 1-19 所示。

图 1-19　"威胁检测服务"页面中的"威胁情报"界面

（4）添加情报或白名单。

添加情报的操作步骤如下。

步骤 1：在"威胁情报"界面中选择"情报"选项卡，单击"添加情报"按钮，弹出"添加情报"对话框，如图 1-20 所示，该对话框中的参数及其说明如表 1-13 所示。

图 1-20　"添加情报"对话框

表 1-13　"添加情报"对话框中的参数及其说明

参数	说明	取值样例
文件名称	添加的情报文件名称，建议自定义	BlackList
对象类型	选择需要从 OBS 桶添加至威胁检测服务中的对象文件类型。 • IP：基于用户情报内的 IP 地址进行威胁检测。 • 域名：基于用户情报内的域名进行威胁检测。 威胁检测服务会优先关联检测情报内的 IP 地址或域名，并且快速对日志中相似的情报信息生成告警	IP
桶名称	对象文件所在的 OBS 桶的名称	obs-mtd-beijing4
对象名称	OBS 桶中存储的情报信息的对象名称	mtd-blacklist-ip.txt
存储路径	情报文件在 OBS 桶中的存储路径	obs://obs-mtd-beijing4/mtd-blacklist-ip.txt

步骤 2：在确认信息无误后，单击"确定"按钮，导入的文件就会显示在情报列表中，表示情报导入成功。

添加白名单的操作步骤如下。

步骤 1：在"威胁情报"界面中选择"白名单"选项卡，单击"添加白名单"按钮，弹出"添加白名单"对话框，如图 1-21 所示，该对话框中的参数及其说明如表 1-14 所示。

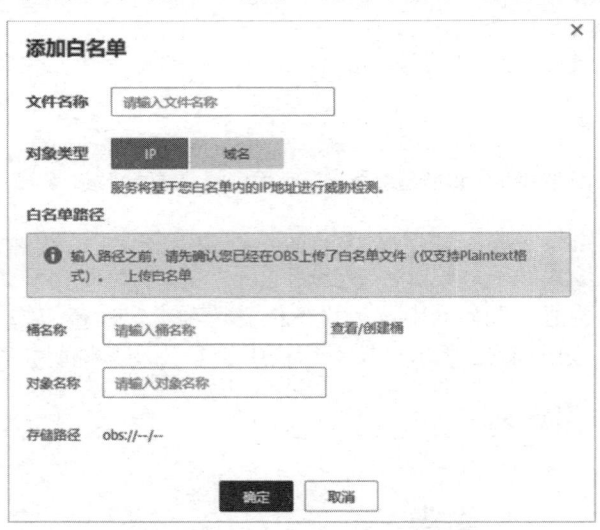

图 1-21　"添加白名单"对话框

表 1-14　"添加白名单"对话框中的参数及其说明

参数	说明	取值样例
文件名称	添加的白名单文件名称，建议自定义	SecurityList
对象类型	选择需要从 OBS 桶添加至威胁检测服务中的对象文件类型。 • IP：基于用户白名单内的 IP 地址进行威胁检测。 • 域名：基于用户白名单内的域名进行威胁检测。 威胁检测服务会优先关联检测白名单内的 IP 地址或域名，忽略日志中关联的白名单信息	IP

续表

参数	说明	取值样例
桶名称	对象文件所在的 OBS 桶的名称	obs-mtd-beijing4
对象名称	OBS 桶中存储的情报信息的对象名称	mtd-securitylist-ip.txt
存储路径	情报文件在 OBS 桶中的存储路径	obs://obs-mtd-beijing4/mtd-securitylist-ip.txt

步骤 2：在确认信息无误后，单击"确定"按钮，导入的文件就会显示在白名单列表中，表示白名单导入成功。

（5）在"威胁情报"界面中选择"情报"选项卡，可以查看已添加的情报列表，如图 1-22 所示；选择"白名单"选项卡，可以查看已添加的白名单列表，如图 1-23 所示。

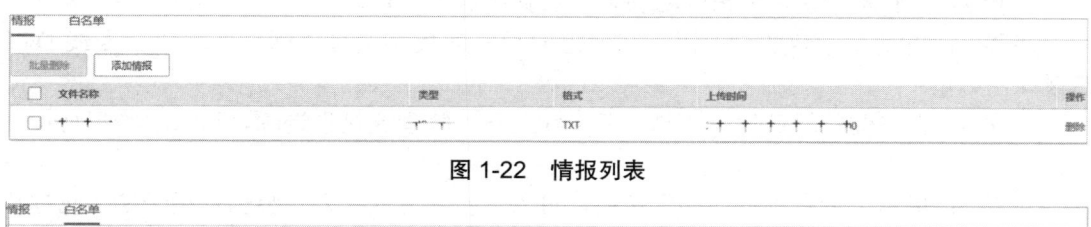

图 1-22　情报列表

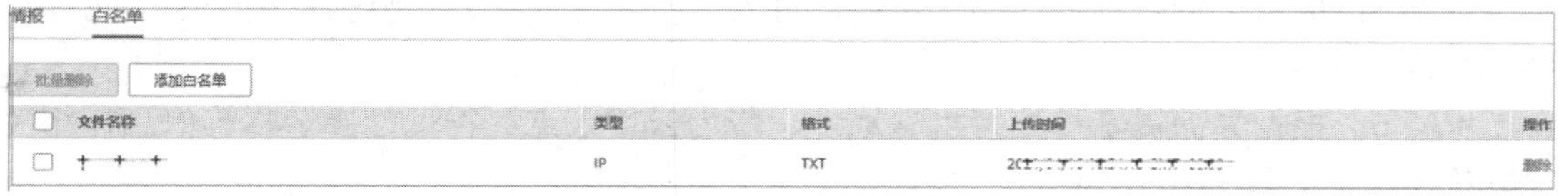

图 1-23　白名单列表

1.4.3　云专线实践

在本实践案例中，用户要通过单专线静态路由接入 VPC。

1. 前提条件

- 必须使用单模的 1GE、10GE、40GE 或 100GE 的光模块与华为云的接入设备对接。
- 必须禁用端口的自动协商功能，并且手动配置端口速率和全双工模式。
- 用户侧网络需要端到端支持 802.1Q VLAN 封装功能。

2. 典型拓扑

用户侧网络通过单专线接入"华北-北京四"区域，在"华北-北京四"区域创建 VPC，如图 1-24 所示。

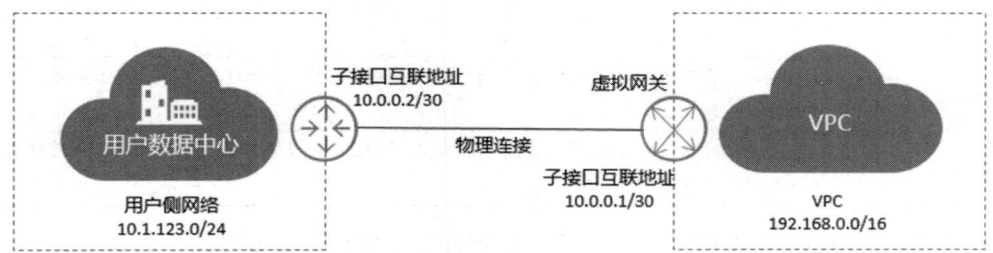

图 1-24　单专线静态路由接入 VPC

本实践案例使用的 IP 地址信息如表 1-15 所示。

表 1-15 本实践案例使用的 IP 地址信息

网络	网段
用户侧网络	10.1.123.0/24
专线互联地址	10.0.0.0/30
VPC 地址段	192.168.0.0/16

3. 操作步骤

（1）物理连接。

步骤 1：登录管理控制台。

步骤 2：在首页单击左上角的 ⊙ 按钮，选择区域或项目。

步骤 3：单击左上角的 ☰ 按钮，在弹出的导航面板中选择"网络"→"云专线 DC"选项。

步骤 4：在左侧的导航栏中选择"云专线"→"物理连接"选项，进入"物理连接"界面。

步骤 5：单击"创建物理连接"按钮，进入"自建专线接入"界面，用于购买物理连接的端口。

步骤 6：根据界面提示，配置机房地址、华为云接入点、物理连接名称等信息，相关参数及其说明如表 1-16 所示。

表 1-16 "自建专线接入"界面中的相关参数及其说明

参数	说明
计费模式	专线服务付费方式，目前仅支持包年、包月两种付费方式
区域	物理连接开通的区域。用户可以在管理控制台左上角或购买界面中切换区域
物理连接名称	用户要创建的物理连接的名称（可以自定义）
华为云接入点	物理连接接入点的位置
运营商	提供物理连接的运营商
端口类型	物理连接接入端口的类型：1GE、10GE、40GE、100GE
专线带宽	物理连接的带宽。仅作为运营商接入带宽描述
用户的机房地址	用户填写的机房地址，可以精确到楼层，如上海市浦东新区华京路××号××楼××机房
标签	云专线服务的标识，包括键和值。最多可以为云专线服务创建 10 个标签
描述	用户可以为物理连接添加备注信息
联系人姓名、联系人手机、联系人 Email	用户填写的用户侧专线负责人的相关信息。需要注意的是，如果不提供负责人的相关信息，则只能通过购买该服务的账号信息查询所购买的服务信息，但这样会增加需求确认时长
购买时长	购买专线服务的时长
自动续费	自动续费的时长与购买时长相同。例如，用户购买时长为 3 个月，在勾选该复选框后，会自动续费 3 个月
企业项目	企业项目是一种云资源管理方式。企业项目管理服务可以提供统一的云资源项目管理服务，以及项目内的资源管理服务、成员管理服务

步骤 7：单击"确认配置"按钮，进入物理连接配置信息确认界面。

步骤 8：在确认物理连接配置信息后，单击"去支付"按钮，进入订单信息确认界面。

步骤 9：在配置确认订单信息后，选择付款方式，单击"确认"按钮并完成支付操作。

(2)创建虚拟网关。

步骤 1：在左侧的导航栏中选择"云专线"→"虚拟网关"选项，进入"虚拟网关"界面。

步骤 2：在"虚拟网关"界面中单击右上角的"创建虚拟网关"按钮，弹出"创建虚拟网关"对话框，如图 1-25 所示，该对话框中的参数及其说明如表 1-17 所示。

图 1-25 "创建虚拟网关"对话框

表 1-17 "创建虚拟网关"对话框中的参数及其说明

参数	说明
名称	虚拟网关的名称，长度为 1～64 个字符
企业项目	企业项目是一种云资源管理方式。企业项目管理服务可以提供统一的云资源项目管理，以及项目内的资源管理、成员管理
关联模式	关联模式有两种，分别是"虚拟私有云"模式和"企业路由器"模式
虚拟私有云	与虚拟网关相关联的 VPC。在将"关联模式"设置为"虚拟私有云"时，需要设置该参数
企业路由器	虚拟网关所关联的企业路由器。在将"关联模式"设置为"企业路由器"时，需要设置该参数
本端子网	云专线允许访问的 VPC 子网。在将"关联模式"设置为"虚拟私有云"时，需要设置该参数。用户可以添加多个网段（相邻两个网段之间使用英文逗号","隔开），以便使用一条专线访问多个 VPC 子网
BGP ASN	虚拟网关的 BGP ASN（自治系统号）
描述	虚拟网关的相关描述
配置费用	企业路由器的连接费用和流量费用。在将"关联模式"设置为"企业路由器"时，会显示该参数的相关信息

步骤 3：根据界面提示配置相关参数。

步骤 4：单击"确定"按钮，完成虚拟网关的创建。

(3)创建虚拟接口。

步骤1：在左侧的导航栏中选择"云专线"→"虚拟接口"选项，进入"虚拟接口"界面。

| 鲲鹏云安全技术与应用

步骤2：在"虚拟接口"界面中单击右上角的"创建虚拟接口"按钮，进入"创建虚拟接口"界面，如图1-26所示，该界面中的参数及其说明如表1-18所示。

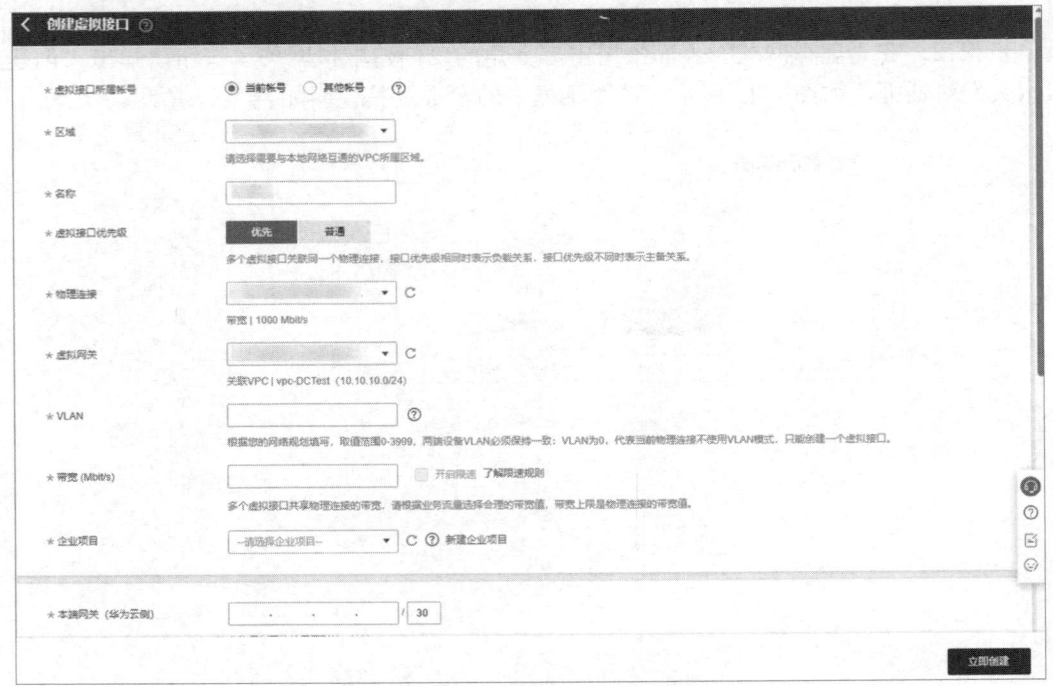

图1-26 "创建虚拟接口"界面

表1-18 "创建虚拟接口"界面中的参数及其说明

参数	说明
区域	物理连接开通的区域。用户可以在管理控制台左上角或购买界面中切换区域
名称	虚拟接口的名称，长度为1~64个字符
虚拟接口优先级	虚拟接口的优先级，可以将其设置为"优先"或"普通"。当多个虚拟接口关联同一个专线设备时，如果接口优先级相同，则表示负载关系，否则表示主备关系
物理连接	选择可用的物理连接
虚拟网关	虚拟接口关联的虚拟网关
VLAN	虚拟接口的VLAN。标准专线的虚拟接口的VLAN由用户配置；托管专线的虚拟接口会使用运营商或合作伙伴为托管专线分配的VLAN，用户无须配置
带宽（Mbit/s）	虚拟接口的带宽，单位为Mbit/s。虚拟接口的带宽不可以超过物理连接的带宽
开启限速	虚拟接口的带宽限速。在勾选该复选框后，会根据配置的带宽值及相关规则对虚拟接口进行限速。 • 带宽≤100Mbit/s，限速梯度为10Mbit/s。 • 100Mbit/s＜带宽≤1000Mbit/s（1Gbit/s）：限速梯度为100Mbit/s。 • 1Gbit/s＜带宽≤100Gbit/s：限速梯度为1Gbit/s。 • 100Gbit/s＜带宽：限速梯度为10Gbit/s。 示例：如果将"带宽"值设置为52Mbit/s，那么实际限速值为60Mbit/s；如果将"带宽"值设置为115Mbit/s，那么实际限速值为200Mbit/s
企业项目	企业项目是一种云资源管理方式。企业项目管理服务可以提供统一的云资源项目管理服务，以及项目内的资源管理服务、成员管理服务

续表

参数	说明
本端网关（华为云侧）	云专线在华为云侧接口的互联 IP 地址
远端网关（用户侧）	用户本地数据中心侧网络的互联 IP 地址。需要将远端网关与本端网关的互联 IP 地址设置为同一个网段的 IP 地址，一般使用 30 位掩码
远端子网	用户数据中心的子网和子网掩码。如果有多个远端子网，那么相邻的两个远端子网之间使用英文逗号","隔开
路由模式	路由模式有两种，分别为"静态路由"模式和"BGP"模式。如果使用双线接入或后期使用冗余专线接入，则选择 BGP 模式
BGP 邻居 ASN	BGP 邻居自治系统的标识。在将"路由模式"设置为"BGP"模式时，需要设置该参数
BGP MD5 认证密码	BGP 邻居自治系统的 MD5 值，即 BGP 密码。在将"路由模式"设置为"BGP"模式时，需要设置该参数，两侧网关参数需要保持一致。长度为 8～255 个字符，至少包含以下字符中的两种。 • 大写字母。 • 小写字母。 • 数字。 • 特殊字符（"~""`""!"",""."":"";""-""_""""""(""")""{""}""[""]""/""@""#""\$""%""^""&""*""+""\""|""="）
描述	可以自定义虚拟接口的相关描述

步骤 3：根据界面提示配置相关参数。

步骤 4：单击"立即创建"按钮。

（4）云上路由发布。在开通用户自助方式后，华为云侧设备会自动下发路由。

（5）用户侧路由发布，配置示例如下（以华为设备为例）。

```
ip route-static 192.168.0.0 255.255.0.0 10.0.0.1
```

1.4.4　VPN 实践

在本实践案例中，我们通过 VPN 连接云下的数据中心与云上的 VPC。

1. 操作场景

在默认情况下，VPC 中的 ECS 无法与数据中心或私有网络进行通信。如果需要将 VPC 中的 ECS 与数据中心或私有网络连通，则可以启用 VPN 功能。在启用 VPN 功能后，用户需要配置安全组并检查子网的连通性，用于确保 VPN 功能可用。主要场景分为两类。

- 点对点 VPN：本端为云服务平台上的一个 VPC，对端为一个数据中心，通过 VPN 建立用户数据中心与 VPC 之间的通信隧道。
- 点对多点 VPN：本端为云服务平台上的一个 VPC，对端为多个数据中心，通过 VPN 建立不同的用户数据中心与 VPC 之间的通信隧道。

在配置 VPN 时，需要注意以下几点。

- 本端子网与对端子网不能重复。
- 本端和对端的 IKE 策略、IPSec 策略、PSK 相同。
- 本端子网和对端子网的网关等参数对称。
- VPC 中 ECS 的安全组允许访问对端和被对端访问。

- 在 VPN 对接成功后，两端的服务器或虚拟机之间需要进行通信，VPN 的状态才会刷新为正常。

2. 前提条件

已经创建了 VPN 所需的 VPC 及其子网。

3. 操作步骤

（1）在管理控制台上，选择合适的 IKE 策略和 IPSec 策略，并且申请 VPN。

（2）检查本端子网和对端子网的 IP 地址池。假设在云中已经申请了 VPC，并且申请了两个子网（192.168.1.0/24 和 192.168.2.0/24），在数据中心网络中也有两个子网（192.168.3.0/24 和 192.168.4.0/24），那么可以通过 VPN 使 VPC 中的子网与数据中心网络中的子网互相通信，如图 1-27 所示。本端子网和对端子网的 IP 地址池不能重合。例如，本端 VPC 中有两个子网，分别为 192.168.1.0/24 和 192.168.2.0/24，那么对端子网的 IP 地址池不能包含本端 VPC 中的这两个子网。

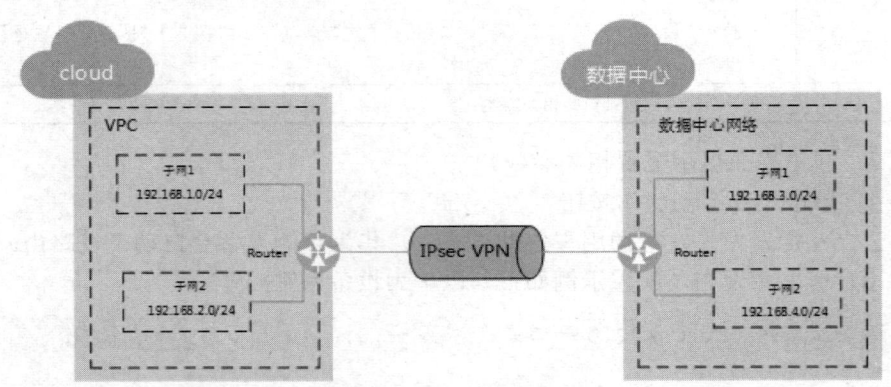

图 1-27　通过 VPN 使 VPC 中的子网与数据中心网络中的子网互相通信

（3）为 ECS 配置安全组规则，从而允许通过 VPN 连接进出用户数据中心的报文。

（4）检查 VPC 安全组。从用户数据中心 ping 云服务器，验证安全组是否允许通过 VPN 进出用户数据中心的报文。

（5）检查远端 LAN 配置（对端数据中心的网络配置）。在远程 LAN（对端数据中心网络）配置中有可以将 VPN 流量转发到 LAN 中网络设备的路由，如果 VPN 流量无法正常通信，那么检查远程 LAN 是否存在拒绝策略。

1.5　本章小结

本章主要介绍了鲲鹏云系统中的内外网防护技术，包括内网防护技术、内外网连接防护技术、外网边界防护技术等。通过学习本章内容，读者可以深入了解鲲鹏云系统中常用的内外网防护技术，掌握内外网防护的构建和管理方法，从而在日常工作中确保云安全。

1.6 本章练习

1. 在华为云中，用户访问 VPC 的方法有两种：_____、_____。
2. VPN 由_____、_____和_____组成。
3. _____可以对云上互联网边界和 VPC 边界进行防护。
4. 简述 VPC 的产品架构。
5. 简述 VPN 的优势。
6. 简述云专线的优势。

第 2 章 华为云 DDoS 防护实践

2.1 本章导读

拒绝服务（Denial of Service，DoS）攻击又称为洪水攻击，是一种网络攻击方法，其目的在于使目标计算机的网络或系统资源耗尽，使服务暂时中断或停止，导致合法用户不能正常访问网络服务。攻击者使用网络上多个被攻陷的计算机作为攻击机器向特定的目标发动 DoS 攻击，称为分布式拒绝服务（Distributed Denial of Service，DDoS）攻击。对 DoS 攻击和 DDoS 攻击进行防护是云平台安全必不可少的一环。本章主要介绍华为云 DDoS 防护的相关知识，包括 DDoS 原生基础防护、DDoS 原生高级防护及 DDoS 高防。

1. 知识目标

- 了解 DDoS 原生基础防护的架构和原理。
- 了解 DDoS 原生高级防护的架构和原理。
- 了解 DDoS 高防的架构和原理。

2. 能力目标

- 能够熟练地配置 DDoS 原生基础防护。
- 能够熟练地配置 DDoS 原生高级防护。
- 能够熟练地配置 DDoS 高防。

3. 素养目标

- 培养以科学的思维方式审视专业问题的能力。
- 培养实际动手操作与团队合作的能力。

2.2 知识准备

2.2.1 华为云 DDoS

常见的 DDoS 攻击类型如表 2-1 所示。

表 2-1 常见的 DDoS 攻击类型

攻击类型	说明	举例
网络层攻击	大流量拥塞被攻击者的网络带宽，使被攻击者的业务无法正常响应客户访问	NTP Flood 攻击
传输层攻击	通过占用服务器的连接池资源，达到拒绝服务的目的	SYN Flood 攻击、ACK Flood 攻击、ICMP Flood 攻击
会话层攻击	通过占用服务器的 SSL 会话资源，达到拒绝服务的目的	SSL 连接攻击
应用层攻击	通过占用服务器的应用处理资源，极大地降低服务器的处理性能，达到拒绝服务的目的	HTTP Get Flood 攻击、HTTP Post Flood 攻击

当业务遭受大量的 DDoS 攻击时，可以采用 DDoS 防护服务来保障业务稳定，并且立即向网监部门报案，具体的报案流程如下。

（1）在遭受 DDoS 攻击后，应该尽快向当地网监部门报案，并且根据网监部门的要求提供相关信息。

（2）网监部门判断是否符合立案标准，并且进入网监处理流程。

（3）在网监部门正式立案后，华为云会配合网监部门负责人进行攻击取证。

- 华为云会配合网监部门，向网监负责人提供华为云平台上相关业务的流量日志、遭受的攻击信息等。
- 华为云不能对流量日志和攻击信息等进行分析并直接给出谁是攻击者的结论。
- 华为云会及时响应网监部门的协助调查要求，配合开展工作。

因此，用户在遭受 DDoS 攻击时，应该参考当地网监部门的立案调查标准，积极请求网警进行立案调查。

当服务器（云主机）遭受超出防护范围的流量攻击时，华为云会对其采用黑洞策略，即屏蔽该服务器（云主机）的外网访问，避免对华为云中其他用户造成影响，保障华为云网络的整体可用性和稳定性。

针对 DDoS 攻击，华为云提供了多种安全防护方案，用户可以根据实际业务选择合适的防护方案。华为云 DDoS 防护服务（Anti-DDoS Service）提供了 3 个子服务，分别为 DDoS 原生基础防护、DDoS 原生高级防护和 DDoS 高防，如图 2-1 所示。其中，DDoS 原生基础防护为免费服务，DDoS 原生高级防护和 DDoS 高防为收费服务。

| 鲲鹏云安全技术与应用

```
                              ┌── DDoS原生高级防护
              ┌── DDoS原生防护──┤
   DDoS防护 ──┤                └── DDoS原生基础防护
              └── DDoS高防
```

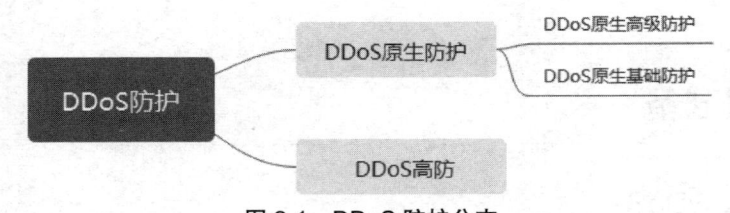

图 2-1　DDoS 防护分支

DDoS 攻击不仅影响受害者，还会对华为云高防机房造成严重影响。此外，DDoS 防护需要成本，其中最高的成本是带宽费用。带宽是华为云向各运营商购买得到的。运营商在计算带宽费用时，不会将 DDoS 攻击流量清洗掉，它会直接收取华为云的带宽费用。华为云的 DDoS 原生基础防护服务可以为用户提供免费的 DDoS 防护能力，但是当攻击流量超出 Anti-DDoS 流量清洗的黑洞阈值时，华为云会使用黑洞策略封堵攻击者的主机 IP 地址。服务器（云主机）在进入黑洞后，用户解除黑洞的方法如表 2-2 所示。

表 2-2　解除黑洞的方法

DDoS 防护版本	解封策略	解封方法
DDoS 原生基础防护	云主机在进入黑洞 24 小时后，黑洞会自动解封。如果系统监控到流量攻击没有停止，仍然超过限定的阈值，那么主机 IP 地址会再次被封堵	1. 等待自动解封。 2. 当"华北"、"华东"和"华南"区域的公网 IP 地址被封堵时，可以使用自助解封功能提前解封黑洞
DDoS 原生高级防护	黑洞解封时间默认为 24 小时	1. 等待自动解封。 2. 当"华北"、"华东"和"华南"区域的公网 IP 地址被封堵时，可以使用自助解封功能提前解封黑洞
DDoS 高防	建议提升弹性带宽规格，避免主机 IP 地址再次被封堵	可以通过升级弹性带宽规格，提升弹性防护带宽上限，从而提前解封黑洞

截至编写本书，华为云前仅支持对"华北"、"华东"和"华南"区域的公网 IP 地址进行自助解封，其自助解封规则如下。

- 对于同一个公网 IP 地址，当日首次解封时间必须超过封堵时间 30 分钟才能解封。解封时长=$2^{(n-1)}$×30 分钟（n 表示解封次数）。例如，当日第一次解封需要封堵开始后 30 分钟，第二次解封需要封堵开始后 60 分钟，第三次解封需要封堵开始后 120 分钟。
- 对于同一个公网 IP 地址，如果上次解封时间和本次封堵时间之间的间隔短于 30 分钟，那么本次解封时长=2^n×30 分钟（n 表示解封次数）。例如，某个公网 IP 地址已经被解封过一次，上次解封时间为 10:20，本次发生封堵的时间为 10:40，二者之间的时间间隔短于 30 分钟，那么本次封堵需要在 120 分钟后（12:40）才能解封。
- DDoS 防护会根据风控自动调整自助解封次数和间隔时长。

黑洞阈值是指华为云为客户提供的基础攻击防护范围，在攻击超过限定的阈值后，华为云会使用黑洞策略封堵攻击者的主机 IP 地址。DDoS 原生基础防护可以为普通用户免费提供 2Gbit/s 的 DDoS 防护服务，最高可达 5Gbit/s（视华为云的可用带宽情况而定），可以满足华为云内的公网 IP（IPv4 和 IPv6）的较低安全防护需求。系统会对业务攻击流量进行实时检测，一旦发现针对云主机的攻击行为，就会将业务流量从原始网络路径中引流到华为云 DDoS 清洗系统中，通过华为云 DDoS 清洗系统对该 IP 地址的流量进行识别，丢弃攻击流量，将正常流量转发至目标 IP 地址，减少攻击对服务器造成的损害。用户可以通过以下方式提升黑洞阈值。

- 开通 DDoS 原生高级防护服务，无须修改业务 IP 地址，并且可以获取 DDoS 原生高级防护服务提供的防护能力。
- 开通 DDoS 高防服务，在将业务 IP 地址接入 DDoS 高防后，可以获取 Tbit/s 级别的防护能力。DDoS 高防服务会将恶意攻击流量引流到高防 IP 地址中进行清洗，确保重要业务不被攻击中断。

2.2.2 DDoS 原生基础防护

DDoS 原生基础防护服务可以为华为云内的公网 IP 地址资源（如 ECS、ELB）提供网络层和应用层的 DDoS 攻击防护（如泛洪流量型攻击防护、资源消耗型攻击防护）服务，并且提供攻击拦截实时告警功能，从而有效提升用户带宽利用率，保障业务稳定、可靠地运行。DDoS 原生基础防护服务通过对互联网访问公网 IP 地址的业务流量进行实时监测，可以及时发现异常的 DDoS 攻击流量。在不影响正常业务的前提下，DDoS 原生基础防护服务可以根据用户配置的防护策略，清洗掉攻击流量，并且为用户生成监控报表，用于清晰地展示网络流量的安全状况。

DDoS 原生基础防护服务可以帮助用户缓解以下 DDoS 攻击。

- Web 服务器类攻击，如 SYN Flood 攻击。
- 游戏类攻击，如 UDP（User Datagram Protocol，用户数据报协议）Flood 攻击、SYN Flood 攻击、TCP（Transmission Control Protocol，传输控制协议）类攻击、分片攻击等。

DDoS 原生基础防护服务可以提供以下功能。

- 为单个公网 IP 地址提供监控记录，包括当前的防护状态、当前的防护配置参数、24 小时内的流量情况、24 小时内的异常事件。
- 为用户防护的所有公网 IP 地址提供拦截报告，支持查询攻击统计数据，包括清洗次数、清洗流量、拦截的攻击总次数等。

DDoS 原生基础防护服务只对华为云内的公网 IP 地址提供 DDoS 攻击防护服务。Anti-DDoS 设备部署在机房出口处，网络拓扑架构如图 2-2 所示。检测中心会根据用户配置的安全策略检测网络访问流量，在发生攻击时，将数据引流到清洗设备中进行实时防护，清洗异常流量，转发正常流量。此外，系统会对超过黑洞阈值的受攻击公网 IP 地址进行黑洞处理，正常访问流量也会被丢弃；对于可能会遭受超过 5Gbit/s 流量攻击的应用程序，用户可以通过采购华为云 DDoS 高防服务，提升防护能力。DDoS 原生基础防护服务可以为华为云用户提供 DDoS 攻击防护服务，其产品优势如下。

- 优质防护：实时监测，及时发现 DDoS 攻击，丢弃攻击流量，将正常流量转发至目标 IP 地址，提供优质带宽，保证业务的连续性和稳定性，以及用户的访问速度。

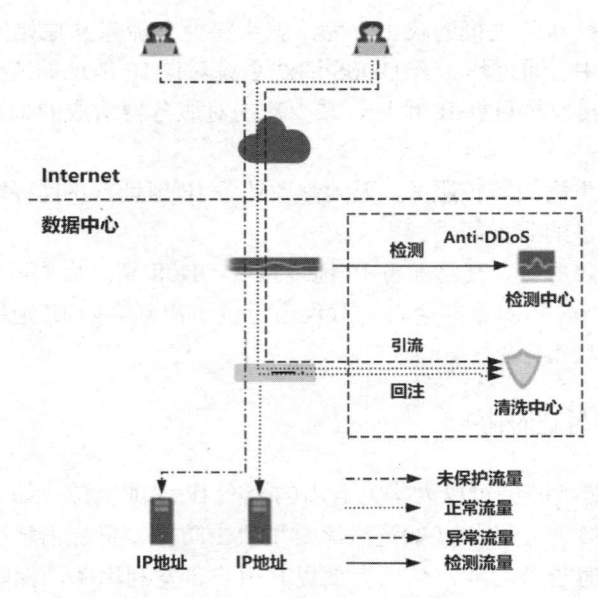

图 2-2 DDoS 原生基础防护

- 全面精准：具有海量 IP 地址的黑名单库，精准有效，每日都会更新 IP 地址的黑名单库，采用七层过滤的手术刀式清洗机制，可以进行动态流量基线智能学习。
- 秒级响应：采用先进的逐包检测机制，可以对各类攻击、威胁进行秒级响应，具有强大的设备清洗性能和极低的清洗时延。
- 自动开启：DDoS 原生基础防护服务在购买 EIP 时会自动开启防护功能，无须采购昂贵的清洗设备，无须安装。
- 免费使用：DDoS 原生基础防护服务是免费服务，在使用时无须购买资源，不产生任何费用，用户可以放心使用。

2.2.3 DDoS 原生高级防护

DDoS 原生高级防护服务是华为云推出的一项安全服务，主要包括 DDoS 原生标准版、DDoS 原生防护-全力防基础版和 DDoS 原生防护-全力防高级版，旨在提高 ECS、ELB、Web 应用防火墙（Web Application Firewall，WAF）和 EIP 等云服务的 DDoS 防护能力。DDoS 原生高级防护服务对华为云上的 IP 地址生效，通过简单的配置，即可将 DDoS 原生高级防护服务提供的防护能力直接加载到云服务上，从而提升云服务的 DDoS 防护能力，确保云服务上业务的安全、可靠。DDoS 原生高级防护服务可以提供以下功能。

- 透明接入：无须修改域名解析设置，可以直接对华为云上的公网 IP 地址资源进行 DDoS 攻击防护。
- 全力防护：华为云可以根据当前区域内的 DDoS 本地清洗中心的网络和资源能力，提供 DDoS 攻击防护服务。全力防护的防护能力会随着华为云网络能力的不断提升而提升。
- 联动防护：在开启联动防护功能后，可以自动联动调度 DDoS 高防服务，对 DDoS 原生高级防护实例中的云资源进行防护。

- IPv4/IPv6 双协议防护：支持同时为 IPv6 和 IPv4 两种类型的 IP 地址提供防护服务，满足用户对 IPv6 类型业务的防护需求。
- 流量清洗：DDoS 原生高级防护服务在检测到 IP 地址的入流量超过设置的阈值时，会进行流量清洗。
- IP 黑白名单：通过配置 IP 地址黑名单或 IP 地址白名单，封禁或放行访问 DDoS 原生高级防护服务的源 IP 地址，从而限制访问业务资源的用户。
- 协议封禁：根据协议类型一键封禁访问 DDoS 原生高级防护服务的源流量。例如，如果访问 DDoS 原生高级防护服务的源流量没有 UDP 业务，则建议封禁 UDP 协议。

DDoS 原生高级防护服务适合被部署在具有公网 IP 地址资源业务的华为云服务上，用于满足业务规模大、对网络质量要求高的用户。适合使用 DDoS 原生高级防护服务的业务具有以下特征。

- 业务被部署在华为云服务上，并且华为云服务能提供公网 IP 地址资源。
- 业务带宽较大或 QPS 较高。
- 业务的类型为 IPv6。
- 华为云上的公网 IP 地址资源较多，业务中的大量端口、域名、IP 地址都需要 DDoS 攻击防护服务。

DDoS 原生高级防护服务是软件 DDoS 防护服务，与成本相对较高的传统硬件 DDoS 防护服务相比，可以一键提升华为云对 ECS、ELB、WAF、EIP 等云服务的 DDoS 防护能力，具有以下优势。

- 快速接入。无须配置转发规则，可以快速接入服务，从而提升华为云上的 EIP 防护能力。
- 弹性防护能力。在遭受大规模攻击时，可以自动调用华为云在当前区域内的最强 DDoS 防护能力，从而提供全力防护。
- 海量清洗带宽。拥有多线 BGP 防护带宽，可以轻松抵御 DDoS 攻击，从而保证重要业务的安全性、稳定性。
- 卓越的清洗能力。提供全自动的检测和攻击策略匹配功能，用于进行实时防护。同时，业务流量集群分发，可以确保性能高、时延低和系统稳定性强。
- 丰富的防护统计报表。可以提供多维度防护统计报表。通过查看流量信息，可以了解当前网络的安全状态。

2.2.4　DDoS 高防

DDoS 高防服务是企业重要业务连续性的有力保障。当服务器遭受大流量 DDoS 攻击时，DDoS 高防服务可以保护用户业务持续可用。DDoS 高防服务可以使用高防 IP 地址代理源站 IP 地址对外提供服务，将恶意攻击流量引流到高防 IP 地址进行清洗，确保重要业务不被攻击中断，从而为华为云、非华为云及 IDC 的互联网主机提供 DDoS 防护服务。

当用户未接入 DDoS 高防服务时，源站直接对互联网暴露，一旦发生 DDoS 攻击，就会很容易导致源站瘫痪。在用户购买 DDoS 高防服务并接入业务后，用户的网站类业务的域名解析会指向高防 IP 地址，非网站类的业务 IP 地址会被替换成高防 IP 地址。DDoS 高防服务会将所有的公网流量都引流至高防 IP 地址，进而隐藏源站，避免源站（用户业务）遭受大流量 DDoS 攻击。业务 IP 地址未接入 DDoS 高防服务与接入 DDoS 高防服务的示意图如图 2-3 所示。

(a) 业务 IP 地址未接入 DDoS 高防服务　　　　(b) 业务 IP 地址接入 DDoS 高防服务

图 2-3　业务 IP 地址未接入 DDoS 高防服务与接入 DDoS 高防服务的示意图

DDoS 高防服务的引流和转发原理示意图如图 2-4 所示。在图 2-4 中，客户表示访问源站（用户业务）的客户；源站 IP 地址表示源站服务器使用的公网 IP 地址，也是被防护的 IP 地址，应避免对外暴露（泄露）；高防 IP 地址与源站 IP 地址相对应，用于代替源站 IP 地址向客户提供服务，使源站 IP 地址不直接暴露出去；回源 IP 地址是指高防机房代替客户和源站服务器进行通信的若干个 IP 地址（高防机房会将客户的 IP 地址随机转换为某个回源 IP 地址，并且由这个回源 IP 地址代替客户 IP 地址和源站服务器进行通信）。

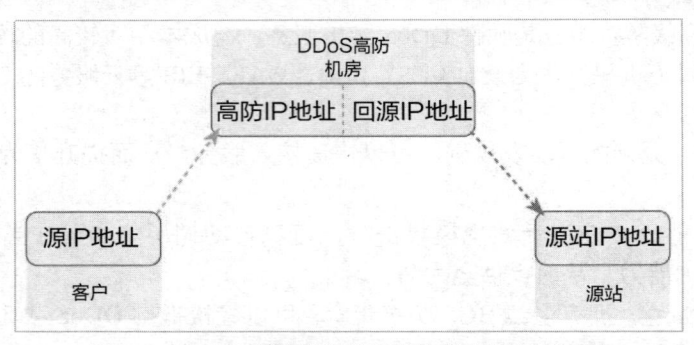

图 2-4　DDoS 高防服务的引流和转发原理示意图

华为云的 DDoS 高防服务可以防护 SYN Flood 攻击、UDP Flood 攻击、ACK Flood 攻击、ICMP Flood 攻击、DNS Query Flood 攻击、NTP Reply Flood 攻击、CC 攻击等各类网络层、应用层的 DDoS 攻击，如图 2-5 所示。

图 2-5　华为云的 DDoS 高防服务可以防护的 DDoS 攻击类型

华为云的 DDoS 高防服务采用分层防护、分布式清洗机制，通过精细化的多层过滤防护技术，可以有效检测和过滤攻击流量，其网络拓扑示意图如图 2-6 所示。

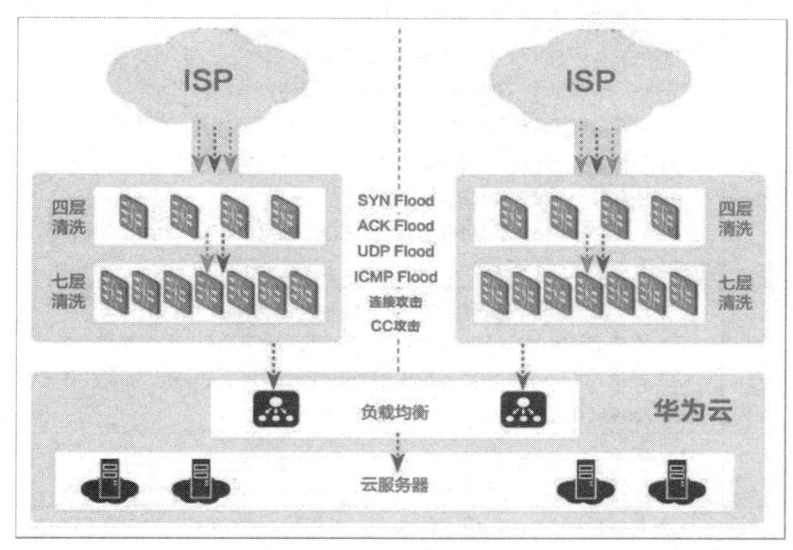

图 2-6 华为云的 DDoS 高防服务的网络拓扑示意图

华为云的 DDoS 高防服务的参数及其说明如表 2-3 所示。

表 2-3 华为云的 DDoS 高防服务的参数及其说明

参数	说明
接入类型	提供两种接入方式："网站类"和"IP 接入"。 网站类：华为云通过智能算法为用户选择最佳接入点，并且不再提供固定的高防 IP 地址。 IP 接入：仅提供 IP 端口防护，提供固定的高防 IP 地址
实例	每个用户默认最多可以购买 5 个实例。如果配额不足，那么用户可以提交工单，申请增加配额
线路	提供两种线路：BGP 和 BGP Pro
IP 个数	系统自动为线路分配的 IP 地址个数。 每个 IP 地址均为独享防护资源
防护域名数	每个实例免费提供 50 个防护域名。可以付费增加，最多可以提供 200 个防护域名。如果配额不足，那么用户可以提交工单，申请增加配额。 防护域名数为一级域名（如 example.com）、单域名/子域名（如 www.example.com）和泛域名（如 *.example.com）的总数。 每个 DDoS 高防实例都可以防护 50 个单域名或泛域名，也可以防护 1 个一级域名和 49 个相关的子域名或泛域名
防护端口数	每个高防实例都免费提供 50 个转发防护端口。可以付费增加，最多可以提供 200 个转发防护端口。如果配额不足，那么用户可以提交工单，申请增加配额
保底防护带宽	保底防护带宽支持配置的范围如下： • 华东 2、华东 3：10Gbit/s、20Gbit/s。 • 华北 1、华东 1：10Gbit/s、20Gbit/s、30Gbit/s、60Gbit/s、100Gbit/s、300Gbit/s、400Gbit/s、500Gbit/s、600Gbit/s、800Gbit/s、1000Gbit/s。 如果需要提升防护性能，则可以设置"弹性防护带宽"

续表

参数	说明
弹性防护带宽	每个实例的弹性防护带宽每天可以修改 3 次。弹性防护带宽支持配置的范围如下： 10Gbit/s、20Gbit/s、30Gbit/s、40Gbit/s、50Gbit/s、60Gbit/s、70Gbit/s、80Gbit/s、100Gbit/s、200Gbit/s、300Gbit/s、400Gbit/s、500Gbit/s、600Gbit/s、700Gbit/s、800Gbit/s、1000Gbit/s。 当攻击超过保底防护带宽时会扣费，当无攻击或攻击未超过保底防护带宽时不会扣费。 当攻击峰值超过所选的弹性防护带宽时，高防 IP 地址会被黑洞。在购买高防实例后，可以根据业务的实际情况，修改弹性防护带宽。 说明：弹性防护带宽不能小于保底防护带宽。如果用户选择的弹性防护带宽等于保底防护带宽，那么弹性防护功能不会生效
业务带宽	业务带宽是指高防机房清洗后回源给源站的业务流量带宽。 每个实例都会赠送 100Mbit/s 的业务带宽，可以付费增加，最大支持 2Gbit/s。 也就是说，从 DDoS 高防到源站的回源过程会产生业务流量，如果业务流量带宽在 100Mbit/s 以内，则可以直接免费使用
转发协议	• 四层协议：TCP、UDP。 • 七层协议：HTTP、WebSocket、HTTPS、WebSockets
接入方式	• 网站类业务接入：适用于网站业务，客户通过将高防 CNAME 配置到 DNS 的方式接入高防 IP 地址。 • 非网站类业务接入：适用于 App、PC 客户端类业务，客户通过将高防 CNAME 配置到 DNS，或者将高防 IP 地址直接配置到客户端，可以将流量接入高防 IP 地址
黑洞解封时间	DDoS 高防服务的黑洞解封时间默认为 30 分钟，具体时长与当日黑洞触发次数和攻击峰值有关，最长可达 24 小时
防护对象	支持华为云、非华为云及 IDC 的互联网主机

DDoS 高防服务的应用场景包括娱乐（游戏）、金融、政府、电商、媒资、教育（在线）等，如图 2-7 所示。

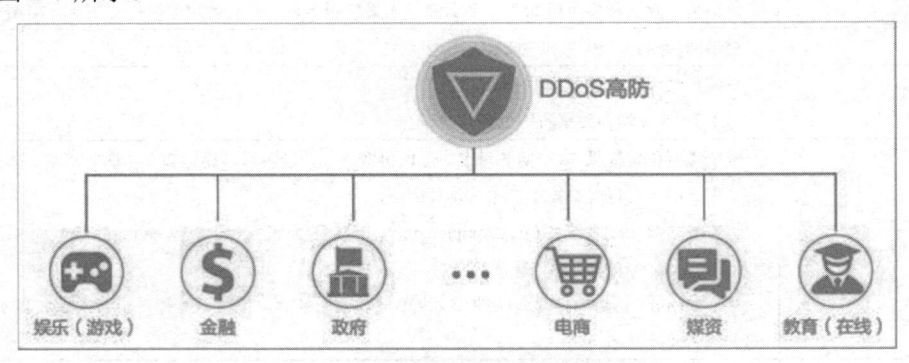

图 2-7 DDoS 高防服务的应用场景

- 娱乐（游戏）：该应用场景是 DDoS 攻击的重灾区，DDoS 高防服务可以保证游戏的可用性和持续性，改善用户体验，在旺季时段（如节日活动期间）提供防护服务。
- 金融：满足金融行业的合规性要求，保证线上交易的实时性、安全性、稳定性。
- 政府：满足国家政务云建设标准的安全要求，为重大会议、活动提供安全保障，确保民生服务正常、可用，维护政府公信力。

- 电商：为用户访问互联网提供防护服务，使业务正常、不中断，在旺季时段（如电商大促期间）提供防护服务。

DDoS 高防服务是软件 DDoS 防护服务。与成本相对较高的传统硬件 DDoS 防护服务相比，DDoS 高防服务在业务接入后会立刻对其进行防护，并且可以查看 DDoS 高防服务的防护日志，了解当前业务的网络安全状态。DDoS 高防服务可以防护海量的 DDoS 攻击，具备精准性高、弹性高、可靠性高、可用性高等优势，具体如下。

- 海量带宽：可以提供超过 15Tbit/s 的 DDoS 防护能力，单 IP 地址最高可以提供 1000Gbit/s 的 DDoS 防护能力，用于抵御各类网络层、应用层的 DDoS 攻击。
- 高可用服务：提供全自动的检测和攻击策略匹配功能，从而实现实时防护。此外，业务流量集群分发，确保性能高、时延低和系统稳定性强。
- 弹性防护：采用基础防护带宽+弹性防护带宽的购买方式，支持弹性调整 DDoS 防护阈值，随时可以升级为更高级别的防护服务。
- 专业运营团队：具有 7×24 小时的运营团队和专业的运营人员，可以随时解答用户的疑问，为用户的业务保驾护航。

2.3 任务分解

本章旨在让读者掌握鲲鹏云中常用的 DDoS 防护技术。在知识准备的基础上，我们可以将本章内容拆分为 4 个实操任务，具体的任务分解如表 2-4 所示。

表 2-4 任务分解

任务名称	任务目标	安排学时
DDoS 原生基础防护实践	开启 DDoS 攻击告警通知功能，连接已被黑洞的服务器	2 学时
DDoS 原生高级防护实践	DDoS 原生高级防护服务的配置及不同的联动方式	2 学时
DDoS 高防实践	DDoS 高防业务接入、攻击类型判断、高防联动与业务实例迁移	2 学时
DDoS 阶梯调度策略实践	DDoS 阶梯调度策略的配置与验证	2 学时

2.4 安全防护实践

2.4.1 DDoS 原生基础防护实践

1. 开启 DDoS 攻击告警通知功能

1）操作场景

开启 DDoS 攻击告警通知功能，在公网 IP 地址受到 DDoS 攻击时，用户会收到提醒消息（接收消息的方式由用户设置）。

2）前提条件

- 已经购买消息通知服务。
- 登录账号已经购买公网 IP 地址。

3）约束条件
- 消息通知服务为付费服务。
- 在开启 DDoS 攻击告警通知功能前，建议用户在消息通知服务中创建主题并添加订阅。

4）操作步骤

（1）登录管理控制台。

（2）单击管理控制台左上角的 按钮，选择区域或项目。

（3）单击左上角的 三 按钮，在弹出的导航面板中选择"安全与合规"→"DDoS 防护 AAD"选项，打开"DDoS 防护控制台"页面，默认进入"Anti-DDoS 流量清洗"界面。

（4）在"Anti-DDoS 流量清洗"界面中选择"告警通知"选项卡，设置告警通知的相关参数，如图 2-8 所示，相关参数及其说明如表 2-5 所示。

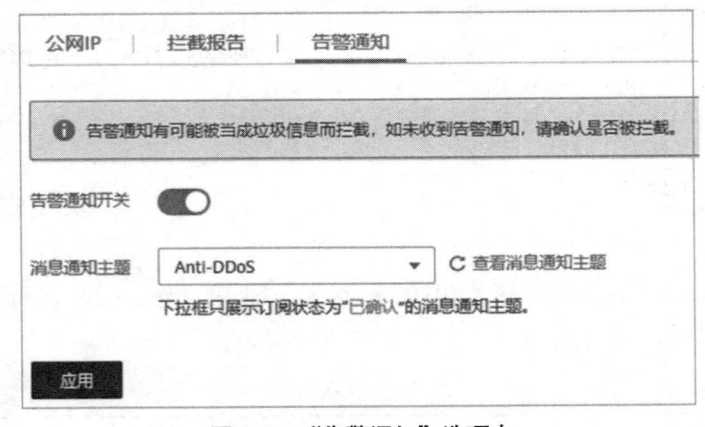

图 2-8 "告警通知"选项卡

表 2-5 "告警通知"选项卡中的相关参数及其说明

参数	说明
告警通知开关	用于开启或关闭告警通知功能
消息通知主题	可以选择已有的主题，也可以单击"查看消息通知主题"超链接，创建新的主题

（5）单击"确定"按钮，开启 DDoS 攻击告警通知功能。

2. 连接已被黑洞的服务器

1）操作场景

当服务器遭受大流量攻击时，DDoS 原生基础防护服务会调用运营商黑洞，屏蔽该服务器的外网访问。对于已被黑洞的服务器，用户可以通过 ECS 连接该服务器。

2）前提条件
- 登录账号已经购买公网 IP 地址。
- 已经获取 ECS 的登录账号与密码。
- 已经获取被黑洞的服务器的登录账号与密码。

3）约束条件

ECS 与已被黑洞的服务器位于相同的地域，并且可以被正常访问。

4）操作步骤

（1）登录管理控制台。

（2）单击管理控制台左上角的 按钮，选择区域或项目。

（3）单击左上角的 三 按钮，在弹出的导航面板中选择"计算"→"弹性云服务器 ECS"，打开"云服务器控制台"页面，默认进入"弹性云服务器"界面。

（4）登录与被黑洞的服务器位于相同的地域且可以被正常访问的 ECS。

（5）连接被黑洞的服务器，相关说明如表 2-6 所示。

表 2-6　连接被黑洞的服务器的相关说明

ECS 的操作系统	被黑洞服务器的操作系统	连接方式
Windows	Windows	使用 MSTSC 方式登录被黑洞的服务器。 1. 在 ECS 中输入"mstsc"，打开远程桌面连接工具。 2. 在"远程桌面连接"对话框中，单击"选项"按钮。 3. 输入待登录的云服务器的 EIP 和用户名，用户名默认为 Administrator。 4. 单击"确定"按钮，根据提示输入密码，登录被黑洞的服务器
	Linux	使用 PuTTY、Xshell 等远程登录工具登录被黑洞的服务器
Linux	Windows	（1）安装远程连接工具（如 rdesktop）。 （2）执行命令，登录被黑洞的服务器，命令格式如下： rdesktop -u 用户名 -p 密码 -g 分辨率 被黑洞服务器绑定的 EIP
	Linux	执行命令，登录被黑洞的服务器，命令格式如下： ssh 被黑洞服务器绑定的 EIP

5）后续操作

在通过 ECS 成功连接被黑洞的服务器后，可以将被黑洞的服务器中的文件转移至已登录的 ECS 中，也可以通过这种方式更改被黑洞服务器中的配置文件等。

2.4.2　DDoS 原生高级防护实践

1. 华为云的 DDoS 原生高级防护+ELB 联动防护

DDoS 原生高级防护服务可以提升华为云对 ECS、ELB、WAF、EIP 等云服务的 DDoS 防护能力，确保云服务上的业务安全。ELB 可以根据分配策略将访问流量分发到后端的多台服务器中，扩展应用系统对外的服务能力，消除单点故障，提升应用系统的可用性。

1）应用场景

在将网站类业务部署在华为云的 ECS 上时，可以为网站业务配置 DDoS 原生高级防护+ELB 联动防护。在 ECS 源站服务器部署 ELB 后，将 ELB 的 EIP 添加到 DDoS 原生高级防护实例中进行防护，可以进一步提升 ECS 的 DDoS 防护能力。

DDoS 原生高级防护+ELB 联动防护通过 ELB 丢弃未监听协议和端口的流量，可以对不同类型的 DDoS 攻击（如 SSDP 攻击、NTP 攻击、Memcached 攻击、UDP Flood 攻击、

SYN Flood 攻击）有更好的防护效果，从而大幅度提升 ECS 的 DDoS 防护能力，确保用户业务的安全、可靠，如图 2-9 所示。

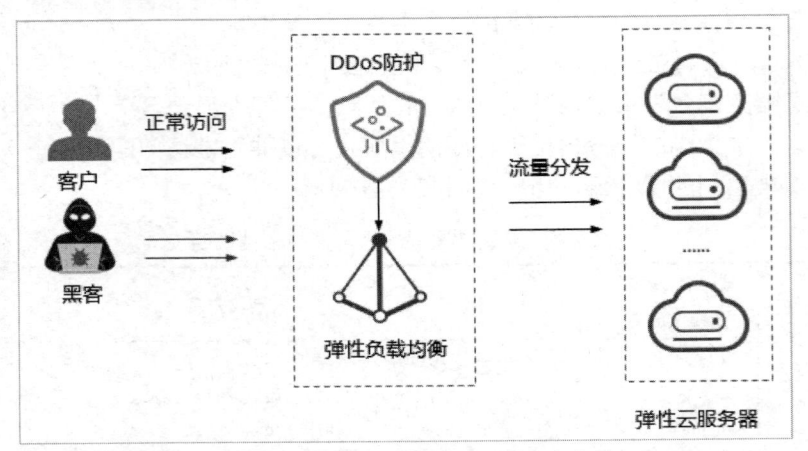

图 2-9　华为云的 DDoS 原生高级防护+ELB 联动防护

2）约束条件
- DDoS 原生高级防护服务只能防护购买区域内的公网 IP 地址资源，不能进行跨区域防护。
- ELB 不支持跨地域部署，需要选择与后端服务器相同的区域，并且选择公网实例类型。

3）前提条件

在支持购买 DDoS 原生高级防护实例的区域（如"华北-北京四"区域）内已经创建了 ECS 实例，并且部署了网站类业务。

4）操作步骤

（1）创建 ELB 实例。
- 区域：选择与 ECS 实例相同的区域（如"华北-北京四"区域）。
- 网络类型：公网。

（2）为 ELB 实例绑定公网 IP 地址。

（3）获取创建的 ELB 实例的公网 IP 地址，如图 2-10 所示。

图 2-10　ELB 实例的公网 IP 地址

（4）购买 DDoS 原生高级防护实例（区域：选择与 ECS 实例相同的区域，如"华北-北京四"区域）。

（5）在左侧的导航栏中选择"DDoS 原生高级防护"→"实例列表"选项，进入"DDoS 防护控制台"页面的"实例列表"界面。

（6）在目标实例所在框的右上方单击"设置防护对象"按钮。

（7）弹出"设置防护对象"对话框，勾选第（3）步获取的 ELB 实例的公网 IP 地址，单击"确定"按钮。

在成功添加防护对象后，可以为防护对象配置防护策略。DDoS 原生高级防护服务会为 ECS 的源站服务器提供对 DDoS 攻击的全力防护能力，在业务遭受 DDoS 攻击时，会自动进行流量清洗。

2. 华为云的 DDoS 原生高级防护+WAF 联动防护

WAF 通过对 HTTP（S）请求进行检测，可以识别并阻断 SQL 注入、跨站脚本攻击、网页木马上传、命令/代码注入、文件包含攻击、敏感文件访问、第三方应用漏洞攻击、CC 攻击、恶意爬虫扫描、跨站请求伪造等攻击，保证 Web 服务的安全性、稳定性。

1）应用场景

在将网站类业务部署在华为云的 ECS 上时，可以为网站业务配置 DDoS 原生高级防护+WAF 联动防护。也就是将网站业务接入独享模式的 WAF，然后将 WAF 独享引擎的 ELB 绑定的公网 IP 地址添加到 DDoS 原生高级防护实例中进行防护，实现 DDoS 原生高级防护和 WAF 的双重防护，可以防御四层 DDoS 攻击、七层 Web 攻击、CC 攻击等，从而大幅度提升网站业务的安全性和稳定性。

在为网站业务部署 DDoS 原生高级防护+WAF 联动防护后，所有业务流量都会经过 WAF 的独享引擎，用于进行安全清洗，攻击流量（包括 DDoS 攻击、Web 攻击、CC 攻击等）会被丢弃，正常的业务流量会被 WAF 转发到源站服务器中，如图 2-11 所示。

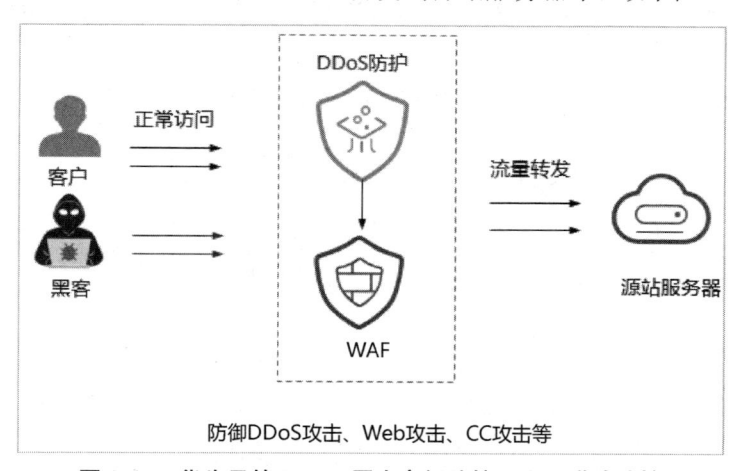

图 2-11 华为云的 DDoS 原生高级防护+WAF 联动防护

2）约束条件
- DDoS 原生高级防护服务只能防护购买区域内的公网 IP 地址资源，不能进行跨区域防护。
- DDoS 原生高级防护服务仅支持与独享模式的 WAF 进行联动防护。

3）前提条件

网站已接入独享模式的 WAF。

4）操作步骤

（1）获取 ELB 的 EIP。

步骤 1：登录管理控制台。

步骤 2：单击管理控制台左上角的 ◎ 按钮，选择区域或项目。

步骤 3：单击页面左上角的 ≡ 按钮，在弹出的导航面板中选择"网络"→"弹性负载均衡 ELB"选项，打开"网络控制器"页面，进入"弹性负载均衡"界面。

步骤 4：在负载均衡列表框中，可以在独享模式的 WAF 绑定的负载均衡器所在行中获取 ELB 的 EIP，如图 2-12 所示。

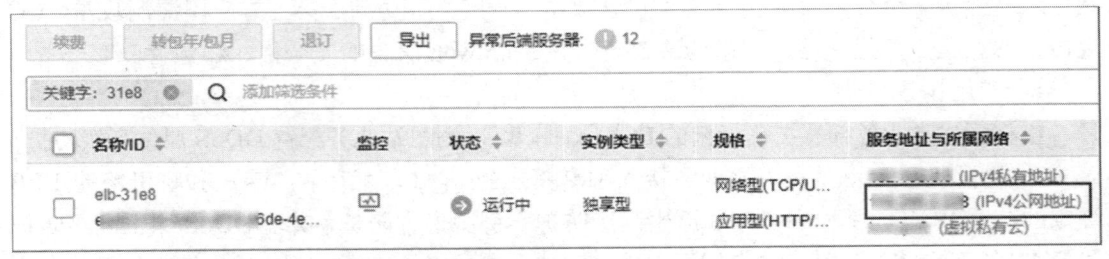

图 2-12 获取 EIP

（2）在 ELB 的 EIP 所在的区域购买 DDoS 原生高级防护实例。

（3）将 ELB 的 EIP 添加到 DDoS 原生高级防护实例中。

步骤 1：单击页面左上角的 ≡ 按钮，在弹出的导航面板中选择"安全与合规"→"DDoS 防护 AAD"选项，打开"DDoS 防护控制台"页面，默认进入"Anti-DDoS 流量清洗"界面。

步骤 2：在左侧的导航栏中选择"DDoS 原生高级防护"→"实例列表"选项，进入"实例列表"界面。

步骤 3：在目标实例所在框的右上方单击"设置防护对象"按钮，如图 2-13 所示。

图 2-13 单击"设置防护对象"按钮

步骤 4：将第（1）步的步骤 4 获取的 ELB 的 EIP 设置为防护对象，单击"下一步"按钮，如图 2-14 所示。

步骤 5：为新增的防护对象设置防护策略，单击"确定"按钮，如图 2-15 所示。

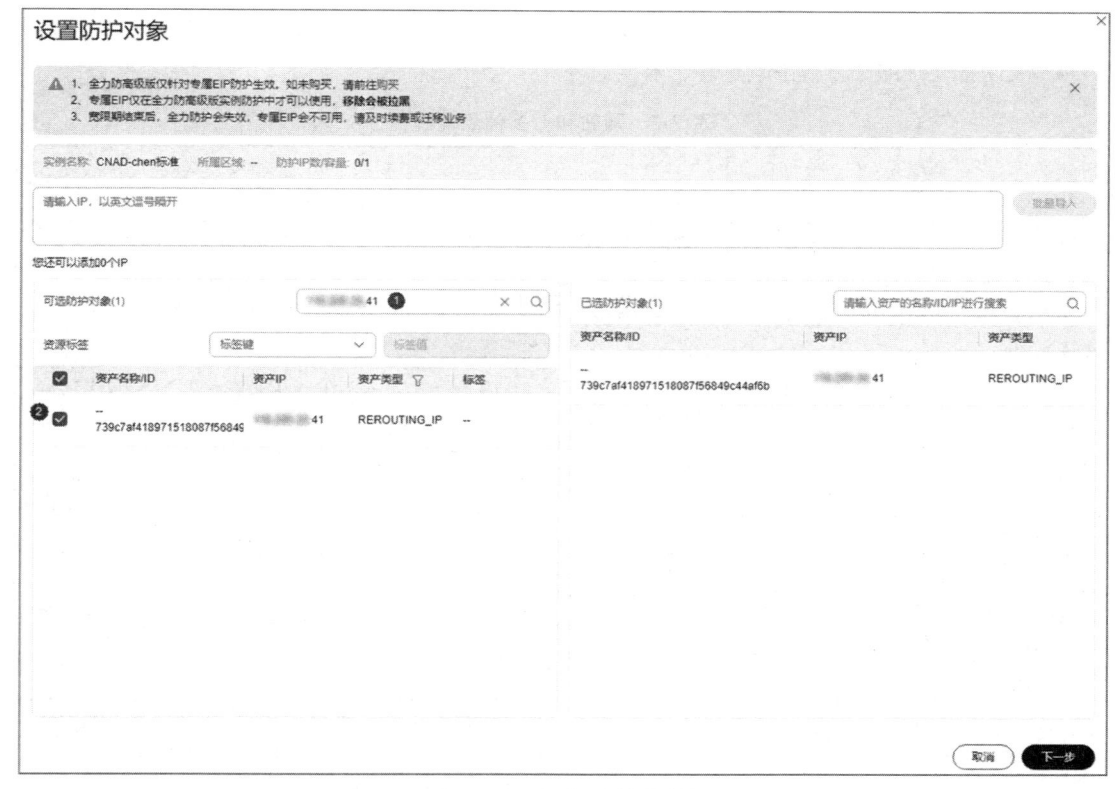

图 2-14 添加防护对象

图 2-15 为新增的防护对象选择防护策略

2.4.3 DDoS 高防实践

1. 将业务接入 DDoS 高防服务

1）准备阶段

在将业务接入 DDoS 高防服务前，建议对业务情况进行全面梳理，并且完成接入前的准备工作，从而获取业务状况和业务接入信息，为将业务接入 DDoS 高防服务提供依据。

2）网站和业务信息梳理

对网站和业务信息进行梳理，如表 2-7 所示。对业务及攻击情况进行梳理，如表 2-8

所示。根据表 2-7 和表 2-8 中的内容，可以了解当前的业务信息和攻击情况，为后续使用 DDoS 高防服务的防护功能提供指导依据。

表 2-7 网站和业务信息梳理

梳理项	说明
域名是否完成了 ICP 备案	查询域名是否备案，如果域名没有备案，则无法接入 DDoS 高防服务
网站/应用程序业务每天的流量峰值情况，包括带宽、QPS	确认风险时间点，将其作为选择 DDoS 高防实例的业务带宽和业务 QPS 规格的依据
业务的主要用户群体（如访问用户的主要来源地域）	在将业务接入 DDoS 高防服务后，配置 DDoS 高防服务的海外 UDP 流量封禁策略
源站服务器的操作系统（如 Linux、Windows）和 Web 服务中间件（如 Apache、Nginx、IIS 等）	判断源站是否存在访问控制策略，如果存在，则需要在源站上设置放行 DDoS 高防服务的回源 IP 地址，避免源站误拦截 DDoS 高防服务的回源 IP 地址转发的流量
业务是否需要支持 IPv6 协议	如果业务需要支持 IPv6 协议，则建议使用 DDoS 原生高级防护服务
业务使用的协议类型	用于在后续将业务接入 DDoS 高防服务时配置网站信息、选择对应的协议
业务端口	判断源站业务端口是否在 DDoS 高防服务的支持端口范围内
HTTP 请求头（HTTP Header）是否带有自定义字段，并且服务端拥有相应的校验机制	判断 DDoS 高防服务是否会影响自定义字段，导致服务端业务校验失败，如果会，那么提交工单，联系技术支持人员协助分析
业务是否有获取并校验真实源 IP 地址的机制	在将业务接入 DDoS 高防服务后，真实源 IP 地址会发生变化。确认是否需要在源站上调整获取真实源 IP 地址的配置，避免影响业务，如果需要，那么提前部署 TOA 模块或从 X-Forwarded-For 中获取真实源 IP 地址
针对 HTTPS 业务，服务端是否使用双向认证功能	DDoS 高防服务暂不支持双向认证功能，需要变更认证方式
针对 HTTPS 业务，是否存在会话保持机制	如果业务有上传、登录等长会话需求，那么建议使用基于七层协议的 Cookie 会话保持功能
业务是否存在空连接	例如，服务器主动发送数据包，防止会话中断，在这种情况下，将业务接入 DDoS 高防服务，可能会对正常业务造成影响
业务是否使用了 CDN(Content Delivery Network，内容分发网络)	如果业务使用了 CDN，那么确保业务支持以下两种方案。 • 将动态资源引流到 DDoS 高防服务中，将静态资源引流到 CDN 中。 • 在无法分离攻击流量时，手动切换到 DDoS 高防服务
业务是否要求使用专线回源功能	DDoS 高防服务不支持专线回源功能

表 2-8 业务及攻击情况梳理

梳理项	说明
用户遭受的历史 TOP 攻击类型和流量大小	• UDP 带宽型攻击+数值。 • HTTP CC 攻击+数值。 • TCP 连接类攻击+数值
业务类型及业务特征（如游戏、棋牌、网站、App 等业务）	方便在后续攻防过程中分析攻击特征
业务流量（入方向）	帮助后续判断是否包含恶意流量。例如，日均访问流量为 100 Mbit/s，在超过 100 Mbit/s 时可能会遭受攻击
业务流量（出方向）	帮助后续判断是否遭受攻击，并且将其作为是否需要扩展业务带宽的参考依据

续表

梳理项	说明
单用户、单 IP 地址的入方向流量范围和连接情况	帮助后续判断是否可以针对单个 IP 地址制定限速策略
业务是否遭受过大流量攻击及攻击类型	根据历史遭受的攻击类型，设置针对性的 DDoS 防护策略
业务遭受过的最大攻击流量峰值	根据攻击流量峰值判断 DDoS 高防服务的功能和规格
业务是否遭受过 CC 攻击（HTTP Flood 攻击）	通过分析历史攻击特征，配置预防性策略
业务遭受过的最大 CC 攻击峰值 QPS	通过分析历史攻击特征，配置预防性策略
用户群体属性	区分用户群体（如个人用户、网吧用户、通过代理访问的用户）的属性，主要用于判断是否存在单个出口 IP 地址集中并发访问导致误拦截的风险
当前业务是否正在遭受 DDoS 攻击	如果业务正在遭受 DDoS 攻击，那么在将其接入 DDoS 高防服务时，需要更换源站 IP 地址

3）准备工作

在将业务接入 DDoS 高防服务前，需要根据实际的业务类型完成准备工作，如表 2-9 所示。

表 2-9 将业务接入 DDoS 高防服务前的准备工作

业务类型	准备工作
网站业务	获取需要接入的网站域名信息，包含网站的源站服务器 IP 地址（仅支持公网 IP 地址的防护）、端口信息等。 确认所接入的网站域名已完成 ICP 备案。 如果网站支持 HTTPS 协议访问，则需要准备相应的证书和文件，一般包括 ".crt" 格式的公钥文件、".pem" 格式的证书文件、".key" 格式的私钥文件。 具有网站 DNS 域名解析管理员的账号，用于修改 DNS 解析记录，将网站流量切换至 DDoS 高防服务。 检查网站业务是否已有信任的访问客户端（如监控系统、通过内部固定 IP 地址或 IP 地址段调用的 API 接口、固定的程序客户端请求等）。在将业务接入 DDoS 高防服务后，需要将这些信任的访问客户端 IP 地址加入白名单
非网站业务	获取业务对外提供服务的端口、协议类型。如果业务通过域名访问，则需要准备 DNS 域名解析管理员账号，用于修改 DNS 解析记录，将网站流量切换至 DDoS 高防服务

4）将业务接入 DDoS 高防服务

在将业务接入 DDoS 高防服务后，网站类业务会将域名解析指向高防 IP 地址，非网站类业务的 IP 地址会被替换成高防 IP 地址，DDoS 高防服务会将所有的公网流量都引流至高防 IP 地址，进而隐藏源站，避免源站（用户业务）遭受大流量的 DDoS 攻击，如图 2-16 所示。

图 2-16 将业务接入 DDoS 高防服务的示意图

2. 通过 DDoS 高防服务判断遭受的攻击类型

DDoS 攻击是指主要作用于四层流量的攻击，这种攻击可以在"DDoS 攻击防护"报表中查看防护结果。CC 攻击是指主要作用于七层网站连接数的攻击，这种攻击可以在"CC 攻击防护"报表中查看防护结果。

如果 DDoS 高防服务同时遭受到 CC 攻击和 DDoS 攻击，则可以参照以下方法快速判断遭受的攻击类型。

（1）登录管理控制台。

（2）单击管理控制台左上角的 ◎ 按钮，选择区域或项目。

（3）单击左上角的 ☰ 按钮，在弹出的导航面板中选择"安全与合规"→"DDoS 防护 AAD"选项，打开"DDoS 防护控制台"页面。

（4）在左侧的导航栏中选择"DDoS 高防"→"概览"选项，进入"概览"界面，如图 2-17 所示。

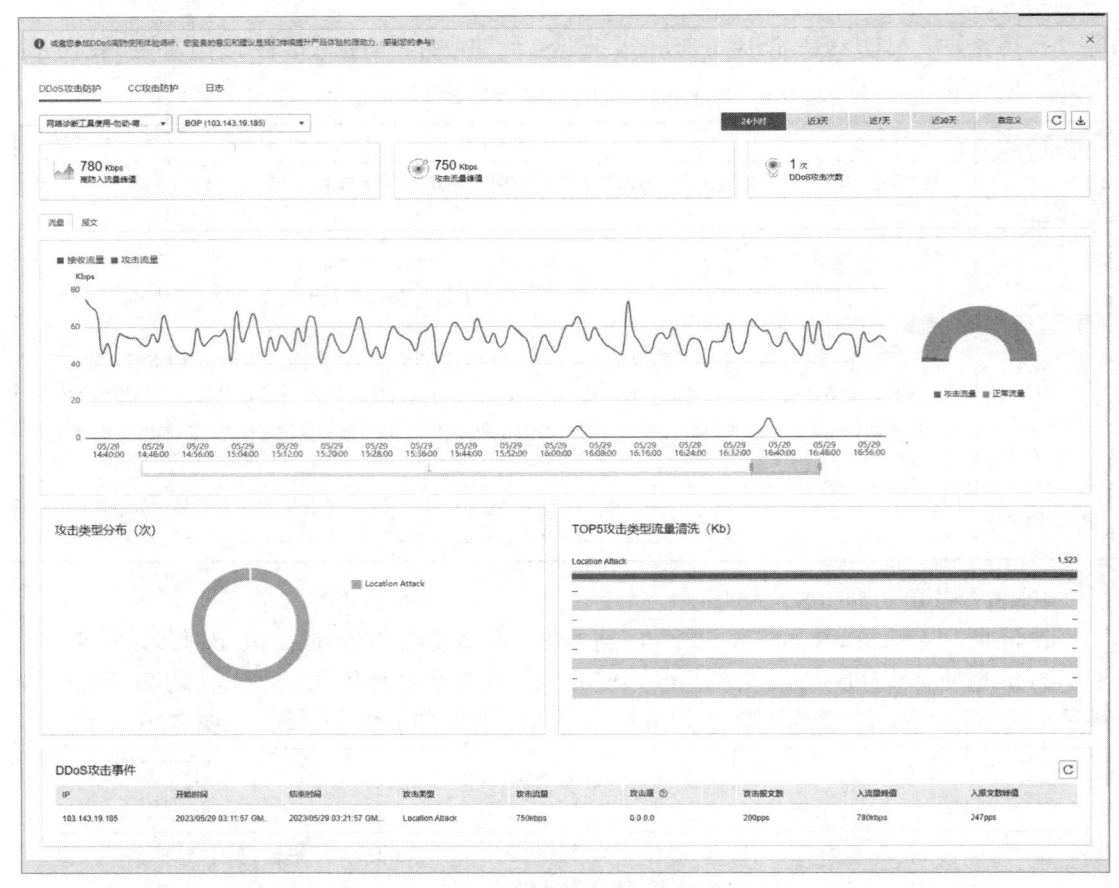

图 2-17　DDoS 高防服务的"概览"界面

（5）可以在"DDoS 攻击防护""CC 攻击防护"选项卡中查看相应的流量报表信息，判断攻击类型。攻击类型的判断方法如表 2-10 所示。

表 2-10　攻击类型的判断方法

攻击类型	DDoS 攻击防护的流量报表信息	CC 攻击防护的流量报表信息
DDoS 攻击	• 报表中有攻击流量的波动信息。 • 已触发流量清洗操作	报表中没有相关联的流量波动信息
CC 攻击	• 报表中有攻击流量的波动信息。 • 已触发流量清洗操作	报表中有相关联的流量波动信息

3．华为云的 DDoS 高防+WAF 联动防护

1）操作场景

本任务会指导用户配置域名解析，实现华为云 DDoS 高防+WAF 联动服务。

2）前提条件

- 已成功购买 DDoS 高防实例。
- 已购买 WAF，并且已配置防护域名。

3）约束条件

- DDoS 高防+WAF 联动服务仅支持域名防护功能。
- 同一个高防 IP 地址+端口只能配置一种源站类型，在配置过源站域名后，无法再配置源站 IP 地址。

4）操作步骤

（1）获取 WAF CNAME 值。

步骤 1：登录管理控制台。

步骤 2：单击管理控制台左上角的 ⚲ 按钮，选择区域或项目。

步骤 3：单击左上角的 ☰ 按钮，在弹出的导航面板中选择"安全与合规"→"Web 应用防火墙 WAF"选项，打开"Web 应用防火墙"页面。

步骤 4：在左侧的导航栏中选择"网站设置"选项，进入"网站设置"界面。

步骤 5：在域名列表框中选择要获取 CNAME 值的域名。

步骤 6：在"基本信息"界面中单击"四层代理"后的 ✎ 按钮，如图 2-18 所示。

图 2-18　"基本信息"界面

步骤 7：在弹出的"是否已使用代理"界面中选择"四层代理"选项，单击"确认"按钮。

步骤 8：在"基本信息"界面中复制 CNAME，如图 2-19 所示。

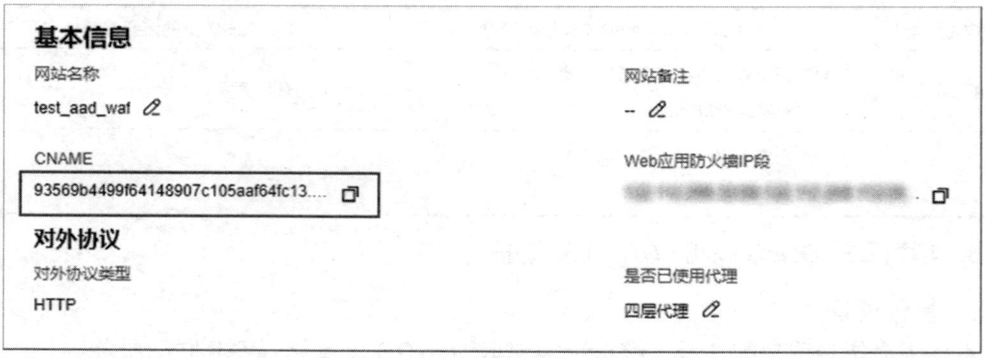

图 2-19 复制 CNAME

（2）将 WAF 的 CNAME 值配置到 DDoS 高防服务中。

说明：在与 WAF 联动后，网站类业务不需要上传证书。

步骤 1：单击页面左上角的 ≡ 按钮，在弹出的导航面板中选择"安全与合规"→"DDoS 防护 AAD"选项，打开"DDoS 防护控制台"页面。

步骤 2：在左侧的导航栏中选择"DDoS 高防"→"域名接入"选项，进入"域名接入"界面。

步骤 3：根据实际情况选择"中国大陆"选项卡或"中国大陆外"选项卡。

步骤 4：单击"添加域名"按钮。

步骤 5：进入"填写域名信息"界面，如图 2-20 所示，进行相应的参数设置，如表 2-11 所示，单击"下一步"按钮。

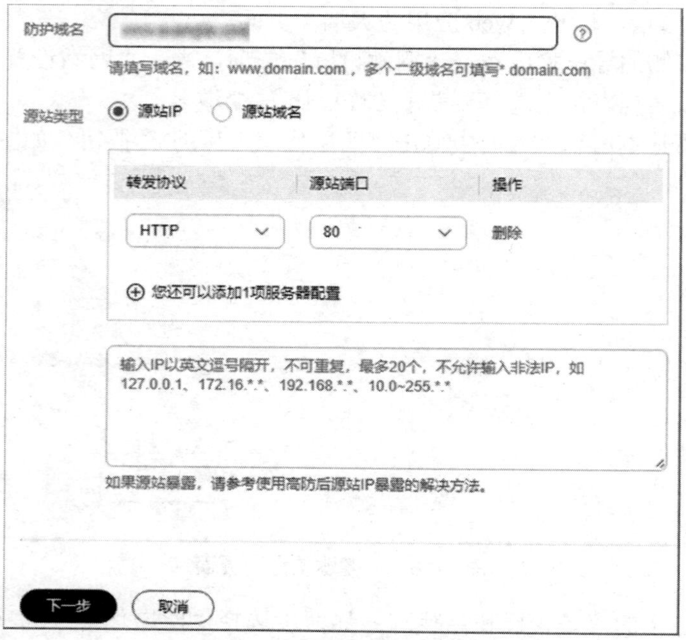

图 2-20 "填写域名信息"界面

表 2-11 "填写域名信息"界面中的参数设置

参数	设置
防护域名	用户的实际业务在对外提供服务时使用的域名,支持填写泛域名,如 *.domain.com
源站类型	• 选择"源站域名"单选按钮。 • 填写源站域名的转发协议和源站端口。 • 填写复制的 WAF 的 CNAME

步骤 6：进入"选择实例与线路"界面,选择需要使用的 DDoS 高防实例,单击"提交并继续"按钮,如图 2-21 所示。

图 2-21 "选择实例与线路"界面

（3）进入"修改 DNS 解析"界面,复制 DDoS 高防服务的 CNAME,单击"完成"按钮,如图 2-22 所示。

（4）修改 DNS 域名解析。

步骤 1：单击页面左上角的 ≡ 按钮,在弹出的导航面板中选择"网络"→"云解析服务 DNS"选项,打开 DNS 页面,默认进入"云解析"界面。

步骤 2：在左侧的导航栏中选择"公网域名"选项,进入"公网域名"界面。

步骤 3：在目标域名所在行中单击"管理解析"超链接。

步骤 4：在新的界面中单击"添加记录集"按钮,弹出"添加记录集"对话框,添加 CNAME 记录集,如图 2-23 所示,该对话框中的关键参数及其说明如表 2-12 所示。

图 2-22 "修改 DNS 解析"界面

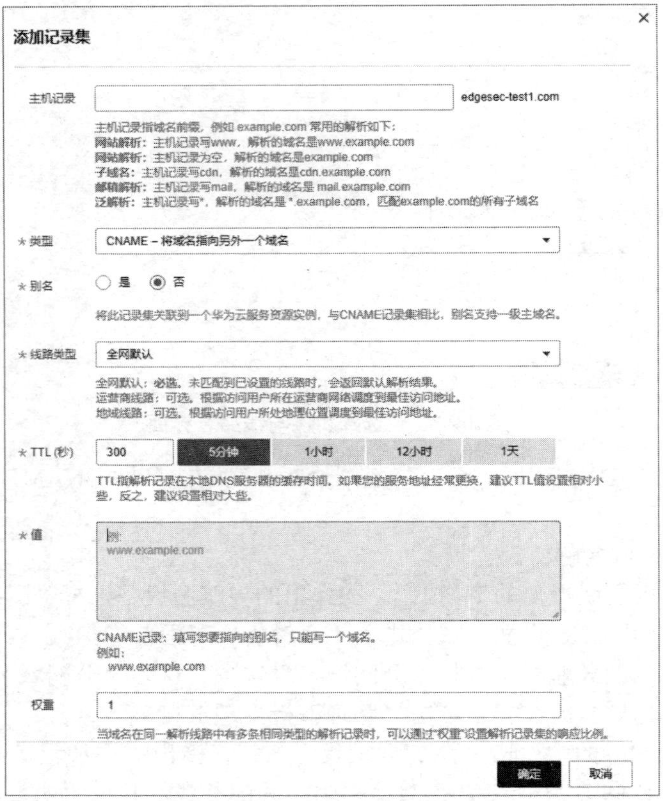

图 2-23 "添加记录集"对话框

表 2-12 "添加记录集"对话框中的关键参数及其说明

关键参数	说明
主机记录	填写 DDoS 高防服务中配置的域名
类型	选择"CNAME-将域名指向另外一个域名"选项
线路类型	选择"全网默认"选项
TTL（秒）	设置解析记录在本地 DNS 服务器的缓存时间；如果服务地址经常更换，则建议将 TTL 设置为较短的时间，否则建议将 TTL 设置为较长的时间
值	填写复制的 DDoS 高防服务的 CNAME

DNS 解析发布需要一定的时间，大部分域名在 5 分钟内可以切换完成。在完成以上步骤后，流量会先经过 DDoS 高防服务，再被转发至 WAF，实现联动防护，如图 2-24 所示。

图 2-24 DDoS 高防+WAF 的联动防护

4. 华为云的 DDoS 高防+CDN 联动防护

1）操作场景

如果业务（如视频平台、电商平台）需要为用户展示大量图片、视频等资源，并且希望这些资源可以被用户快速获取，则可以使用华为云的 DDoS 高防+CDN 联动防护，提高用户登录业务平台并进行操作的网络能力，保证平台能够稳定运行。

2）使用场景说明

如果用户的视频、电商等业务系统可以通过域名区分动态资源和静态资源，则可以采用 DDoS 高防+CDN 联动防护，其实现原理图如图 2-25 所示，动态资源和静态资源的相关说明如表 2-13 所示。

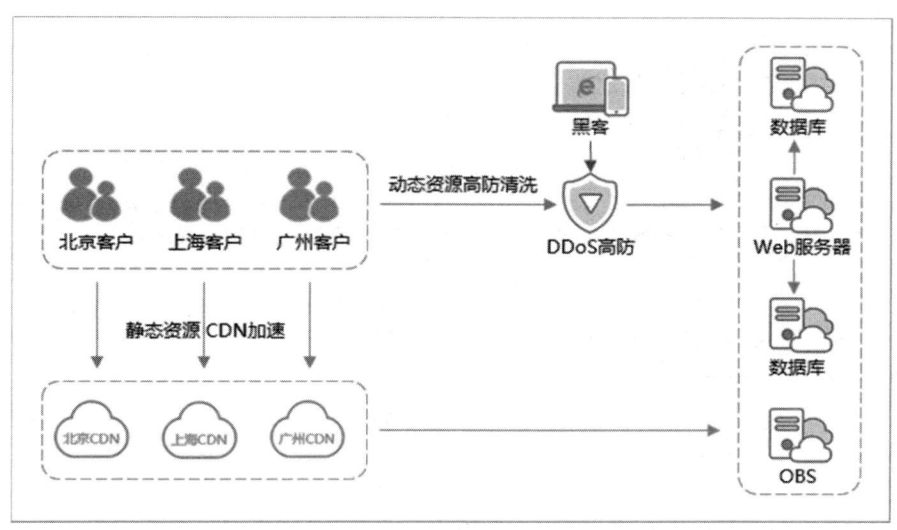

图 2-25 DDoS 高防+CDN 联动防护的实现原理图

表 2-13 动态资源和静态资源的相关说明

类别	定义	举例	操作
动态资源	服务端在应答客户请求前，需要和数据库进行交互的业务	登录、支付	将动态资源的域名解析到 DDoS 高防服务的 CNAME 中。DDoS 高防服务能够保证登录、支付等功能平台稳定运行、不中断
静态资源	用户可以直接在 OBS 桶中获取的固定资源	图片、视频	将静态资源的域名解析到 CDN 的 CNAME 中，使用户能够快速获取视频、图片等资源，改善用户体验

3）动态资源和静态资源的 DDoS 高防+CDN 联动防护操作说明

对于静态资源，如图片业务，假设其域名是 image.abc.com，那么 DNS 会将 image.abc.com 解析到 CDN 的 CNAME 中，从而获取静态资源的 CDN 加速能力。

对于动态资源，如登录业务，假设其域名是 login.abc.com，那么 DNS 会将 login.abc.com 解析到 DDoS 高防服务的 CNAME 中，从而保证登录业务可以稳定地运行。

4）备选方案

不需要将动态资源和静态资源分离，在用户业务遭受大流量的 DDoS 攻击时，可以通过配置高防 IP 地址，将攻击流量引流到高防 IP 地址进行清洗，确保源站业务稳定、可靠。在用户业务没有遭受 DDoS 攻击时，可以通过 CDN 加速功能改善用户的使用体验。

5）注意事项

在正常情况下，流量会通过域名区分动态资源和静态资源，并且将动态资源的域名解析到高防的 CNAME 中，即动态资源经过 DDoS 高防服务；将静态资源的域名解析到 CDN 的 CNAME 中，即静态资源经过 CDN。

应该避免发生以下两种情况。

第一种情况：流量先经过 CDN，再经过 DDoS 高防服务，即 DDoS 高防服务串联在 CDN 后面，如图 2-26 所示。

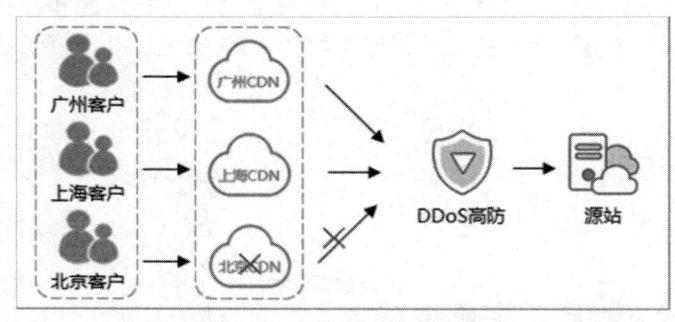

图 2-26 流量先经过 CDN 再经过 DDoS 高防服务的原理说明

结果：DDoS 高防服务的防护功能失去意义。

原因：攻击流量先到达 CDN，CDN 被攻击，用户无法访问，攻击流量不会到达 DDoS 高防服务，DDoS 高防服务没有进行流量清洗的机会。

第二种情况：流量先经过 DDoS 高防服务，再经过 CDN，即 CDN 串联在 DDoS 高防服务后面，如图 2-27 所示。

结果：CDN 的加速功能失去意义。

原因：CDN 加速功能的工作原理是使用户可以就近访问分散在各地的 CDN 节点，如果用户直接访问 DDoS 高防服务，则无法使用 CDN 的加速功能。

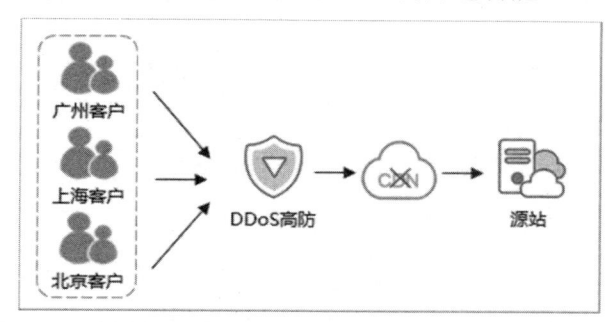

图 2-27　流量先经过 DDoS 高防服务再经过 CDN 的原理说明

5．网站类业务实例迁移

在将网站类业务接入 DDoS 高防服务后，可以通过修改域名的高防 IP 地址解析线路，将源站 IP 地址或源站域名切换到其他 DDoS 高防实例中进行防护。具体操作步骤如下。

（1）登录管理控制台。

（2）单击左上角的 ◎ 按钮，选择区域或项目。

（3）单击左上角的 ≡ 按钮，在弹出的导航面板中选择"安全与合规"→"DDoS 防护 AAD"选项，打开"DDoS 防护控制台"页面，默认进入"Anti-DDoS 流量清洗"界面。

（4）在左侧的导航栏中选择"DDoS 高防"→"域名接入"选项，进入"域名接入"界面。

（5）在域名列表框中，单击目标域名在"实例与线路"列中的"查看详情"超链接，如图 2-28 所示。

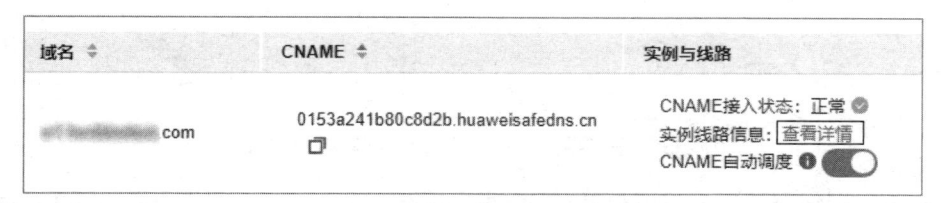

图 2-28　单击"查看详情"超链接

（6）在进入的新界面中单击"新增实例线路"按钮，如图 2-29 所示。

图 2-29　单击"新增实例线路"按钮

（7）弹出"新增实例线路"对话框，选择需要切换到的新的 DDoS 高防实例和线路，单击"确定"按钮，如图 2-30 所示。

（8）开启新添加的线路的"线路解析开关"，使其状态变为 ⬤ ，如图 2-31 所示。

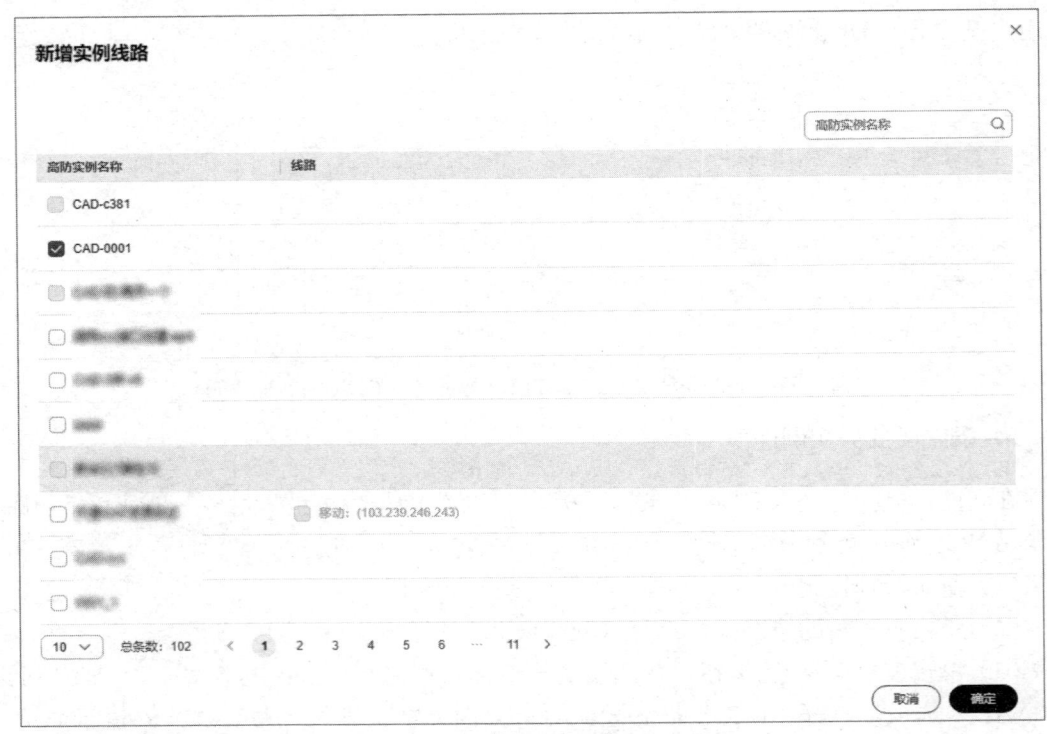

图 2-30 "新增实例线路"对话框

图 2-31 开启新添加的线路的"线路解析开关"

（9）关闭旧线路的"线路解析开关"，使其状态变为 ⬤，关闭该高防实例和线路下的高防 IP 地址的域名解析功能。

（10）单击"删除线路"按钮，在弹出的提示框中单击"确定"按钮，删除该高防实例和线路下的高防 IP 地址。

2.4.4　DDoS 阶梯调度策略实践

在购买 DDoS 原生高级防护中的 DDoS 原生防护-全力防基础版时，可以开启联动防护功能，通过配置 DDoS 阶梯调度策略，自动联动调度 DDoS 高防服务，对 DDoS 原生防护-全力防基础版的云资源进行防护，防御海量流量攻击。

在配置 DDoS 阶梯调度策略后，当发生海量流量攻击时，系统会联动调度 DDoS 高防服务，对 DDoS 原生高级防护实例中的云资源进行防护，业务流量会经过 DDoS 高防服务并进行转发。DDoS 阶梯调度策略的工作原理如图 2-32 所示。

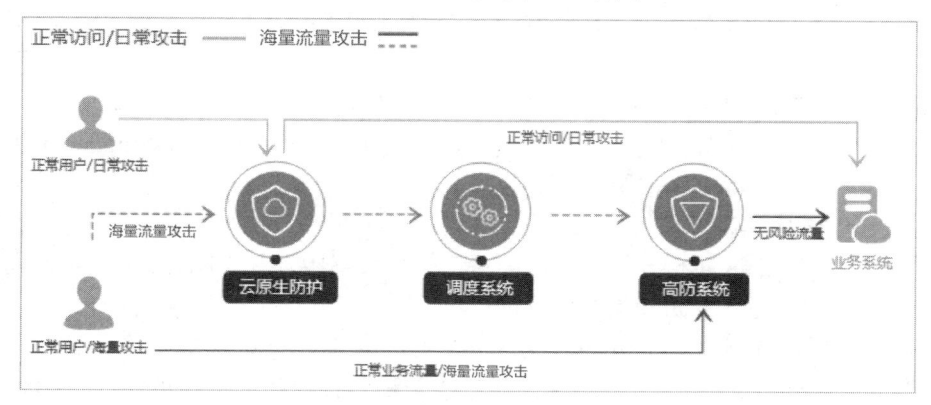

图 2-32　DDoS 阶梯调度策略的工作原理

- 当业务有正常访问或受到日常攻击时，DDoS 原生高级防护服务会提供对 DDoS 攻击的全力防护能力；在业务遭受 DDoS 攻击时，自动触发流量清洗功能。
- 当业务遭受海量流量攻击，导致封堵时，DDoS 阶梯调度策略会自动调度高防 CNAME，联动 DDoS 高防服务，将恶意攻击流量引流到高防 IP 地址进行清洗，确保重要业务不因攻击而中断。

下面我们以网站类业务域名 www.example.com 为例，介绍如何配置 DDoS 阶梯调度策略。

1. 约束条件

- DDoS 原生高级防护只能防护购买区域内的公网 IP 地址资源，不能进行跨区域防护。
- 将防护域名（www.example.com）部署在华为云上，并且将其部署在支持购买 DDoS 原生高级防护实例的区域（如"华北-北京四"区域）内。
- 防护域名（www.example.com）未接入 WAF。

2. 前提条件

- 已购买 DDoS 原生标准版，并且在购买时开启了联动防护功能。
- 已获取防护域名（www.example.com）的源站公网 IP 地址。
- 如果未将防护域名（www.example.com）部署在"华东-上海一"区域内，那么确保防护域名所在区域内已准备了备用公网 IP 地址。
- 已成功购买 DDoS 原生高级防护实例。
- 区域：选择部署防护域名（www.example.com）的区域（如"华北-北京四"区域）。
- 已成功购买 DDoS 高防实例。

3. 操作步骤

（1）登录管理控制台。

（2）单击左上角的 按钮，选择区域或项目。

（3）单击左上角的 按钮，在弹出的导航面板中选择"安全与合规"→"DDoS 防护 AAD"选项，打开"DDoS 防护控制台"页面，默认进入"Anti-DDoS 流量清洗"界面。

（4）添加防护对象。

步骤 1：在左侧的导航栏中选择"DDoS 原生高级防护"→"实例列表"选项，进入"实例列表"界面。

步骤 2：在目标实例所在框的右上方单击"设置防护对象"按钮。

步骤 3：弹出"设置防护对象"对话框中，勾选防护域名（www.example.com）的源站公网 IP 地址，单击"确定"按钮。

（5）创建防护策略。

步骤 1：在"DDoS 防护控制台"页面左侧的导航栏中选择"DDoS 原生高级防护"→"防护策略"选项，进入"防护策略"界面。

步骤 2：在防护策略列表框的左上方单击"创建策略"按钮。

步骤 3：弹出"创建策略"对话框，设置"策略名称"和"所属实例"，单击"确定"按钮。

（6）在目标防护策略的"操作"列中单击"配置策略"超链接，配置防护策略。

（7）将防护域名（www.example.com）接入 DDoS 高防服务。

步骤 1：在"DDoS 防护控制台"页面左侧的导航栏中选择"DDoS 高防"→"域名接入"选项，进入"域名接入"界面。

步骤 2：在域名列表框的左上方单击"添加域名"按钮。

步骤 3：进入"填写域名信息"界面，填写相应的域名信息，如图 2-33 所示，单击"下一步"按钮。

图 2-33 "填写域名信息"界面

步骤 4：进入"选择实例与线路"界面，选择需要使用的 DDoS 高防实例与线路，单击"提交并继续"按钮。

步骤 5：单击"下一步"按钮，采用默认的参数设置，单击"完成"按钮。

步骤 6：将防护域名接入 DDoS 高防服务，复制域名的 CNAME 值，示例如图 2-34 所示。

图 2-34　将防护域名接入 DDoS 高防服务并复制域名的 CNAME 值

（8）配置阶梯调度规则。

步骤 1：在"DDoS 防护控制台"页面左侧的导航栏中选择"DDoS 调度中心"→"阶梯调度"选项，进入"阶梯调度"界面。

步骤 2：在阶梯调度列表框左上方单击"添加规则"按钮。

步骤 3：弹出"添加规则"对话框，配置阶梯调度规则，单击"确定"按钮。

- 高防资源类型：设置为"互联网回源"或"专线回源"。
- 高防 CNAME：设置为第（7）步的步骤 6 中复制的 CNAME 值。
- 联动资源：选择防护域名的源站公网 IP 地址。

在阶梯调度规则配置完成后，获取"调度 CNAME"的值，示例如图 2-35 所示。

图 2-35　获取"调度 CNAME"的值

（9）修改 DNS 域名解析。

步骤 1：单击页面左上角的 ≡ 按钮，在弹出的导航面板中选择"网络"→"云解析服务 DNS"选项，打开 DNS 页面，进入"云解析"界面。

步骤 2：在左侧的导航栏中选择"公网域名"选项，进入"公网域名"界面。

步骤 3：在目标域名所在行中单击"管理解析"超链接。

步骤 4：在新的界面中单击"添加记录集"按钮，弹出"添加记录集"对话框，添加 CNAME 记录集，如图 2-36 所示。

- 主机记录：配置的域名。
- 类型：选择"CNAME-将域名指向另外一个域名"选项。
- 线路类型：选择"全网默认"选项。
- TTL（秒）：一般建议设置为 5 分钟，该值越大，DNS 记录的同步和更新越慢。
- 值：输入第（8）步的步骤 3 中设置的 CNAME 值。
- 其他参数采用默认设置。

步骤 5：单击"确定"按钮，完成 DNS 配置，等待 DNS 解析记录生效。

（10）在 DNS 解析记录生效后，阶梯调度策略即可生效。

图 2-36 "添加记录集"对话框中的参数设置

2.5 本章小结

本章主要介绍了华为云 DDoS 防护的相关知识，包括 DDoS 原生基础防护、DDoS 原生高级防护及 DDoS 高防。通过学习本章内容，读者可以深入了解鲲鹏云中常用的 DDoS 防护技术，掌握 DDoS 防护的构建和管理方法，从而在日常工作中确保云安全。

2.6 本章练习

1. 简述 DDoS 高防服务的主要应用场景和优势。
2. 针对 DDoS 攻击，华为云提供了哪些安全防护方案？
3. 如何通过 DDoS 高防服务判断遭受的攻击类型？

第 3 章 主机安全服务实践

3.1 本章导读

主机安全服务（Host Security Service，HSS）是以工作负载为中心的安全产品，包括主机安全、容器安全和网页防篡改，旨在满足混合云、多云的数据中心基础架构中服务器工作负载独特的保护要求。HSS 不受地理位置影响，可以为主机、容器等提供统一的可视化和控制能力。HSS 通过对主机、容器进行系统性的保护、应用程序控制、行为监控和基于主机的入侵防御等，可以保护工作负载免受攻击。

1. 知识目标

- 了解主机安全的相关知识和原理。
- 了解容器安全的相关知识和原理。
- 了解网页防篡改的相关知识和原理。

2. 能力目标

- 能够熟练地进行 HSS 的登录安全加固。
- 能够熟练地进行 HSS 的多云纳管部署。
- 能够熟练地进行 HSS 的护网/重保。

3. 素养目标

- 培养以科学的思维方式审视专业问题的能力。
- 培养实际动手操作与团队合作的能力。

3.2 知识准备

3.2.1 主机安全

1. 主机安全简介

主机安全主要用于提升主机的整体安全性，可以帮助用户高效地管理主机的安全状态，构建服务器安全体系，降低当前服务器面临的主要安全风险。主机安全产品具有以下优势。

- 集中管理：实现检测和防护的一体化管控，降低管理的难度和复杂度。将 Agent 安装在华为云 ECS、华为云 BMS（Bare Metal Server，裸金属服务器）、第三方云上主机及线下主机中，用户可以集中管理同一个区域内多样化部署的主机。用户可以在安全控制台中统一查看同一个区域内主机的各项风险来源，并且根据各项风险的处理建议处理主机中的各项风险。利用多样化检索、批量处理等功能，用户可以快速分析同一个区域内所有主机的安全风险。
- 精准防御：拥有先进的检测技术和丰富的检测库，可以进行精准防御。
- 全面防护：提供事前预防、事中防御、事后检测的全面防护，从而全面降低入侵风险。
- 轻量 Agent：Agent 占用的资源极少，不影响主机系统的正常运行。

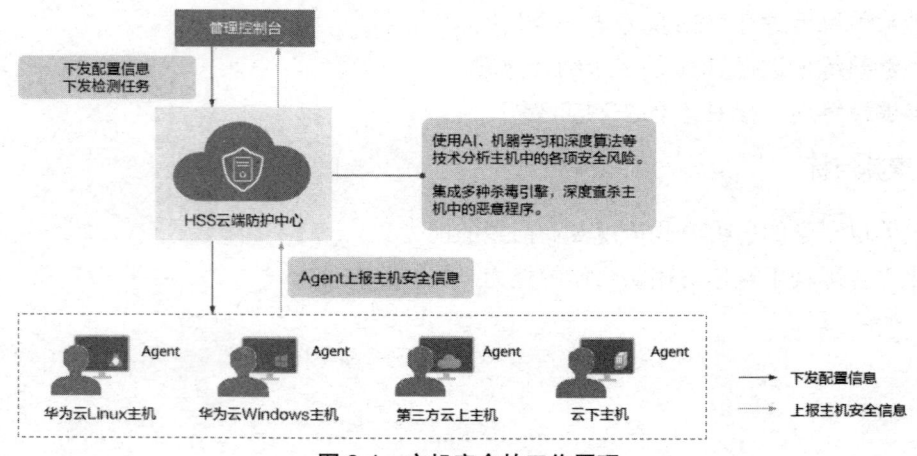

2. 主机安全的工作原理

主机安全通过主机管理、风险预防、入侵检测、高级防御、安全运营等功能，可以全面识别并管理主机中的信息资产，实时监测主机中的风险并阻止非法入侵行为，帮助企业构建服务器的安全体系，降低当前服务器面临的主要安全风险。

在主机中安装 Agent 后，主机会受到 HSS 云端防护中心全方位的安全防护（在安全控制台可视化界面中，可以统一查看并管理同一个区域内所有主机的防护状态），降低主机的安全风险。主机安全的工作原理如图 3-1 所示。

图 3-1 主机安全的工作原理

主机安全的组件及其说明如表 3-1 所示。

表 3-1　主机安全的组件及其说明

组件	说明
管理控制台	可视化的管理平台，方便集中下发配置信息，查看在同一个区域内主机的防护状态和检测结果
HSS 云端防护中心	• 使用 AI、机器学习和深度算法等技术分析主机中的各项安全风险。 • 集成多种杀毒引擎，深度查杀主机中的恶意程序。 • 接收控制台下发的配置信息和检测任务，并且将其转发给安装在服务器上的 Agent。 • 接收 Agent 上报的主机安全信息，分析主机中存在的安全风险和异常信息，将分析后的信息以检测报告的形式呈现在安全控制台可视化界面上
Agent	• 通过 HTTPS 协议和 WSS 协议与 HSS 云端防护中心连接通信，默认端口为 10180。 • 每日凌晨定时执行检测任务，全量扫描主机；实时监测主机的安全状态；将收集的主机安全信息（包含不合规配置、不安全配置、入侵痕迹、软件列表、端口列表、进程列表等信息）上报给 HSS 云端防护中心。 • 根据配置的安全策略，阻止攻击者对主机的攻击行为

3.2.2　容器安全

容器安全能够扫描镜像中的漏洞与配置信息，帮助企业解决传统安全软件无法感知容器环境的问题，并且提供容器进程白名单、文件只读保护功能和容器逃逸检测功能等，可以有效防止在容器运行时发生安全风险事件。

容器安全主要涉及容器镜像安全、容器安全策略和容器运行时安全。

1. 容器镜像安全

使用容器镜像安全功能可以扫描镜像仓库与正在运行的容器镜像，发现镜像中的漏洞、恶意文件等，并且提供相应的修复建议，帮助用户得到一个安全的容器镜像。容器镜像安全的功能项及相关说明如表 3-2 所示。

表 3-2　容器镜像安全的功能项及相关说明

功能项	功能描述	检测周期
镜像安全扫描（私有镜像仓库）	支持对私有镜像仓库（容器镜像服务中的自有镜像）进行安全扫描，以便发现镜像的漏洞、不安全配置和恶意代码。 检测范围如下。 • 漏洞：对容器镜像服务中的自有镜像进行安全扫描，帮助用户识别安全漏洞。 • 恶意文件：检测私有镜像中是否存在 Trojan、Worm、Virus 和 Adware 等恶意文件。 • 基线：检测私有镜像的配置合规项目，帮助用户识别不安全的配置项。 • 软件信息：统计和展示私有镜像软件。 • 文件信息：统计和展示私有镜像中不属于软件列表的文件	每日凌晨自动检测，手动检测
镜像漏洞扫描（本地镜像）	对 CCE（Cloud Container Engine，云容器引擎）容器中运行的镜像进行安全扫描，帮助用户识别安全漏洞	实时检测
镜像漏洞扫描（官方镜像仓库）	定期对 Docker 官方镜像进行漏洞扫描	—

2. 容器安全策略

配置容器安全策略，可以帮助企业制定容器进程白名单和文件保护列表，确保容器以最小权限运行，从而提高系统和应用的安全性。容器安全策略的功能项及相关说明如表 3-3 所示。

表 3-3　容器安全策略的功能项及相关说明

功能项	功能描述	检测周期
进程白名单	将容器运行的进程设置为白名单，在启动白名单以外的进程时会发出告警，从而有效防止异常进程、提权攻击、违规操作等安全风险事件的发生	实时检测
文件保护	应该对容器中关键的应用目录（如 bin、lib 等系统目录）设置文件保护，防止黑客对其进行篡改和攻击。容器安全策略提供的文件保护功能，可以将这些应用目录设置为监控目录，从而有效预防文件篡改等安全风险事件的发生	实时检测

3. 容器运行时安全

容器运行时安全可以实时监控节点中容器的运行状态，从而发现"挖矿""勒索"等恶意程序，违反容器安全策略的进程和文件修改行为，以及容器逃逸等行为，并且给出解决方案。容器运行时安全的功能项及相关说明如表 3-4 所示。

表 3-4　容器运行时安全的功能项及相关说明

功能项	功能描述	检测周期
容器逃逸检测	宿主机结合机器学习和规则对逃逸行为进行简单、精确的检测。逃逸行为包括 Shocker 攻击、进程提权、Dirty Cow 和文件暴力破解等	实时检测
高危系统调用	检测容器内发起的可能引起安全风险的 Linux 系统调用行为	实时检测
异常程序检测	检测违反安全策略的进程启动行为，以及"挖矿"、"勒索"、病毒和木马等恶意程序	实时检测
文件异常检测	检测违反安全策略的文件异常访问行为。安全运维人员可以利用该功能项判断是否有黑客入侵并篡改敏感文件	实时检测
容器环境检测	检测容器启动异常、容器配置异常等容器环境异常	实时检测

3.2.3　网页防篡改

1. 网页防篡改简介

网页防篡改可以实时监控网站目录，并且通过备份恢复被篡改的文件或目录，保障重要系统的网站信息（如网页、电子文档、图片等）不被恶意篡改和破坏。网页防篡改的原理图如图 3-2 所示。

2. 网页防篡改方案

使用第三代网页防篡改技术、内核级事件触发技术，锁定用户目录下的文件，可以有效阻止非法篡改行为。

使用篡改监测自动恢复技术，在本地主机和远端服务器上实时备份已授权用户修改的文件，保证备份资源的时效性。当 HSS 检测到非法篡改行为时，可以使用备份文件主动恢复被篡改的网页。

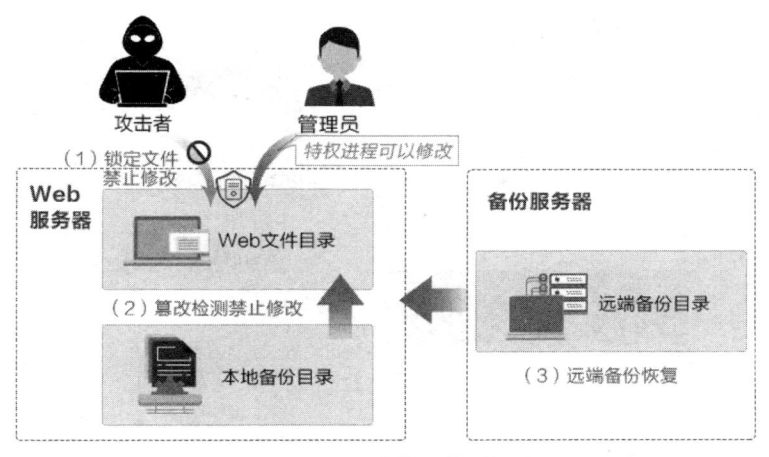

图 3-2　网页防篡改的原理图

3.3　任务分解

本章旨在让读者掌握鲲鹏云中常用的主机安全服务。在知识准备的基础上，我们可以将本章内容拆分为 3 个实操任务，具体的任务分解如表 3-5 所示。

表 3-5　任务分解

任务名称	任务目标	安排学时
HSS 的登录安全加固实践	增强登录时的安全性	2 学时
HSS 的多云纳管部署实践	实现云上、云下、混合云资源的统一纳管	2 学时
HSS 的护网/重保实践	提高主机安全风险防御能力	2 学时

3.4　安全防护实践

3.4.1　HSS 的登录安全加固实践

在使用服务器的过程中，经常出现服务器被入侵、被攻击的事件，但在服务器被破解前，攻击者通常以账号、密码为首要目标进行攻击。因此，增强登录时的安全性成了保证服务器安全、保证业务正常运行的第一道安全门。

1. 前提条件

HSS 的登录安全加固的所有配置场景均需要购买云服务器，并且需要开启防护功能。

2. HSS 的登录安全加固的配置场景

在 HSS 中，可以通过配置常用登录地、常用登录 IP 地址、SSH 登录 IP 地址白名单、双因子认证、弱口令检测、登录安全检测，增强登录服务器的安全性。HSS 的登录安全加固的配置场景如图 3-3 所示。

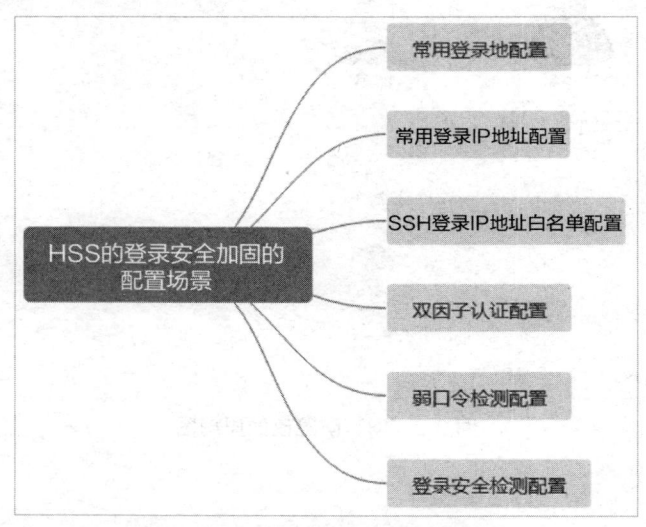

图 3-3　HSS 的登录安全加固的配置场景

说明：双因子认证配置需要购买基础版的包年/包月模式，或者购买企业版及以上版本；登录安全检测配置需要购买企业版及更高版本；在其他配置场景中购买基础版即可满足。

3. 常用登录地配置

在配置常用登录地后，主机安全服务会对在非常用登录地登录云服务器的行为进行告警。每台云服务器都可以添加多个常用登录地。

1）约束限制

单个账号最多可以添加 10 个常用登录地。

2）操作步骤

（1）登录管理控制台。

（2）单击左上角的 ⓞ 按钮，选择区域或项目。单击左上角的 ≡ 按钮，在弹出的导航面板中选择"安全与合规"→"主机安全服务 HSS"选项，打开"主机/容器安全"页面。

（3）在左侧的导航栏中选择"安装与配置"→"主机安装与配置"选项，进入"主机安装与配置"界面，选择"安全配置"→"常用登录地"选项卡，单击"添加常用地登录"按钮，如图 3-4 所示。

（4）弹出"添加常用登录地"对话框，选择地理位置，勾选需要常用登录地生效的服务器，可以勾选多个服务器，在确认无误后，单击"确认"按钮，如图 3-5 所示。

（5）返回图 3-4 所示的界面，查看常用登录地是否已添加成功。

4. 常用登录 IP 地址配置

在配置常用登录 IP 地址后，主机安全服务会对使用非常用 IP 地址登录服务器的行为进行告警。

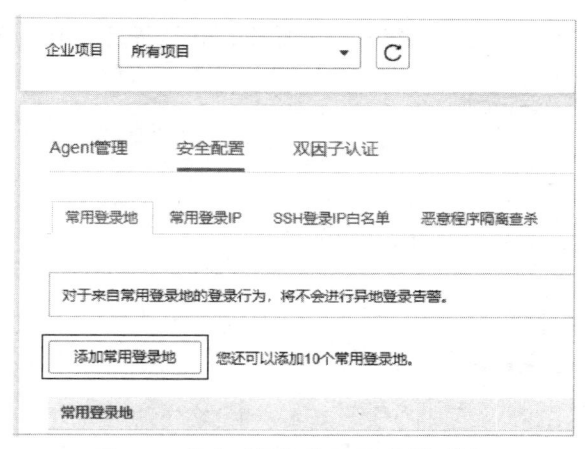

图 3-4 单击"添加常用登录地"按钮

图 3-5 "添加常用登录地"对话框

1）约束限制

单个账号最多可以添加 20 个常用登录 IP 地址。

2）操作步骤

（1）打开"主机/容器安全"页面，在左侧的导航栏中选择"安装与配置"→"主机安装与配置"选项，进入"主机安装与配置"界面，选择"安全配置"→"常用登录 IP"选项卡，单击"添加常用登录 IP"按钮，如图 3-6 所示。

（2）弹出"添加常用登录 IP"对话框，输入常用登录 IP 地址，勾选需要常用登录 IP 地址生效的服务器，可以勾选多个服务器，在确认无误后，单击"确认"按钮，如图 3-7 所示。

说明：常用登录 IP 地址必须填写公网 IP 地址或 IP 地址段。单次只能添加一个 IP 地址，如果需要添加多个 IP 地址，则需要重复添加操作，直至将所有 IP 地址都添加完成。

图 3-6　单击"添加常用登录 IP"按钮

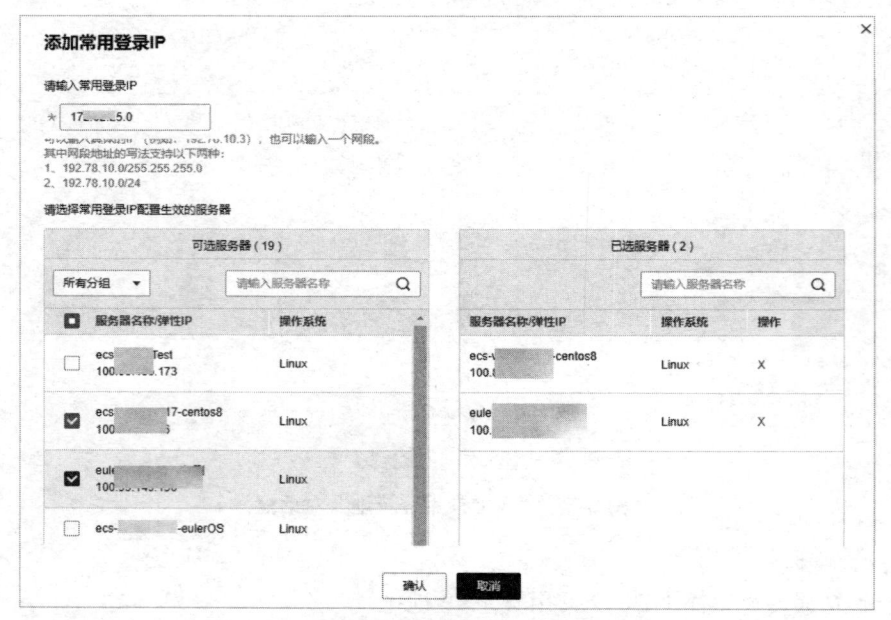

图 3-7　"添加常用登录 IP"对话框

（3）返回图 3-6 所示的界面，查看常用登录 IP 地址是否已添加成功。

5. SSH 登录 IP 地址白名单配置

SSH 登录 IP 地址白名单的功能是防止账号被暴破，主要方法是限制需要通过 SSH 登录的服务器。

1）约束限制

- 单个账号最多可以添加 10 个 SSH 登录 IP 地址白名单。

- 配置了白名单的服务器只允许白名单内的 IP 地址通过 SSH 登录服务器，拒绝白名单以外的 IP 地址通过 SSH 登录服务器。
  - 在启用该功能时，需要确保将所有需要通过 SSH 登录服务器的 IP 地址都添加到白名单中，否则无法通过 SSH 远程登录服务器。如果业务需要访问主机，但不需要通过 SSH 登录服务器，则不用将需要通过 SSH 登录服务器的 IP 地址添加到白名单中。
  - 在将需要通过 SSH 登录服务器的 IP 地址添加到白名单中后，账号破解防护功能就不会拦截白名单中的 IP 地址的登录行为了，因此需要谨慎操作。

2）操作步骤

（1）打开"主机/容器安全"页面，在左侧的导航栏中选择"安装与配置"→"主机安装与配置"选项，进入"主机安装与配置"界面，选择"安全配置"→"SSH 登录 IP 白名单"选项卡，单击"添加白名单 IP"按钮，如图 3-8 所示。

图 3-8 单击"添加白名单 IP"按钮

（2）弹出"添加 SSH 登录 IP 白名单"对话框，输入白名单 IP 地址，勾选需要生效的服务器，可以勾选多个服务器，在确认无误后，单击"确认"按钮，如图 3-9 所示。

说明：单次只能添加一个 IP 地址，如果需要添加多个 IP 地址，则需要重复添加操作，直至将所有 IP 地址都添加完成。

（3）返回图 3-8 所示的界面，查看 IP 地址是否已被添加到白名单中。

6. 双因子认证配置

双因子认证是一种双因素身份验证机制，可以结合短信/邮箱验证码，对服务器登录行为进行二次认证，从而大幅度提高服务器账号的安全性。

在开启双因子认证功能后，登录云服务器，主机安全服务会根据绑定的"消息通知服务主题"验证登录者的身份信息。

1）前提条件
- 用户已创建"协议"为"短信"或"邮箱"的消息主题。
- 已开启主机安全服务。
- Linux 主机使用 SSH 密码方式登录云服务器。

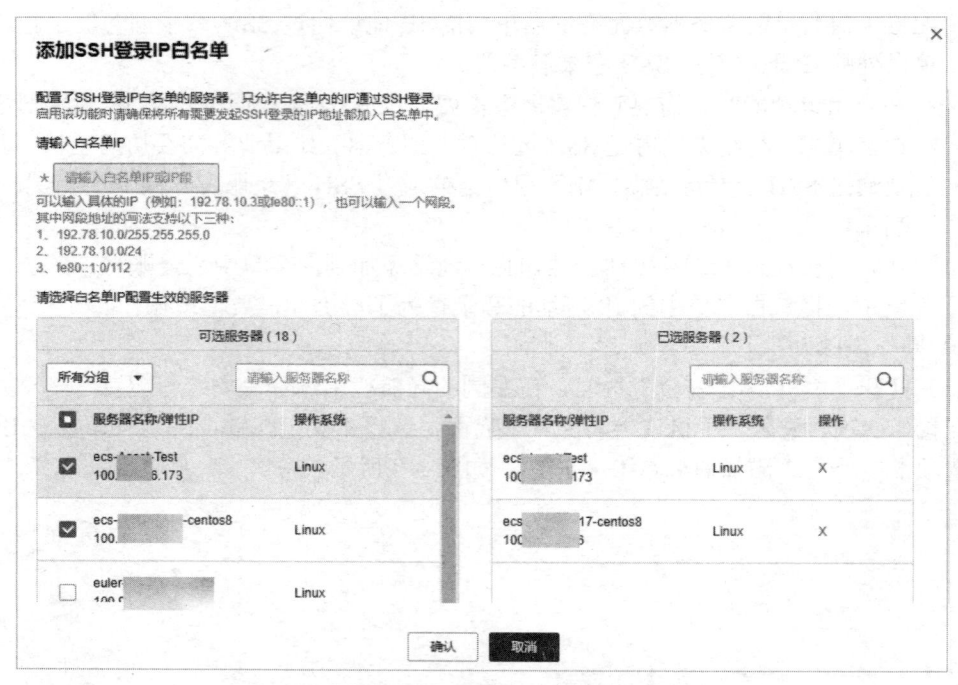

图 3-9 "添加 SSH 登录 IP 白名单"对话框

- 在 Windows 主机上，双因子认证功能可能会和"网防 G01"软件、服务器版 360 安全卫士存在冲突，建议停止"网防 G01"软件、服务器版 360 安全卫士。

2）约束与限制
- 只有以下登录方式支持双因子认证功能。
  ➢ Linux：使用 SSH 密码方式登录云服务器，并且 OpenSSH 版本号小于 8。
  ➢ Windows：使用 RDP 文件登录 Windows 服务器。
- Windows 服务器在使用双因子认证功能时，不支持使用 Windows 操作系统的"用户每次登录时须更改密码"功能，如果需要正常使用该功能，则需要关闭双因子认证功能。

3）操作步骤

（1）打开"主机/容器安全"页面，在左侧的导航栏中选择"安装与配置"→"主机安装与配置"选项，进入"主机安装与配置"界面，选择"双因子认证"选项卡，如图 3-10 所示。
- 在服务器列表框中，单击目标服务器在"操作"列中的"开启双因子认证"超链接，可以开启该服务器的双因子认证功能。
- 勾选多台目标服务器，单击上方的"开启双因子认证"按钮，可以批量开启多台服务器的双因子认证功能。

（2）弹出"开启双因子认证"对话框，选择所需的验证方式。
- 在"开启双因子认证"对话框中，如果将验证方式设置为"短信邮件验证"，则需要设置消息通知服务主题，如图 3-11 所示。

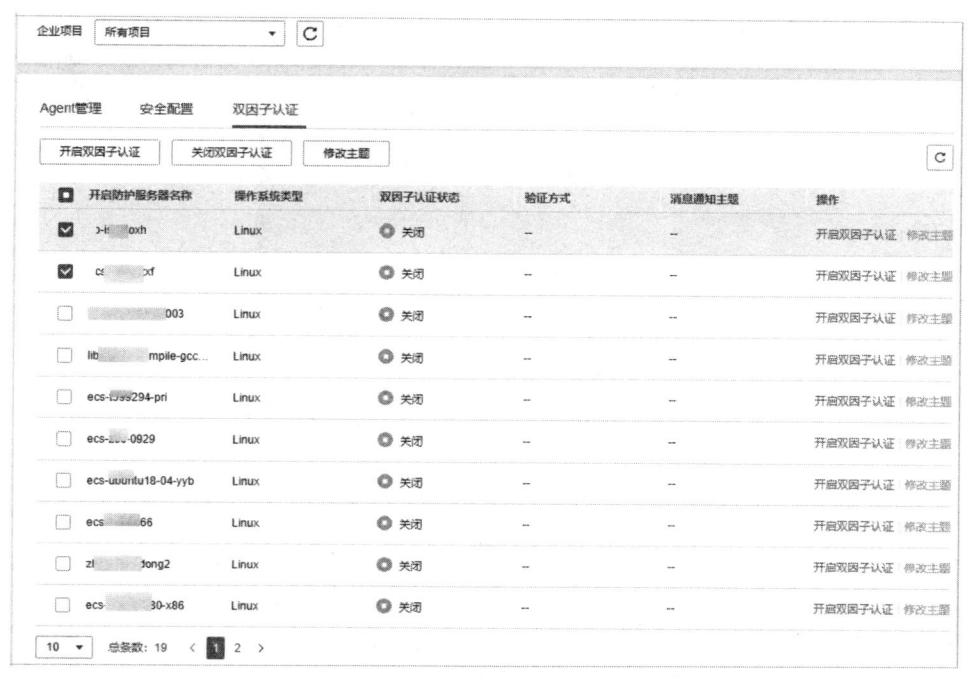

图 3-10 "双因子认证"选项卡

图 3-11 "开启双因子认证"对话框（短信邮件验证）

- ➤ "选择消息通知服务主题"下拉列表中只展示状态已确认的消息通知服务主题。
- ➤ 如果"选择消息通知服务主题"下拉列表中没有消息通知服务主题，则可以单击"查看消息通知服务主题"超链接进行创建。
- ➤ 如果消息通知服务主题中包含多个手机号码或邮箱，那么在认证过程中，该主题中的手机号码或邮箱都会收到系统发出的验证码短信或邮件，如果只希望有一个手机号码或邮箱收到验证码，则需要修改相应的消息通知服务主题，只在该主题中保留希望收到验证码的手机号码或邮箱。
- 在"开启双因子认证"对话框中，如果将验证方式设置为"验证码验证"，则可以仅通过实时收到的验证码进行验证，如图 3-12 所示。

图 3-12 "开启双因子认证"对话框（验证码验证）

（3）单击"确认"按钮，开启双因子认证功能。

（4）返回图 3-10 所示的界面，查看目标服务器的"双因子认证状态"，如果变为了"开启"，则表示双因子认证功能开启成功。

双因子认证功能在成功开启后，需要大约 5 分钟才会生效。

说明：

在开启双因子认证功能的 Windows 主机上远程登录其他 Windows 主机时，需要在开启双因子认证功能的 Windows 主机上手动添加凭证，否则会导致远程登录其他 Windows 主机失败。

添加凭证的方法：在"开始"菜单中选择"控制面板"命令，打开"控制面板"窗口，选择"用户账户"→"凭据管理器"→"Windows 凭据"选项，然后单击"添加 Windows 凭据"超链接，打开"添加 Windows 凭据"窗口，添加需要远程访问的主机的 Internet 地址、用户名和密码。

7. 弱口令检测配置

弱口令不属于漏洞，但其带来的安全隐患不亚于任何漏洞。

数据、程序都存储于系统中，如果密码被破解，那么系统中的数据和程序将毫无安全可言。

主机安全服务会主动检测主机中使用经典弱口令的账号，并且对其进行告警。用户可以将疑似被泄露的口令添加到自定义的弱口令列表中，防止主机中的账号使用该口令。

（1）打开"主机/容器安全"页面，在左侧的导航栏中选择"安全运营"→"策略管理"选项，进入"策略管理"界面，如图 3-13 所示。

（2）在策略组列表框中单击目标策略组名称，进入相应的策略组界面。

用户可以根据默认的"策略组名称"和"支持的版本"判断目标策略组适配的操作系统和防护版本。

说明： 如果需要新建策略组，则可以先创建策略组，再按照上述步骤进行操作。

（3）在策略列表框中选择"策略名称"为"弱口令检测"的策略，如图 3-14 所示。

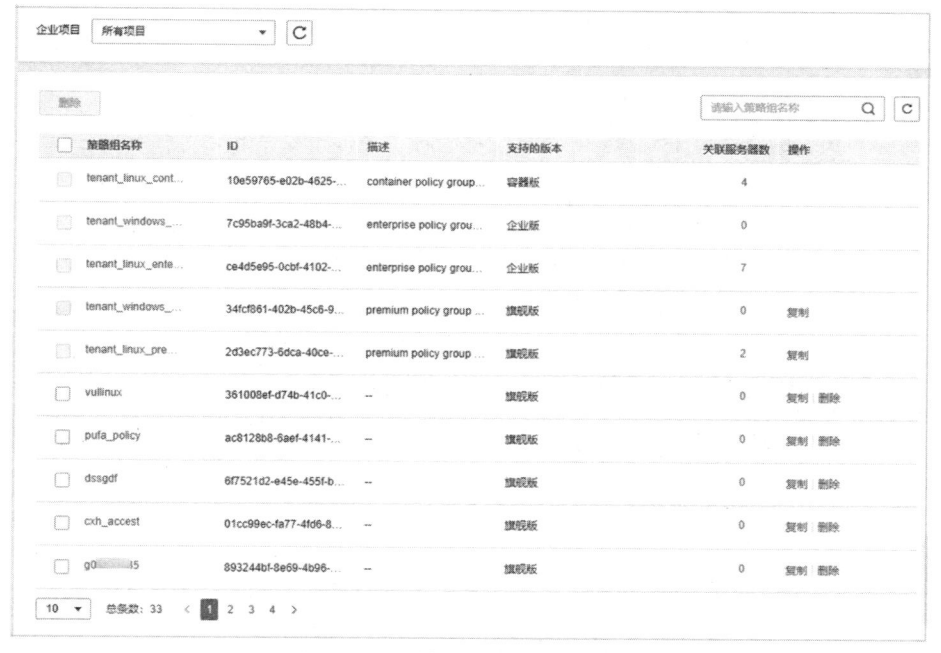

图 3-13 "策略管理"界面（1）

图 3-14 选择"策略名称"为"弱口令检测"的策略

（4）进入"弱口令检测"界面，可以对"策略内容"选区中的参数进行修改，但这里建议采用默认的参数设置，如图 3-15 所示，相关参数及其说明如表 3-6 所示。

图 3-15 "弱口令检测"界面

75

表 3-6　"弱口令检测"界面的"策略内容"选区中的相关参数及其说明

参数	说明
检测时间	配置弱口令检测的时间，可以具体到分钟
随机偏移时间（秒）	配置的弱口令检测时间的随机偏移时间，主要用于在"检测时间"的基础上进行偏移，取值范围为 30～86 400 秒
检测日	弱口令检测日期
检测休息时间（ms）	检测配置的单个账号的时间间隔，取值范围为 0～2 000ms
自定义弱口令	将疑似被泄露的口令添加到该文本框中，可以防止主机中的账号使用该口令。在填写多个弱口令时，相邻的两个弱口令之间需要换行填写

（5）单击"确认"按钮，完成对"弱口令检测"策略的参数设置。

（6）在左侧的导航栏中选择"资产管理"→"主机管理"选项，进入"主机管理"界面，选择"云服务器"选项卡，在服务器列表框中勾选目标服务器，单击上方的"更多"下拉按钮，在弹出的下拉列表中选择"部署策略"选项。

说明：如果需要同时为多台服务器部署同一个策略，则需要确保服务器的"操作系统"和"防护版本"与目标策略的"操作系统"和"防护版本"保持一致。

（7）在弹出的"全量部署策略"对话框中选择目标策略组，单击"确认"按钮，完成策略部署。

（8）在左侧的导航栏中选择"安全运营"→"策略管理"选项，进入"策略管理"界面，在策略组列表框中，单击目标策略组在"关联服务器数"列中的数值，在页面跳转后，如果筛选结果中包含部署目标策略组的服务器，则表示目标策略组部署成功。

说明：在目标策略组部署完成后，等待 1 分钟左右，再次查看目标策略组是否部署成功。

8. 登录安全检测配置

为目标服务器开启登录安全检测功能，可以有效地检测暴破攻击，自动阻断暴破 IP 地址，触发告警并上报。

说明：登录安全检测仅支持企业版及更高版本，其中，企业版不支持自定义配置参数，它会按照默认的参数设置进行登录安全检测。

（1）打开"主机/容器安全"页面，在左侧的导航栏中选择"安全运营"→"策略管理"选项，进入"策略管理"界面，如图 3-16 所示。

（2）在策略组列表框中单击目标策略组名称，进入相应的策略组界面。

用户可以根据默认的"策略组名称"和"支持的版本"判断目标策略组适配的操作系统和防护版本。

说明：如果需要新建策略组，则可以先创建策略组，再按照上述步骤进行操作。

（3）在策略列表中选择"策略名称"为"登录安全检测"的策略，如图 3-17 所示。

（4）进入"登录安全检测"界面，可以对"策略内容"选区中的参数进行设置，建议采用默认的参数设置，如图 3-18[①]所示，相关参数及其说明如表 3-7 所示。

---

① 图中"爆破"的正确写法应该为"暴破"。

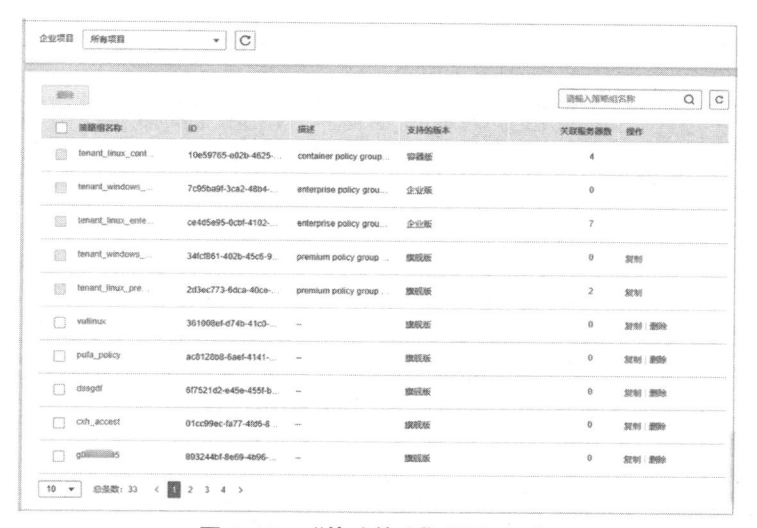

图 3-16 "策略管理"界面（2）

图 3-17 选择"策略名称"为"登录安全检测"的策略

图 3-18 "登录安全检测"界面

表 3-7 "登录安全检测"界面的"策略内容"选区中的相关参数及其说明

参数	说明
封禁时间（分钟）	设置被阻断攻击的 IP 地址的封禁时间，在封禁时间内不可以登录服务器，在封禁时间结束后自动解封，取值范围为 1~43 200
破解行为判断阈值（秒）	与"破解行为判断阈值（登录失败次数）"参数一起配置，取值范围为 5~3 600。例如，将"破解行为判断阈值（秒）"设置为"30"，将"破解行为判断阈值（登录失败次数）"设置为"5"，表示在 30 秒内，如果同一个 IP 地址登录失败 5 次，就会被判定为账号暴破行为
破解行为判断阈值（登录失败次数）	与"破解行为判断阈值（秒）"参数一起配置，取值范围为 1~36 000
慢破解行为判断阈值（秒）	与"慢暴破行为判断阈值（登录失败次数）"参数一起配置，取值范围为 600~86 400。例如，将"慢破解行为判断阈值（秒）"设置为"3 600"，将"慢暴破行为判断阈值（登录失败次数）"设置为"15"，表示在 3 600 秒内，如果同一个 IP 地址登录失败 15 次，就会被判定为账号暴破行为
慢暴破行为判断阈值（登录失败次数）	与"慢破解行为判断阈值（秒）"参数一起配置，取值范围为 6~100
是否审计登录成功	在开启该功能后，HSS 会上报登录成功的事件
阻断攻击 IP（非白名单）	在开启该功能后，HSS 会阻断暴破行为的 IP 地址（非白名单内的）登录
白名单暴破行为是否告警	在开启该功能后，HSS 会对白名单内的 IP 地址产生的暴破行为进行告警
白名单	在将 IP 地址添加到白名单中后，HSS 不会阻断白名单内 IP 地址的暴破行为。最多可添加 50 个 IP 地址或网段到白名单中，并且支持 IPv4 和 IPv6

（5）在确认无误后，单击"确认"按钮，完成对"登录安全检测"策略的参数设置。

（6）在左侧的导航栏中选择"资产管理"→"主机管理"选项，进入"主机管理"界面，选择"云服务器"选项卡，在服务器列表框中勾选目标服务器，单击上方的"更多"下拉按钮，在弹出的下拉列表中选择"部署策略"选项。

说明：如果需要同时为多台服务器部署同一个策略，则需要确保服务器的"操作系统"和"防护版本"与目标策略的"操作系统"和"防护版本"保持一致。

（7）在弹出的"全量部署策略"对话框中选择目标策略组，单击"确认"按钮，完成策略部署。

（8）在左侧的导航栏中选择"安全运营"→"策略管理"选项，进入"策略管理"界面，在策略组列表框中，单击目标策略组在"关联服务器数"列中的数值，在页面跳转后，如果筛选结果中包含部署目标策略组的服务器，则表示目标策略组部署成功。

说明：在目标策略组部署完成后，等待 1 分钟左右，再次查看目标策略组是否部署成功。

3.4.2 HSS 的多云纳管部署实践

1. 应用场景

随着混合云技术的发展，企业对在混合云架构上实现统一安全管理的需求越发强烈。HSS 支持多个云平台，为混合云场景提供了一套完整的安全运营管理解决方案，助力企业通过统一的视图、体验和管理，降低混合云架构中的业务负载面临的安全风险，有效提升整体的安全运营效率。

为了适配用户的全场景工作负载监控，实现云上、云下、混合云资源的统一纳管，HSS 推出了华为云和混合云统一管理的安全解决方案。借助 HSS 提供的适配能力，企业可以使用一个控制台实现一致的安全策略，避免因不同平台安全水平不一致导致的攻击风险。

1）华为云解决方案

用户可以在华为云的 HSS 管理中心对华为云（含边缘云）、数据中心、其他云进行统一管理，如图 3-19 所示。

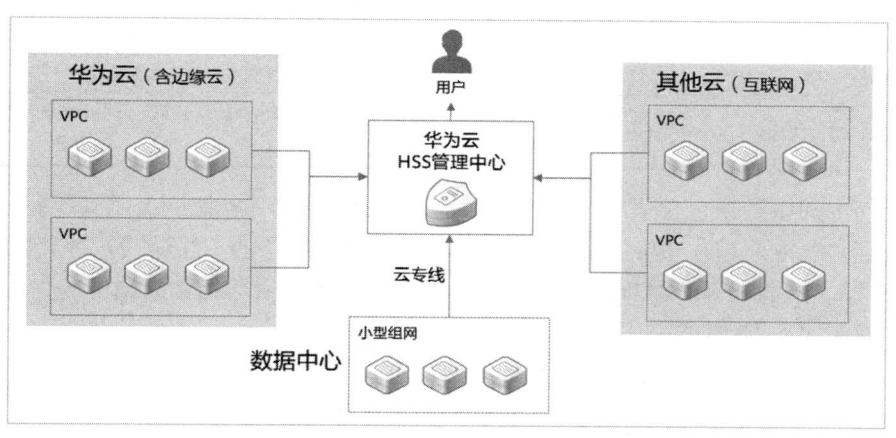

图 3-19　华为云解决方案

2）混合云解决方案

用户可以在混合云的 HSS 管理中心对华为云（含边缘云）、数据中心、私有云、政务云、其他云进行统一管理，如图 3-20 所示。

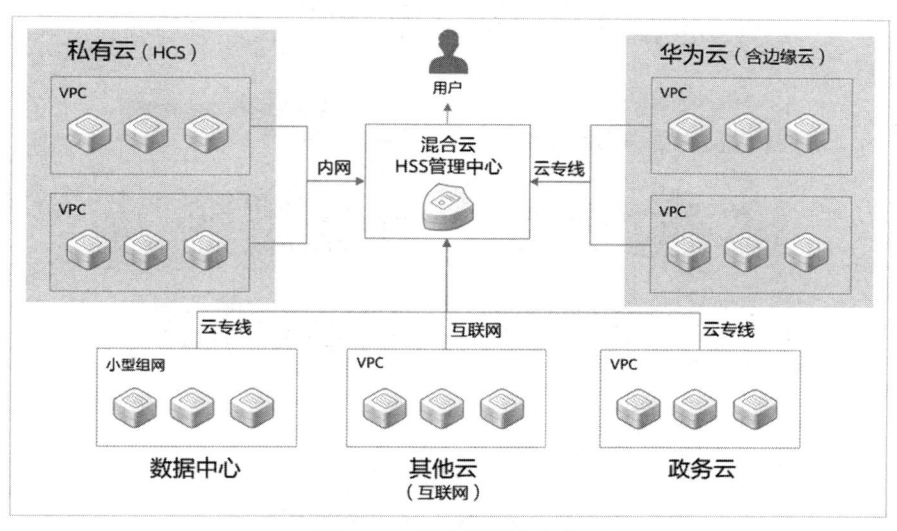

图 3-20　混合云解决方案

2．安装和部署方案

如果使用的服务器需要在华为云或混合云的 HSS 管理中心进行统一管理，并且服务器的类别包含华为云服务器、非华为云服务器（互联网）、局域网服务器（包含数据中心、政务云等），则需要根据类别安装相应的服务器。

1）华为云解决方案

服务器的类别不同，采用的 Agent 安装方式不同。在华为云解决方案中，Agent 安装命令或安装包的获取方式如表 3-8 所示。

表 3-8 华为云解决方案中 Agent 安装命令或安装包的获取方式

服务器的类别	Agent 安装命令或安装包的获取方式
华为云服务器	在华为云的 HSS 管理中心复制华为云安装命令
非华为云服务器（互联网）	在华为云的 HSS 管理中心复制非华为云安装命令
局域网服务器（包含数据中心、政务云等）	搭建代理服务器，生成安装命令或安装包，使用专线代理服务器可避免访问公网

如果使用的服务器包含华为云服务器、非华为云服务器（互联网）、局域网服务器（包含数据中心、政务云等），那么华为云服务器和非华为云服务器（互联网）的安装流程可以参见后续"3．安装和部署流程"的相关介绍，局域网服务器（包含数据中心、政务云等）的安装流程如图 3-21 所示。

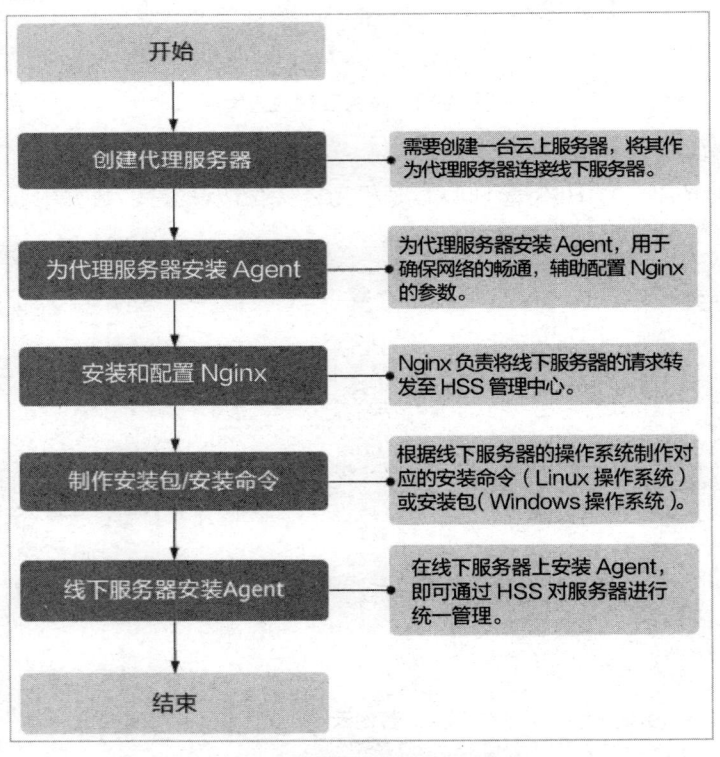

图 3-21 局域网服务器的安装流程

2）混合云解决方案

服务器的类别不同，采用的 Agent 安装方式不同。在混合云解决方案中，Agent 安装命令或安装包的获取方式如表 3-9 所示。

表 3-9　混合云解决方案中 Agent 安装命令或安装包的获取方式

服务器的类别	Agent 安装命令或安装包的获取方式
华为云服务器	在华为云的 HSS 管理中心复制华为云安装命令
非华为云服务器（互联网）	搭建代理服务器，生成安装命令或安装包，使用专线代理服务器可以避免访问公网
局域网服务器（包含数据中心、政务云等）	

　　如果使用的服务器包含华为云服务器、非华为云服务器（互联网）、局域网服务器（包含数据中心、政务云等）场景，那么华为云服务器的安装流程可以参见后续"3．安装和部署流程"的相关介绍，非华为云服务器（互联网）和局域网服务器（包含数据中心、政务云等）的安装流程如图 3-22 所示。

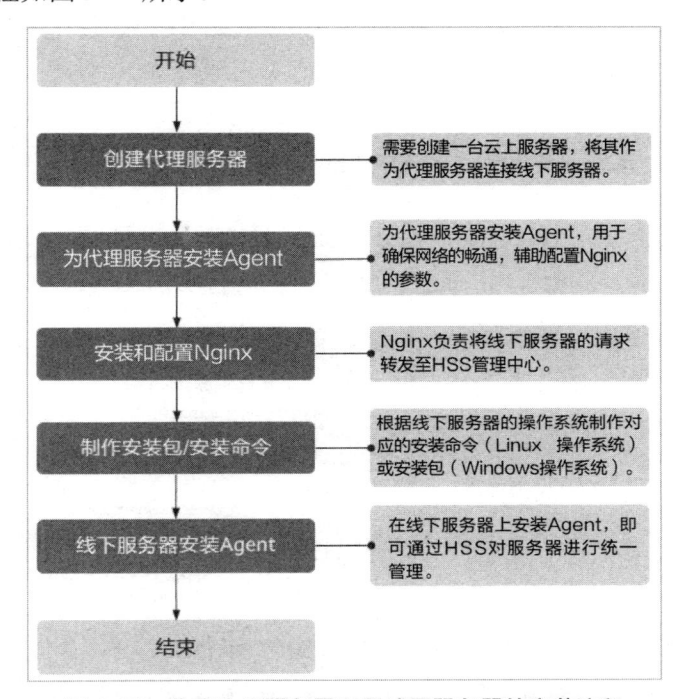

图 3-22　非华为云服务器和局域网服务器的安装流程

3．安装和部署流程

1）华为云解决方案

　　通过华为云的 HSS 对服务器进行统一管理，如果使用的服务器包含华为云服务器、非华为云服务器（互联网）、局域网服务器（包含数据中心、政务云等），则需要根据服务器的类别分别进行安装。

　　① 华为云服务器和非华为云服务器（互联网）

　　通过华为云的 HSS 管理华为云服务器和非华为云服务器（互联网），可以直接在华为云目标 Region 的服务器上进行 Agent 安装。

　　华为云和非华为云的 Linux 服务器的 Agent 安装步骤如下。

　　（1）登录管理控制台。

　　（2）单击左上角的 ♀ 按钮，选择区域或项目。单击左上角的 ≡ 按钮，在弹出的导航面板中选择"安全与合规"→"主机安全服务 HSS"选项,打开"主机/容器安全"页面。

(3)在左侧的导航栏中选择"安装与配置"→"主机安装与配置"选项,进入"主机安装与配置"界面。

(4)选择"Agent 管理"选项卡。

(5)复制 Agent 安装命令。

- 对于华为云服务器,复制 Agent 安装命令的步骤如下。

步骤 1:单击"未安装 Agent 服务器数"区域内的数值,筛选未安装 Agent 的服务器。

步骤 2:在服务器列表框中,单击目标服务器在"操作"列中的"安装 Agent"超链接,如图 3-23 所示。

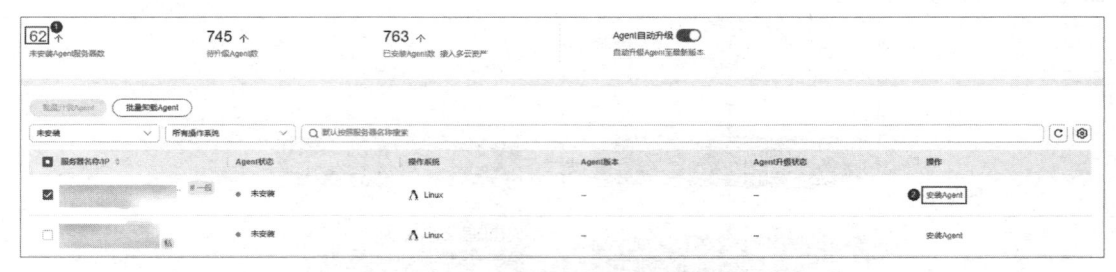

图 3-23 单击"安装 Agent"超链接(1)

步骤 3:在弹出的对话框中单击"复制"按钮,复制 Agent 安装命令。

- 对于非华为云服务器,复制 Agent 安装命令的步骤如下。

步骤 1:单击"接入多云资产"超链接,如图 3-24 所示。

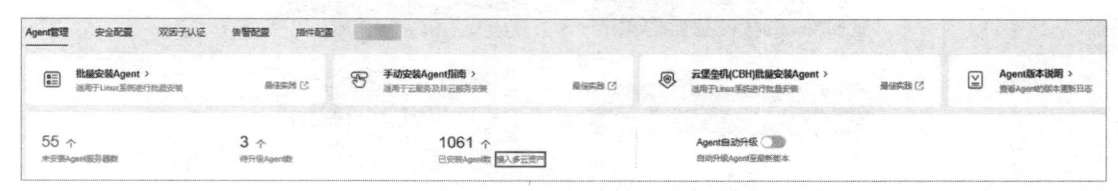

图 3-24 单击"接入多云资产"超链接(1)

步骤 2:弹出"Agent 安装指南"对话框,根据服务器的操作系统选择并复制 Agent 安装命令。

(6)远程登录待安装 Agent 的服务器。

(7)粘贴复制的 Agent 安装命令,使用 root 权限执行该命令,在服务器中安装 Agent。如果界面中显示的信息如图 3-25 所示,则表示 Agent 安装成功。

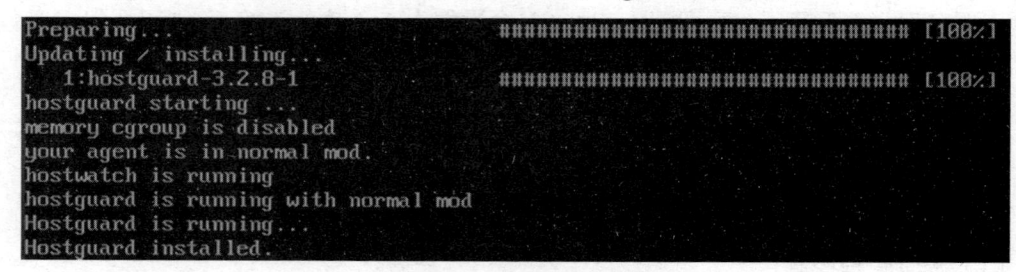

图 3-25 Agent 安装成功

（8）执行以下命令，查看 Agent 的运行状态。

```
service hostguard status
```

如果界面中显示的信息如图 3-26 所示，则表示 Agent 运行正常。

```
your agent is in normal mod.
hostwatch is running
hostguard is running with normal mod
```

图 3-26　Agent 运行正常

在 Agent 安装成功后，需要等待 5~10 分钟才会刷新 Agent 状态。在"主机/容器安全"页面左侧的导航栏中选择"资产管理"→"主机管理"选项，进入"主机管理"界面，在"云服务器"选项卡中可以查看服务器的 Agent 状态。

华为云和非华为云的 Windows 服务器的 Agent 安装步骤如下。

（1）登录管理控制台。

（2）单击左上角的 ◎ 按钮，选择区域或项目。单击左上角的 ≡ 按钮，在弹出的导航面板中选择"安全与合规"→"主机安全服务 HSS"选项，打开"主机/容器安全"页面。

（3）在左侧的导航栏中选择"安装与配置"→"主机安装与配置"选项，进入"主机安装与配置"界面。

（4）选择"Agent 管理"选项卡。

（5）复制 Agent 安装包的下载地址。

- 对于华为云服务器，复制 Agent 安装包下载地址的步骤如下。

步骤 1：单击"未安装 Agent 服务器数"区域内的数值，筛选未安装 Agent 的服务器。

步骤 2：在服务器列表框中，单击目标服务器在"操作"列中的"安装 Agent"超链接，如图 3-27 所示。

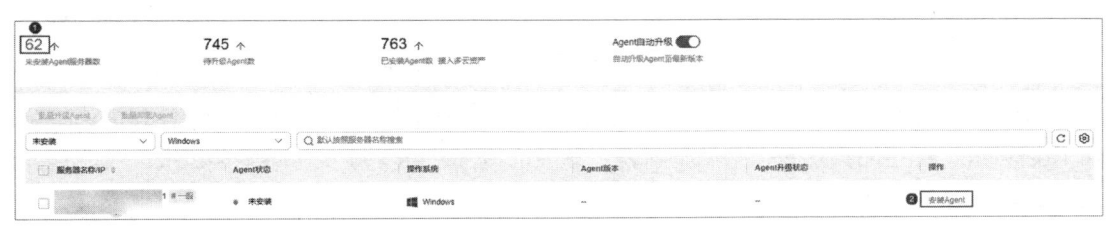

图 3-27　单击"安装 Agent"超链接（2）

步骤 3：在弹出的对话框中单击"复制"按钮，复制 Agent 安装包的下载地址。

- 对于非华为云服务器，复制 Agent 安装包下载地址的步骤如下。

步骤 1：单击"接入多云资产"超链接，如图 3-28 所示。

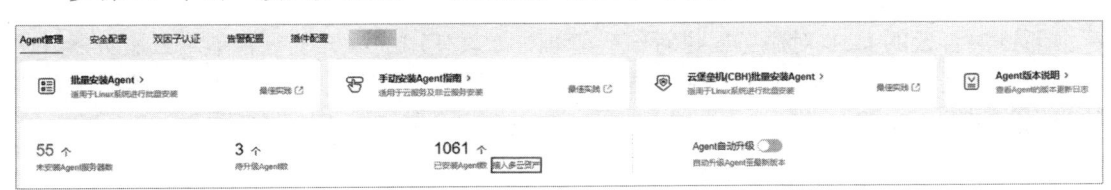

图 3-28　单击"接入多云资产"超链接（2）

步骤2：弹出"Agent 安装指南"对话框，根据服务器的操作系统选择并复制 Agent 安装包的下载地址。

（6）远程登录待安装 Agent 的服务器。

（7）在待安装 Agent 的服务器中，通过浏览器访问复制的 Agent 安装包的下载地址，下载 Agent 安装包并将其解压缩。

（8）使用管理员权限运行 Agent 安装程序。

（9）在安装 Agent 时，需要选择主机类型。

- 华为云主机：选择"云服务器"选项。
- 非华为云主机：选择"非云服务器"选项。

从安装 Agent 界面中复制 Org ID，如图 3-29 所示，在界面中输入复制的 Org ID，然后按界面提示完成 Agent 安装。

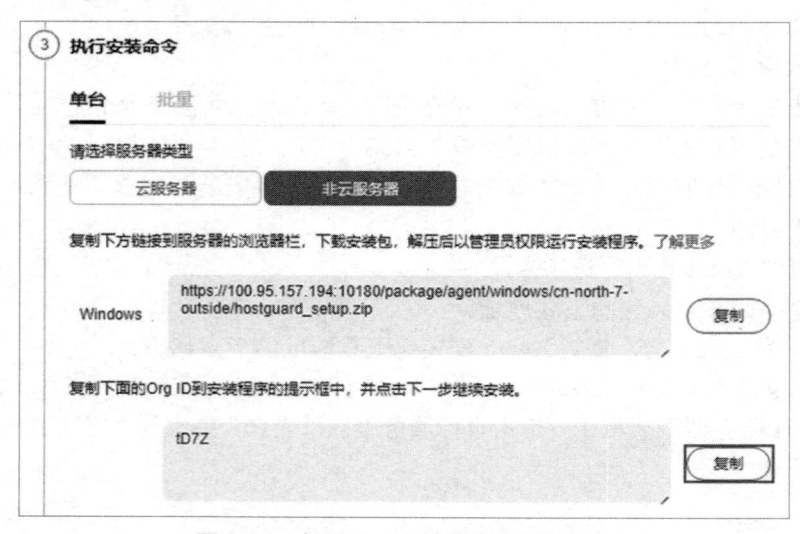

图 3-29　复制 Org ID（非华为云主机）

（10）在 Agent 安装完成后，在"Windows 任务管理器"窗口中查看进程 HostGuard.exe 和 HostWatch.exe。如果进程不存在，则表示 Agent 安装失败，需要重新安装 Agent。在 Agent 安装成功后，需要等待 3～5 分钟才会刷新 Agent 状态。

② 局域网服务器（包含数据中心、政务云等）

在局域网服务器（包含数据中心、政务云等）中需要搭建专线代理服务器，并且手动获取 Agent 安装命令（或安装包）。在安装 Agent 后，即可对服务器进行统一管理。具体操作可以参见后续"5. 将线下服务器专线接入公有云"的相关介绍。

2）混合云解决方案

通过混合云的 HSS 对服务器进行统一管理，如果使用的服务器包含华为云服务器、非华为云服务器（互联网）、局域网服务器（包含数据中心、政务云等），则需要根据服务器的类别分别进行安装。

① 华为云服务器

通过混合云的 HSS 管理华为云服务器，可以直接在华为云目标 Region 的服务器上进行 Agent 安装。

- 华为云的 Linux 服务器的 Agent 安装步骤可以参见上述华为云和非华为云的 Linux 服务器的 Agent 安装步骤。
- 华为云的 Windows 服务器的 Agent 安装步骤可以参见上述华为云和非华为云的 Windows 服务器的 Agent 安装步骤。

② 非华为云服务器（互联网）和局域网服务器（包含数据中心、政务云等）

在非华为云服务器（互联网）和局域网服务器（包含数据中心、政务云等）中需要搭建专线代理服务，并且手动获取 Agent 安装命令（或安装包）。在安装 Agent 后，即可对服务器进行统一管理。具体操作可以参见后续"5. 将线下服务器专线接入公有云"的相关介绍。

4．验证使用

在 Agent 安装完成后，可以登录华为云或混合云的管理控制台，打开"主机/容器安全"页面，在左侧的导航栏中选择"资产管理"→"主机管理"选项，进入"主机管理"界面，在"云服务器"选项卡的服务器列表框中，可以查看服务器是否存在，如果服务器已经存在，则表示线下服务器已接入 HSS，实现了统一纳管。

说明：在 Agent 安装完成后，确认目标服务器的 10180 端口可以正常连接，并且确认目标服务器为开机状态。非华为云服务器（互联网）和局域网服务器（包含数据中心、政务云等）在连接 HSS 管理中心后，不会显示服务器状态。

5．将线下服务器专线接入公有云

1）创建代理服务器

创建一台云上服务器，将其作为连接线下服务器的代理服务器。

具体操作：登录管理控制台，购买 ECS，如图 3-30 所示。

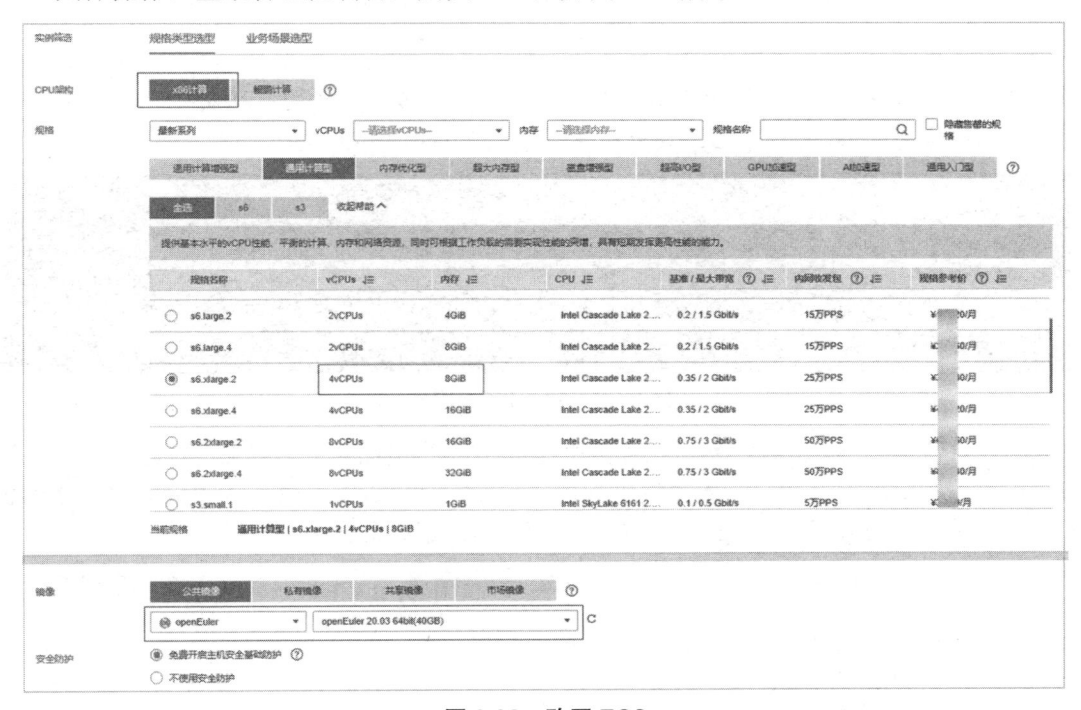

图 3-30　购买 ECS

说明：代理服务器的 CPU 架构应该采用 x86 架构，vCPUs 应该采用 4vCPUs 或更高规格的，内存应该采用 8GiB 或更高规格的，镜像应该采用公共镜像 openEuler 20.03 64bit。

2）为代理服务器安装 Agent

为代理服务器安装 Agent，用于确保网络畅通，然后配置 Nginx 的参数，具体操作步骤如下。

（1）登录管理控制台，打开"主机/容器安全"页面，在左侧的导航栏中选择"安装与配置"→"主机安装与配置"选项，进入"主机安装与配置"界面，单击"接入多云资产"超链接，弹出"Agent 安装指南"对话框，根据服务器的操作系统选择并复制 Agent 安装命令，如图 3-31 所示。

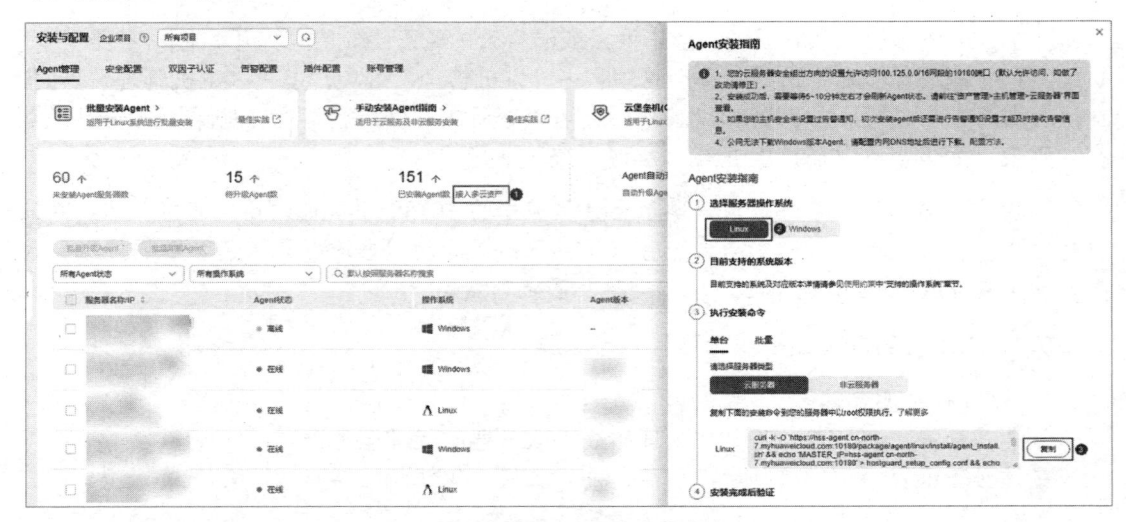

图 3-31　复制 Agent 安装命令

（2）登录代理服务器，粘贴并执行复制的命令，完成 Agent 的自动安装，如图 3-32 所示。具体操作可以参考上述"3．安装和部署流程"的相关操作。

图 3-32　Agent 安装完成

（3）等待大约 10 分钟，然后在"主机/容器安全"页面左侧的导航栏中选择"资产管理"→"主机管理"选项，进入"主机管理"界面，在"云服务器"选项卡的服务器列表框中，查看代理服务器的"Agent 状态"是否为"在线"，如图 3-33 所示。

说明：先确保代理服务器的"Agent 状态"为"在线"，再进行后续步骤，否则后续操作无法正常执行。

3）安装和配置 Nginx

Nginx 主要负责将线下服务器的请求转发至 HSS 管理中心。

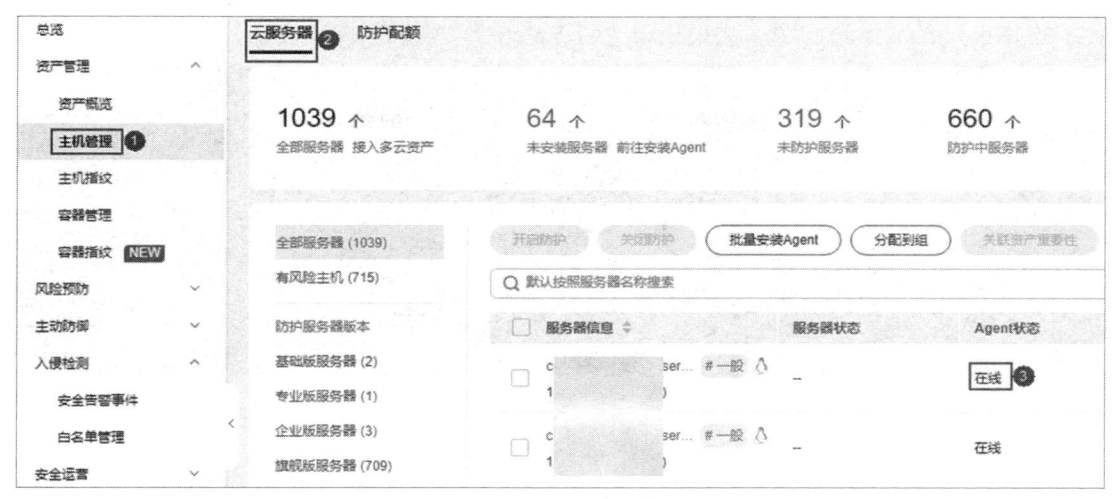

图 3-33　查看代理服务器的 "Agent 状态" 是否为 "在线"

（1）安装前准备：检查 yum 源。

检查 yum 源中是否有 Nginx 软件包，如果没有 Nginx 软件包，则需要配置 yum 源，并且临时绑定公网 IP 地址，在 Nginx 安装结束后再解绑公网 IP 地址。

远程登录代理服务器，执行以下命令，检查 yum 源中是否存在 Nginx 软件包：

```
yum list nginx
```

如果上述命令的执行结果如图 3-34 所示，则表示 Nginx 软件包存在。

图 3-34　Nginx 软件包存在

（2）安装 Nginx。

执行以下命令，使用 yum 命令安装 Nginx，如图 3-35 所示。

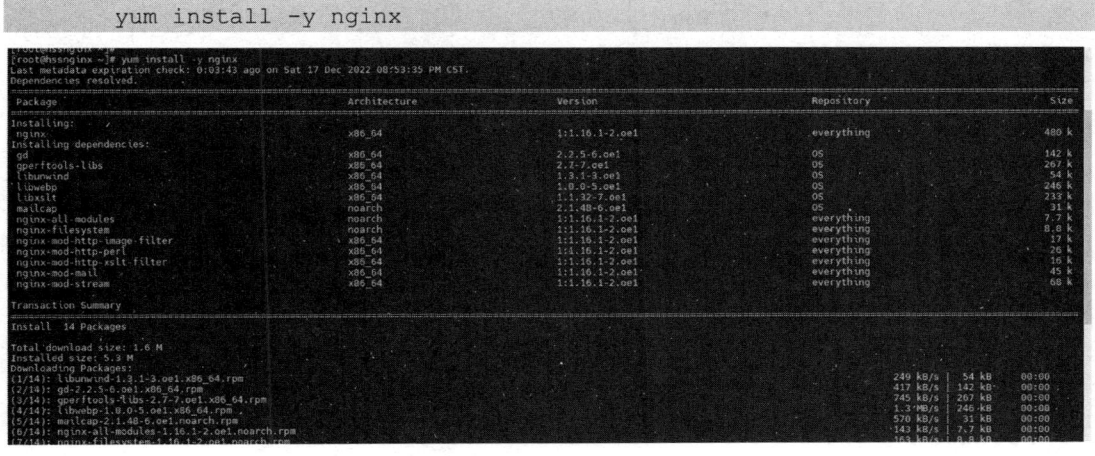

```
yum install -y nginx
```

图 3-35　安装 Nginx

在 Nginx 的安装过程中，如果出现"Complete!"，则表示安装成功，如图 3-36 所示。

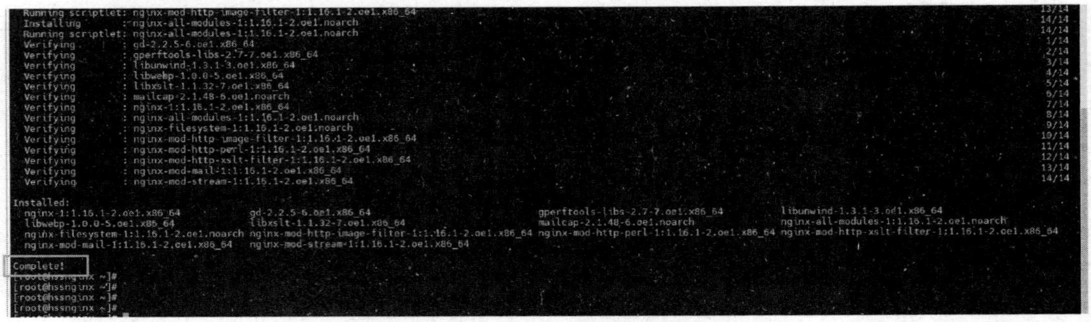

图 3-36　Nginx 安装成功

（3）配置 Nginx。

步骤 1：执行以下命令，进入 nginx 目录。

```
cd /etc/nginx/
```

步骤 2：执行以下命令，完成证书自签，如图 3-37 所示。

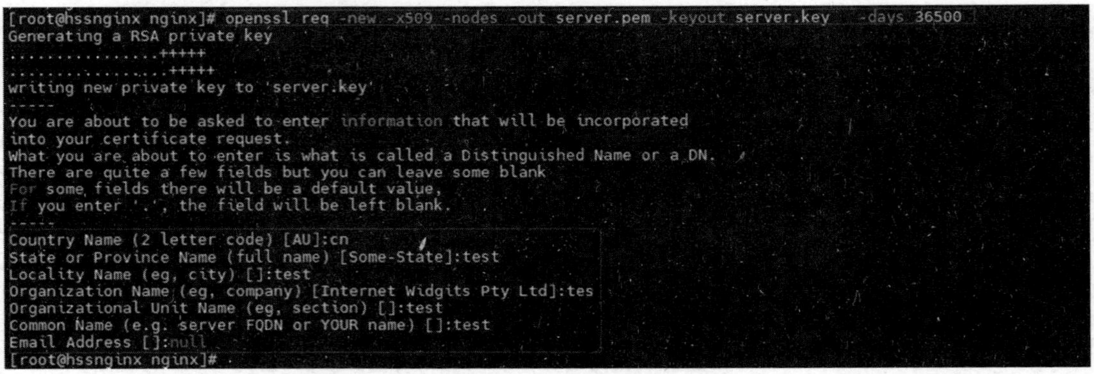

图 3-37　证书自签

在执行以下命令后，需要填写证书的相关信息，读者自行填写即可。

```
openssl req -new -x509 -nodes -out server.pem -keyout server.key -days 36500
```

说明：第一项 Country Name 受长度限制，只能填写两个字符。

步骤 3：执行以下命令，修改 nginx.conf 文件。

```
vi nginx.conf
```

步骤 4：配置 upstream。在 http 的配置中找到 server，在 server 上方添加以下信息，如图 3-38 所示。

```
upstream backend_hss {
    server ADDR:10180;
}
```

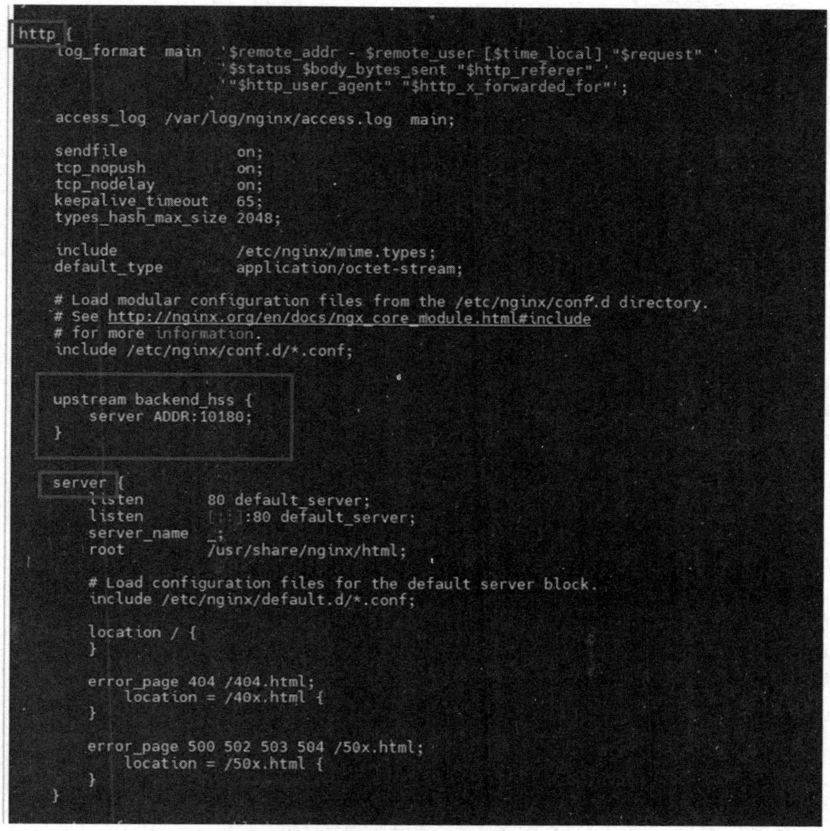

```
http {
    log_format  main  '$remote_addr - $remote_user [$time_local] "$request" '
                      '$status $body_bytes_sent "$http_referer" '
                      '"$http_user_agent" "$http_x_forwarded_for"';

    access_log  /var/log/nginx/access.log  main;

    sendfile            on;
    tcp_nopush          on;
    tcp_nodelay         on;
    keepalive_timeout   65;
    types_hash_max_size 2048;

    include             /etc/nginx/mime.types;
    default_type        application/octet-stream;

    # Load modular configuration files from the /etc/nginx/conf.d directory.
    # See http://nginx.org/en/docs/ngx_core_module.html#include
    # for more information.
    include /etc/nginx/conf.d/*.conf;

    upstream backend_hss {
        server ADDR:10180;
    }

    server {
        listen       80 default_server;
        listen       [::]:80 default_server;
        server_name  _;
        root         /usr/share/nginx/html;

        # Load configuration files for the default server block.
        include /etc/nginx/default.d/*.conf;

        location / {
        }

        error_page 404 /404.html;
            location = /40x.html {
        }

        error_page 500 502 503 504 /50x.html;
            location = /50x.html {
        }
```

图 3-38　配置 upstream

步骤 5：配置 server。在 server 下的监听端口中保留一条 listen，并且将其值修改为 10180，将 server_name 的值修改为 ADDR，如图 3-39 所示。

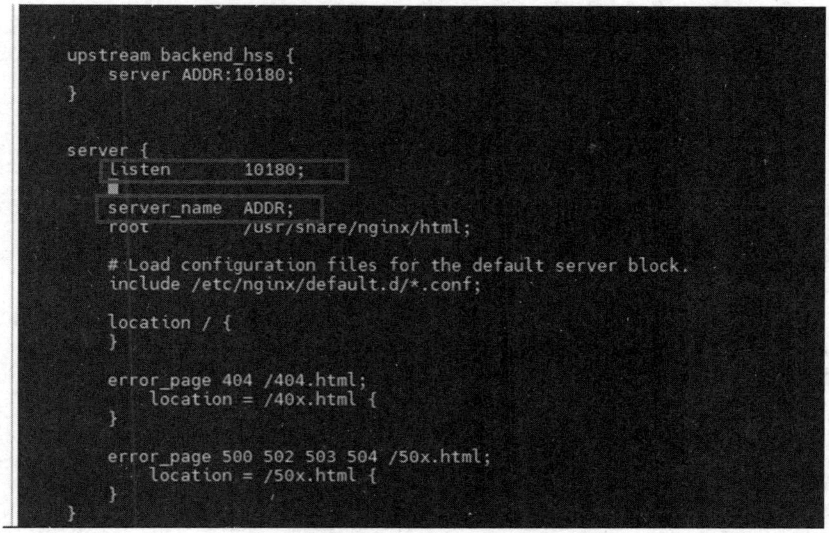

```
    upstream backend_hss {
        server ADDR:10180;
    }

    server {
        listen       10180;

        server_name  ADDR;
        root         /usr/share/nginx/html;

        # Load configuration files for the default server block.
        include /etc/nginx/default.d/*.conf;

        location / {
        }

        error_page 404 /404.html;
            location = /40x.html {
        }

        error_page 500 502 503 504 /50x.html;
            location = /50x.html {
        }
```

图 3-39　配置 server

步骤 6：在 server 的配置中添加以下信息，开启 SSL 认证，如图 3-40 所示。

```
        ssl on;
        ssl_protocols TLSv1.2;
        ssl_certificate "server.pem";
        ssl_certificate_key "server.key";
        ssl_session_cache shared:SSL:10m;
        ssl_session_timeout 10m;
        ssl_prefer_server_ciphers on;
```

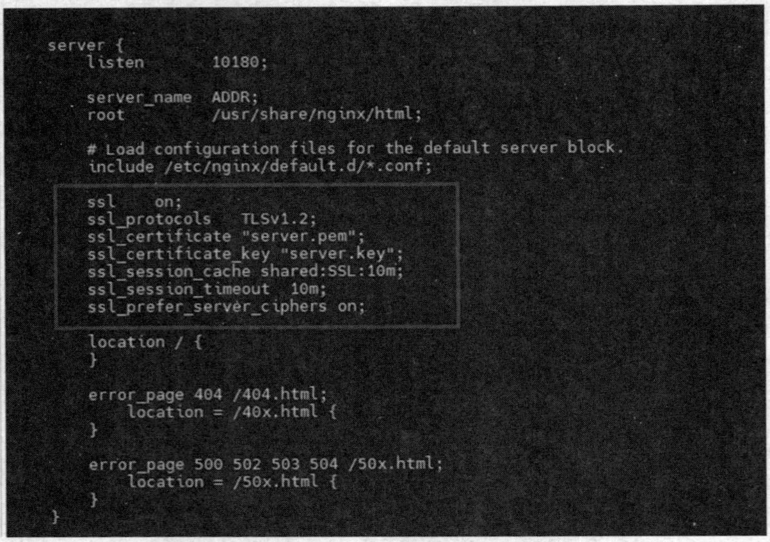

图 3-40　开启 SSL 认证

步骤 7：配置 location。在 server 的配置中找到 location，在 location 下的 {} 中添加以下信息，如图 3-41 所示。

```
        limit_except GET POST PUT
        {
        deny all;
        }
        proxy_set_header Host ADDR;
        proxy_pass https://*******_hss;
        proxy_set_header Upgrade $http_upgrade;
        proxy_set_header Connection "upgrade";
```

步骤 8：在以上信息填写完成后，按 ECS 键。执行以下命令，完成 Nginx 的相关配置。

```
        :wq!
```

步骤 9：依次执行以下命令，启动 Nginx。

```
        sed -i "s#ADDR#`cat /usr/local/hostguard/conf/connect.conf | grep master_address |
        cut -d '=' -f 2 | cut -d ':' -f 1`#g" nginx.conf
        echo '*/10 * * * * root systemctl start nginx' >> /etc/crontab
        systemctl start nginx
```

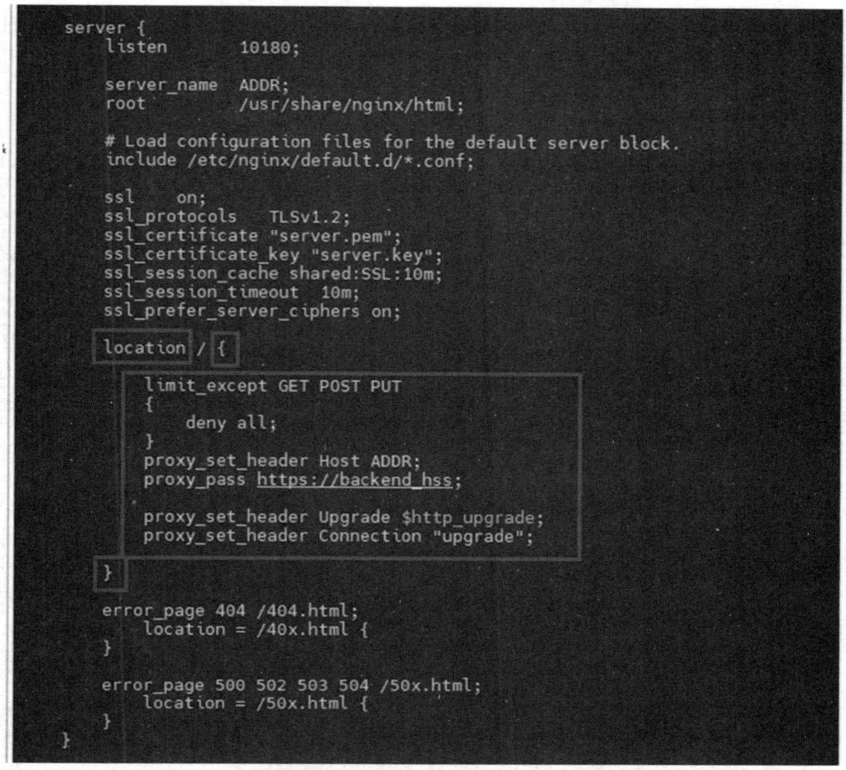

```
server {
    listen          10180;

    server_name     ADDR;
    root            /usr/share/nginx/html;

    # Load configuration files for the default server block.
    include /etc/nginx/default.d/*.conf;

    ssl             on;
    ssl_protocols   TLSv1.2;
    ssl_certificate "server.pem";
    ssl_certificate_key "server.key";
    ssl_session_cache shared:SSL:10m;
    ssl_session_timeout 10m;
    ssl_prefer_server_ciphers on;

    location / {
        limit_except GET POST PUT
        {
            deny all;
        }
        proxy_set_header Host ADDR;
        proxy_pass https://backend_hss;

        proxy_set_header Upgrade $http_upgrade;
        proxy_set_header Connection "upgrade";
    }

    error_page 404 /404.html;
        location = /40x.html {
    }

    error_page 500 502 503 504 /50x.html;
        location = /50x.html {
    }
}
```

图 3-41　配置 location

4）制作安装命令或安装包

根据线下服务器系统制作相应的安装命令（Linux 操作系统）或安装包（Windows 操作系统）。

① 制作安装命令（Linux 操作系统）

（1）执行以下命令，进入 tmp 目录。

```
cd /tmp
```

（2）依次执行以下命令，查看 private_ip.conf 文件中的 IP 地址是否为代理服务器实际可用的 IP 地址，如图 3-42 所示。

```
echo `hostname -I`>private_ip.conf
cat private_ip.conf
```

```
[root@hssnginx tmp]#
[root@hssnginx tmp]# echo `hostname -I` > private_ip.conf
[root@hssnginx tmp]# cat private_ip.conf
192.168.1.63
[root@hssnginx tmp]#
[root@hssnginx tmp]#
```

图 3-42　查看 private_ip.conf 文件中的 IP 地址是否为代理服务器实际可用的 IP 地址

说明：如果 private_ip.conf 文件中的 IP 地址是代理服务器实际可用的 IP 地址，那么线下服务器可以正常连接该 IP 地址；如果 private_ip.conf 文件中的 IP 地址不是代理服务器实际可用的 IP 地址，则需要手动将该 IP 地址修改为代理服务器实际可用的 IP 地址。

（3）在确认 private_ip.conf 文件中的 IP 地址为代理服务器实际可用的 IP 地址后，依次执行以下命令，生成 Agent 安装命令。

- 使用 X86 rpm 软件包镜像源生成的 Agent 安装命令如下：

```
echo -e "# for Liunx x86 CentOS EulerOS OpenSUSE Fedora\n\ncurl -k -O 'https://private_ip:10180/package/agent/linux/x86/*********.x86_64.rpm' && echo
    'MASTER_IP=private_ip:10180'>hostguard_setup_config.conf && echo
    'SLAVE_IP=private_ip:10180' >> hostguard_setup_config.conf && echo
    'ORG_ID=project_id' >> hostguard_setup_config.conf && rpm -ivh hostguard.x86_64.rpm
    && rm -f hostguard_setup_config.conf && rm -f hostguard*.rpm">x86_rpm_install.sh
```

- 使用 X86 deb 软件包镜像源生成的 Agent 安装命令如下：

```
echo -e "# for Liunx x86 Ubuntu Debian\n\ncurl -k -O 'https://private_ip:10180/package/agent/linux/x86/*********.x86_64.deb' && echo
    'MASTER_IP=private_ip:10180'>hostguard_setup_config.conf && echo
    'SLAVE_IP=private_ip:10180' >> hostguard_setup_config.conf && echo
    'ORG_ID=project_id' >> hostguard_setup_config.conf && dpkg -i hostguard.x86_64.deb
    && rm -f hostguard_setup_config.conf && rm -f hostguard*.deb">x86_deb_install.sh
```

- 使用 ARM rpm 软件包镜像源生成的 Agent 安装命令如下：

```
echo -e "# for Liunx ARM CentOS EulerOS OpenSUSE Fedora UOS Kylin\n\ncurl -k -O
    'https://private_ip:10180/package/agent/linux/arm/*********.aarch64.rpm' && echo
    'MASTER_IP=private_ip:10180'>hostguard_setup_config.conf && echo
    'SLAVE_IP=private_ip:10180' >> hostguard_setup_config.conf && echo
    'ORG_ID=project_id' >> hostguard_setup_config.conf && rpm -ivh hostguard.aarch64.rpm
    && rm -f hostguard_setup_config.conf && rm -f hostguard*.rpm">arm_rpm_install.sh
```

- 使用 ARM deb 软件包镜像源生成的 Agent 安装命令如下：

```
echo -e "# for Liunx ARM Ubuntu Debian\n\ncurl -k -O 'https://private_ip:10180/package/agent/linux/arm/*********.aarch64.deb' && echo
    'MASTER_IP=private_ip:10180'>hostguard_setup_config.conf && echo
    'SLAVE_IP=private_ip:10180' >> hostguard_setup_config.conf && echo
    'ORG_ID=project_id' >> hostguard_setup_config.conf && dpkg -i hostguard.
```

```
aarch64.deb
    && rm -f hostguard_setup_config.conf && rm -f hostguard*.deb">arm_deb_
install.sh
```

- 将脚本文件中的占位符替换为实际可用的私有 IP 地址和项目 ID，使脚本能够在特定的网络环境中正确运行。

```
    sed -i "s#private_ip#`cat private_ip.conf`#g" *install.sh && sed -i
"s#project_id#`cat /usr/local/hostguard/run/metadata.conf | grep -v
enterprise_project_id | grep project_id | cut -d ":" -f 2 | cut -d "
" -f 2`#g"
    *install.sh
```

说明：
- 上述 5 条命令需要全部执行完成，最后一条命令必须执行且必须最后执行。
- x86_rpm_install.sh 中的安装命令适用于 X86 架构下 rpm 软件包管理的镜像，如 CentOS、EulerOS、openSUSE、Fedora。
- x86_deb_install.sh 中的安装命令适用于 X86 架构下 deb 软件包管理的镜像，如 Ubuntu、Debian。
- arm_rpm_install.sh 中的安装命令适用于 ARM 架构下 rpm 软件包管理的镜像，如 CentOS、EulerOS、openSUSE、Fedora、UOS、Kylin。
- arm_deb_install.sh 中的安装命令适用于 ARM 架构下 deb 软件包管理的镜像，如 Ubuntu、Debian。

（4）查看生成的 Agent 安装命令，如图 3-43 所示，该命令主要用于为线下 Linux 服务器安装 Agent。

图 3-43　查看生成的 Agent 安装命令

② 制作安装包（Windows 操作系统）
（1）执行以下命令，进入 tmp 目录。

```
    cd /tmp
```

（2）依次执行以下命令，制作 Windows 操作系统的 Agent 安装包。

```
    curl -k -O https://`cat
    private_ip.conf`:10180/package/agent/windows/hostguard_setup.exe && echo
    '[system]'→hostguard_setup_config.ini && echo 'master='`cat
    private_ip.conf`':10180' >> hostguard_setup_config.ini && echo 'slave='`cat
    private_ip.conf`':10180' >> hostguard_setup_config.ini && echo 'orgid='`cat
    /usr/local/hostguard/run/metadata.conf | grep -v enterprise_project_id
| grep
    project_id | cut -d ":" -f 2 | cut -d " " -f 2` >> hostguard_setup_
config.ini
    zip hostguard_setup.zip hostguard_setup.exe hostguard_setup_config.ini
```

说明：如果代理服务器中没有 zip 命令，则需要先执行以下命令，安装 zip 插件。

```
    yum install -y zip
```

（3）查看生成的 Agent 安装包，如图 3-44 所示，该安装包主要用于为线下 Windows 服务器安装 Agent。

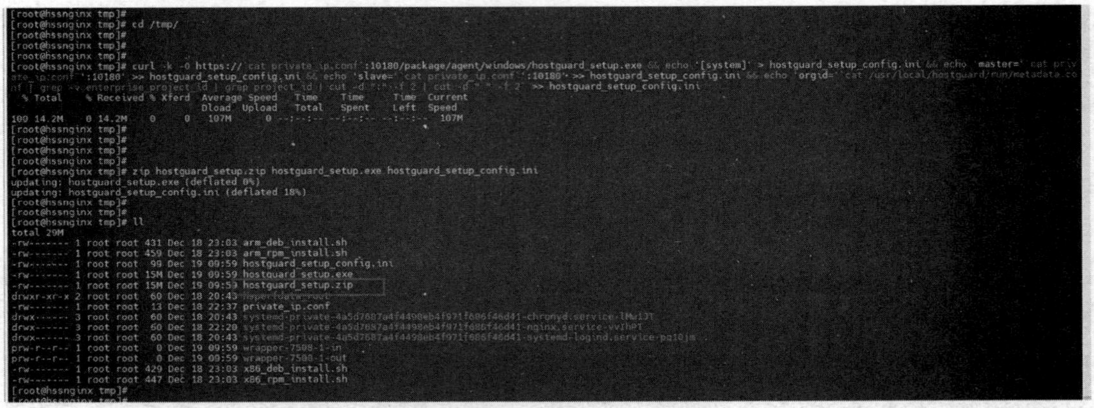

图 3-44　查看生成的 Agent 安装包

5）为线下服务器安装 Agent

为线下服务器安装 Agent，即可通过 HSS 对服务器进行统一管理。

① 为线下 Linux 服务器安装 Agent

登录线下 Linux 服务器，将制作的 Agent 安装命令复制到目标服务器中并执行，即可安装 Agent。

② 为线下 Windows 服务器安装 Agent

将制作的 Agent 安装包 hostguard_setup.zip 复制到本地计算机中，然后将其上传到其他需要安装 Agent 的线下 Windows 服务器中，解压缩该安装包，然后双击 hostguard_setup.exe，即可安装 Agent。

说明：在将生成的 Agent 安装包复制到本地后，一定要先将其解压缩，再进行安装，否则无法安装。

3.4.3　HSS 的护网/重保实践

1. 开启主机防护功能

在 HSS 的护网/重保期间，需要保证所有 ECS 主机均接入企业的主机安全服务，用于提高主机的安全风险防御能力。

（1）登录管理控制台。

（2）单击左上角的 ⊙ 按钮，选择区域或项目。单击左上角的 ≡ 按钮，在弹出的导航面板中选择"安全与合规"→"主机安全服务 HSS"选项，打开"主机/容器安全"页面。

（3）在左侧的导航栏中选择"资产管理"→"主机管理"选项，进入"主机管理"界面，在"云服务器"选项卡中可以查看主机防护状态，如图 3-45 所示，相关说明如表 3-10 所示。

图 3-45　查看主机防护状态

表 3-10　主机防护状态的相关说明

主机防护状态	说明
未防护	未开启主机防护功能，被威胁入侵的风险较高，建议尽快为主机开启防护功能。 开启主机防护功能的步骤如下。 （1）购买防护配额。 （2）安装 Agent。 （3）开启主机防护功能或容器防护功能。 说明：建议普通主机开启企业版及更高版的防护功能，容器节点主机开启容器版防护功能
防护中断	Agent 已离线，企业的主机安全服务无法正常为主机提供防护功能，应该尽快让 Agent 恢复为"在线"状态
防护中	已开启主机防护功能，企业的主机安全服务会持续优化、迭代 Agent 版本，应该及时将 Agent 升级为最新版

2. 升级 Agent 版本

企业的主机安全服务会持续优化，包括但不限于新增功能、优化缺陷，因此会定期迭代版本。用户需要及时将主机上的 Agent 升级为最新版，以便享受更好的 HSS，具体操作步骤如下。

（1）登录管理控制台。

（2）单击左上角的 ◎ 按钮，选择区域或项目。单击左上角的 ≡ 按钮，在弹出的导航面板中选择"安全与合规"→"主机安全服务 HSS"选项，打开"主机/容器安全"页面。

（3）在左侧的导航栏中选择"安装与配置"→"主机安装配置"选项，进入"主机安装与配置"界面。

（4）在"主机安装与配置"界面中选择"Agent 管理"选项卡，可以在服务器列表框中查看服务器的"Agent 升级状态"。如果"Agent 升级状态"为"未升级"，则单击"操作"列中的"升级 Agent"超链接，将 Agent 升级为最新版，如图 3-46 所示；也可以批量勾选需要升级 Agent 的服务器，单击服务器列表框左上角的"批量升级 Agent"按钮，批量升级 Agent。

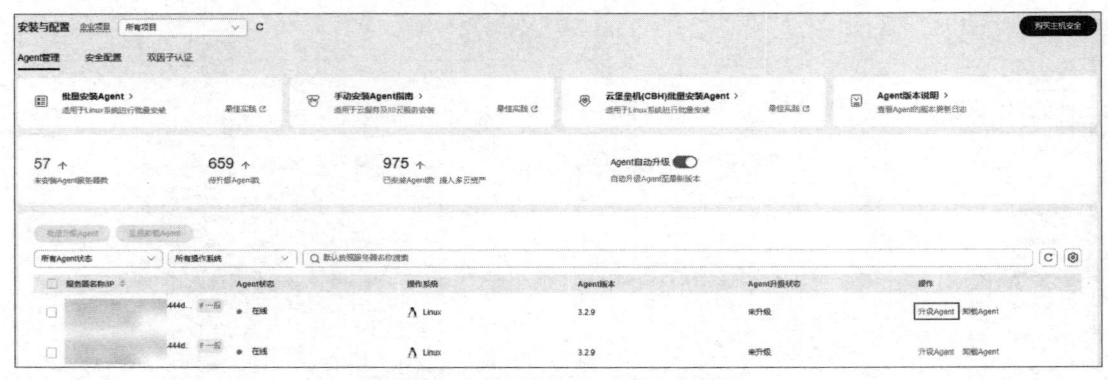

图 3-46　单击"升级 Agent"超链接

3．优化防护配置

1）开启"恶意软件云查"功能

攻击者一般会对攻击中使用的黑客工具、恶意软件等进行修改，改变文件的 Hash。这类文件无法通过病毒库检出，只能通过"恶意软件云查"功能的恶意文件检测引擎进行识别。

（1）登录管理控制台。

（2）单击左上角的 ◎ 按钮，选择区域或项目。单击左上角的 ≡ 按钮，在弹出的导航面板中选择"安全与合规"→"主机安全服务 HSS"选项，打开"主机/容器安全"页面。

（3）在左侧的导航栏中选择"安装与配置"→"主机安装与配置"选项，进入"主机安装与配置"界面。

（4）在"主机安装与配置"界面中选择"安全配置"→"恶意程序隔离查杀"选项卡。

（5）在"恶意软件云查"功能所在行单击 ⬤ 按钮，弹出"开启恶意软件云查"对话框，单击"确认"按钮，使 ⬤ 按钮转换为 ⬤ 按钮，表示开启"恶意软件云查"功能，如图 3-47 所示。

2）配置告警功能

在开启告警功能后，HSS 可以通过短信或邮件的形式向用户发送风险告警，方便用户及时了解主机或容器存在的安全风险。如果不开启告警通知，那么用户只能自行登录管理控制台，查看相应的告警信息。

（1）登录管理控制台。

（2）单击左上角的 ◎ 按钮，选择区域或项目。单击左上角的 ≡ 按钮，在弹出的导航面板中选择"安全与合规"→"主机安全服务 HSS"选项,打开"主机/容器安全"页面。

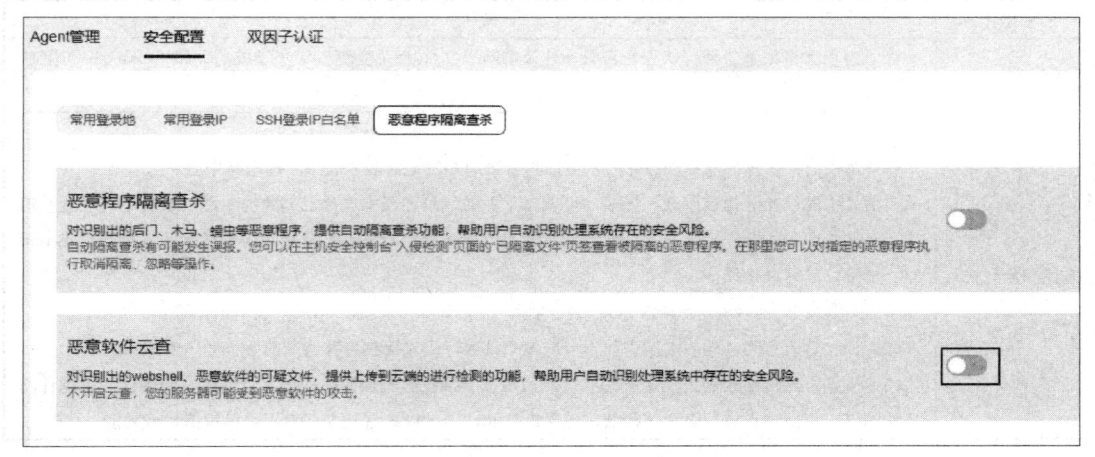

图 3-47 开启"恶意软件云查"功能

(3)在左侧的导航栏中选择"安装与配置"→"告警配置"选项,进入"告警配置"界面。

(4)在"告警配置"界面中,配置告警事件、告警方式等信息,如图 3-48 所示,相关参数及其说明如表 3-11 所示。

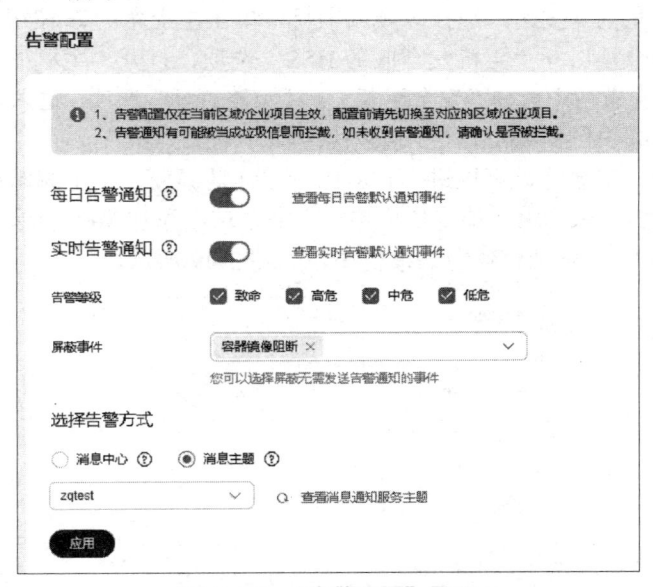

图 3-48 "告警配置"界面

表 3-11 "告警配置"界面中的相关参数及其说明

参数	说明
每日告警通知	单击右侧的 ⬜ 按钮,使 ⬜ 按钮转换为 ⬜ 按钮,表示开启"每日告警通知"功能
实时告警通知	单击右侧的 ⬜ 按钮,使 ⬜ 按钮转换为 ⬜ 按钮,表示开启"实时告警通知"功能
告警等级	告警事件的威胁等级,勾选复选框,系统会发送对应等级的告警。 • 必选:致命、高危。 • 可选:中危、低危

续表

参数	说明
屏蔽事件	为了避免大量低危告警掩盖入侵告警,建议屏蔽"文件/目录变更"、"登录成功"和"Crontab 可疑任务"事件
选择告警方式	告警方式有以下两种。 • 消息中心:在选择该单选按钮后,可以将告警通知发送给账号联系人的消息中心。 • 消息主题:在选择该单选按钮后,可以在下面的下拉列表中选择已创建的主题,或者单击"查看消息通知服务主题"超链接并创建新的主题。创建新的主题需要配置接收告警通知的手机号码或邮箱地址,具体操作如下: (1)创建主题:定制一个 HSS 消息事件类型。 (2)添加订阅:为创建的主题添加一个或多个订阅,配置接收告警通知的手机号码或邮箱地址。 (3)确认订阅:在为创建的主题添加订阅后,按照接收的短信或邮件提示,完成订阅确认。主题订阅确认的信息可能被当成垃圾短信拦截,如果未收到,则可以查看是否开启了垃圾短信拦截功能

(5)单击"应用"按钮,完成告警功能的配置,如果界面中弹出"告警通知设置成功"提示信息,则说明告警功能配置成功。

3)优化防护策略

通过优化防护策略,可以提升主机的防护能力。

(1)登录管理控制台。

(2)单击左上角的 ◎ 按钮,选择区域或项目。单击左上角的 ≡ 按钮,在弹出的导航面板中选择"安全与合规"→"主机安全服务 HSS"选项,打开"主机/容器安全"页面。

(3)在左侧的导航栏中选择"安全运营"→"策略管理"选项,进入"策略管理"界面。

(4)单击需要编辑的策略组,进入策略组编辑界面。

(5)单击以下策略名称,可以进入相应的策略详情界面,用于编辑相应的策略。

- webshell 检测:在"用户指定扫描路径"文本域中添加 Web 目录,可以防止因 HSS 未自动识别 Web 目录导致的漏报告警,如图 3-49 所示。

图 3-49 编辑"webshell 检测"策略

- 进程异常行为：将"检测模式"设置为"高检出模式"，可以增强进程异常行为的检测灵敏度，如图 3-50 所示，但该模式下的进程异常行为告警可能存在误报情况。

图 3-50　编辑"进程异常行为"策略

4．修复安全缺陷

1）修复漏洞

HSS 支持自动扫描和手动扫描两种漏洞扫描方式，在漏洞扫描完成后，可以查看并修复漏洞。

① 修复应用漏洞

HSS 支持扫描中间件漏洞，但不支持扫描商用软件（如用友、金蝶等）漏洞，因此需要自行排查商用软件漏洞。

如果无法修复 Web 服务器中的应用漏洞，则可以通过配置安全组规则，限制只可以在内网中访问 Web 服务器，或者使用 WAF 进行防护（只能降低风险，通过内网渗透或规则绕过漏洞，但依然有被入侵的风险）。

以下是 HSS 支持扫描，并且近期在攻防演练中被红队利用较频繁、对企业危害较高的漏洞，这些漏洞需要优先被排查和修复。

- nginxWebUI 远程命令执行漏洞。
- Nacos 反序列化漏洞。
- Apache RocketMQ 命令注入漏洞（CVE-2023-33246）。
- Apache Kafka Connect 远程代码执行漏洞（CVE-2023-25194）。
- Weblogic 远程代码执行漏洞（CVE-2023-21839）。
- Atlassian Bitbucket Data Center 远程代码执行漏洞（CVE-2022-26133）。
- Apache CouchDB 远程代码执行漏洞（CVE-2022-24706）。
- F5 BIG-IP 命令执行漏洞（CVE-2022-1388）。
- Fastjson 1.2.8 反序列化漏洞（CVE-2022-25845）。

- Atlasssian Confluence OGNL 注入漏洞（CVE-2022-26134）。
- Apache Log4j2 远程代码执行漏洞（CVE-2021-44228）。

修复漏洞的操作如下。

（1）登录管理控制台。

（2）单击左上角的◎按钮，选择区域或项目。单击左上角的≡按钮，在弹出的导航面板中选择"安全与合规"→"主机安全服务 HSS"选项，打开"主机/容器安全"页面。

（3）在左侧的导航栏中选择"风险预防"→"漏洞管理"选项，进入"漏洞管理"界面。

（4）选择"漏洞视图"→"应用漏洞"选项卡，筛选"修复优先级"为"紧急""高"的漏洞。

（5）在漏洞列表框中，单击漏洞名称，查看漏洞修复建议。

（6）登录漏洞影响的主机，手动修复漏洞。

漏洞修复可能会影响业务的稳定性。为了防止在修复漏洞的过程影响当前业务，建议在以下两种方案中选择一种进行漏洞修复。

方案一：创建新的 ECS 主机，用于进行漏洞修复。

（1）为需要修复漏洞的 ECS 主机创建镜像。

（2）使用该镜像创建新的 ECS 主机。

（3）在新启动的 ECS 主机上进行漏洞修复并验证修复结果。

（4）在漏洞修复完成后，将业务切换到新的 ECS 主机上。

（5）在业务切换完成，并且业务运行稳定、无故障后，释放旧的 ECS 主机。如果在业务切换后出现了问题，并且无法修复，则可以将业务立即切换回原来的 ECS 主机上，以便恢复业务的功能。

方案二：在当前主机上进行漏洞修复。

（1）为需要修复漏洞的 ECS 主机创建备份。

（2）在当前 ECS 主机上直接进行漏洞修复。

（3）如果在漏洞修复后出现了业务功能问题，并且无法及时修复，则立即使用备份恢复功能将主机恢复到修复前的状态。

说明：

- 如果第一次对主机进行漏洞修复，并且不确定漏洞修复的影响，则建议采用方案一。建议采用按需计费模式创建 ECS 主机，在业务切换完成后，可以根据需要将其转换为包周期计费模式。如果漏洞修复不成功，则可以随时释放 ECS 主机，从而节省开销。
- 如果已经有同类主机进行过漏洞修复，漏洞修复方案已经比较成熟、可靠，则建议采用方案二。

② 修复 Linux、Windows 漏洞

"Linux DirtyPipe 权限提升漏洞（CVE-2022-0847）"是 HSS 支持扫描，并且近期在攻防演练中被红队利用较频繁、对企业危害较高的漏洞，需要优先排查并修复。

如果漏洞影响的软件未启动或启动后无对外开放端口，那么实际风险较低，可以滞后修复该漏洞。

修复漏洞的操作如下。

(1) 登录管理控制台。

(2) 单击左上角的 ◎ 按钮,选择区域或项目。单击左上角的 ☰ 按钮,在弹出的导航面板中选择"安全与合规"→"主机安全服务 HSS"选项,打开"主机/容器安全"页面。

(3) 在左侧的导航栏中选择"风险预防"→"漏洞管理"选项,进入"漏洞管理"界面。

(4) 选择"漏洞视图"→"Linux 漏洞"选项卡,筛选"修复优先级"为"紧急""高"的漏洞;选择"漏洞视图"→"Windows 漏洞"选项卡,筛选"修复优先级"为"紧急""高"的漏洞。

(5) 在漏洞列表框中,单击需要修复的漏洞在"操作"列中的"修复"超链接,修复该漏洞。

2) 整改基线

HSS 会在每日凌晨自动进行基线检查,如果需要查看当下的基线检查结果,则可以手动进行基线检查,在检查完毕后,可以查看并修复整改基线配置,降低弱口令风险。

① 整改弱口令

账户暴力破解攻击是一种常见的主机入侵方式。如果主机中存在弱口令,那么该主机极易被攻击方通过弱口令入侵。因此需要优先整改弱口令。

当前的 HSS 支持 SSH、FTP、MySQL 等类型的弱口令。系统中应用的弱口令或默认口令需要读者自行排查。

(1) 登录管理控制台。

(2) 单击左上角的 ◎ 按钮,选择区域或项目。单击左上角的 ☰ 按钮,在弹出的导航面板中选择"安全与合规"→"主机安全服务 HSS"选项,打开"主机/容器安全"页面。

(3) 在左侧的导航栏中选择"风险预防"→"基线检查"选项,进入"基线检查"界面。

(4) 选择"经典弱口令检测"选项卡,查看检测出的弱口令,如图 3-51 所示。

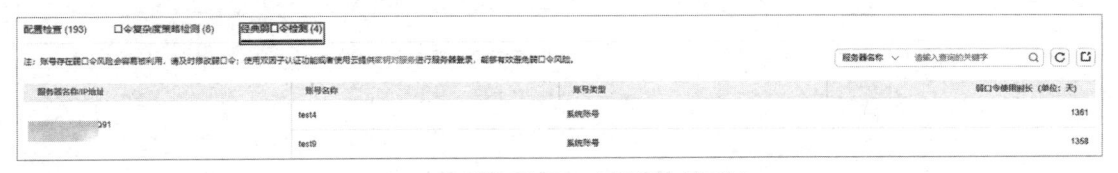

图 3-51 "经典弱口令检测"选项卡

(5) 登录所有包含弱口令的主机,修改其中的弱口令。

② 整改高风险基线

(1) 登录管理控制台。

(2) 单击左上角的 ◎ 按钮,选择区域或项目。单击左上角的 ☰ 按钮,在弹出的导航面板中选择"安全与合规"→"主机安全服务 HSS"选项,打开"主机/容器安全"页面。

(3) 在左侧的导航栏中选择"风险预防"→"基线检查"选项,进入"基线检查"界面。

(4) 选择"配置检查"选项卡,查看并修复所有高风险基线。

步骤 1:单击基线名称,进入基线详情界面。

步骤 2:选择"检查项"→"未通过"选项卡,在高风险基线的"操作"列中单击"检测详情"超链接,查看高风险基线的修改建议。

步骤 3：在按照建议修改高风险基线后，单击"操作"列中的"验证"超链接，验证修改结果。

说明：重复以上步骤，修复所有高风险基线。

5. 处理实时告警

在收到来自 HSS 的风险告警（以短信或邮件形式发送）后，应该尽快登录管理控制台，查看告警详情并阻断威胁入侵。

1）查看告警

（1）登录管理控制台。

（2）单击左上角的 ⊙ 按钮，选择区域或项目。单击左上角的 ≡ 按钮，在弹出的导航面板中选择"安全与合规"→"主机安全服务 HSS"选项，打开"主机/容器安全"页面。

（3）在左侧的导航栏中选择"入侵检测"→"安全告警事件"选项，进入"安全事件告警"界面。

（4）在"安全事件告警"界面中，可以查看主机安全告警和容器安全告警，如图 3-52 所示。

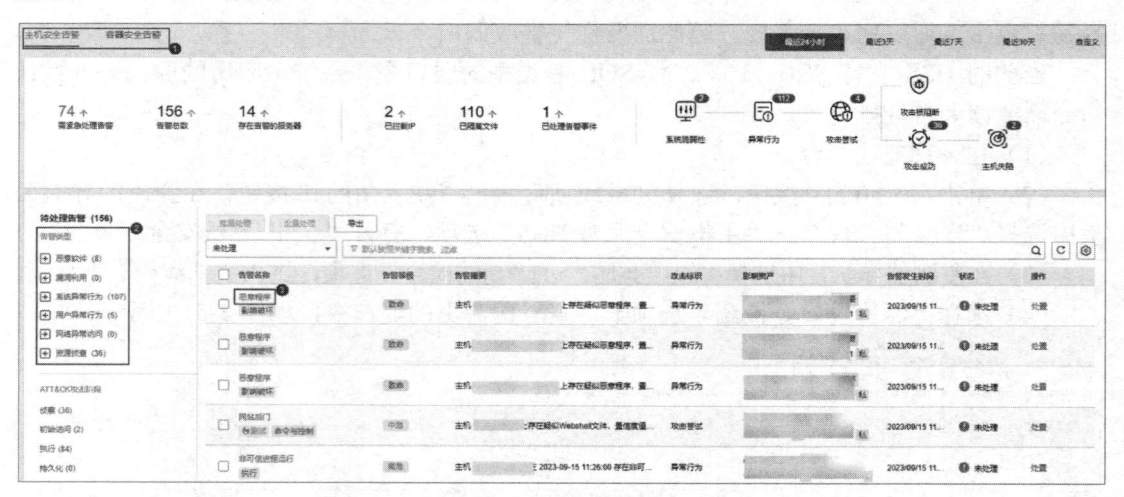

图 3-52 查看安全告警

- 在"告警类型"导航栏中，可以选择告警类型。
- 在告警列表框中，单击告警名称，可以查看该告警的详细信息。用户可以参考告警处理建议，阻断威胁入侵。

2）告警处理建议

告警处理建议如表 3-12 所示。

表 3-12 告警处理建议

告警类型	说明	处理建议
恶意软件	在护网场景中，HSS 检测出的病毒、木马、黑客工具、webshell 类型的恶意软件居多，其中黑客工具类型尤其多，因此需要重点关注这些类型的恶意软件告警	如果发现恶意软件告警，那么告警主机大概率已经被攻破，建议按照以下方式进行处理。 （1）立即进行安全排查。 （2）对告警主机进行网络隔离，防止横向扩散

续表

告警类型	说明	处理建议
反弹 Shell	反弹 Shell 是网络安全领域中的常见攻击技术，其工作原理如下：攻击主机（作为服务端）监听某个 TCP/UDP 端口，诱使目标主机（作为客户端）主动向攻击主机（作为服务端）监听的端口发起请求。这样，攻击主机（作为服务端）即可获取目标主机（作为客户端）的命令执行权限，建立反弹 Shell 连接，控制目标主机（作为客户端），进而进行下一步的恶意行为	如果发现反弹 Shell 告警，那么告警主机大概率已经被攻破，建议分析告警详情中的攻击源 IP 地址。 • 如果攻击源 IP 地址是外网 IP 地址，则可以确定主机被攻破，需要对主机进行网络隔离，并且立即进行安全排查。此外，如果反弹 Shell 执行的命令中包含某个应用路径，那么大概率是通过该应用进行的威胁入侵，需要分析相应的应用是否存在高危漏洞。 • 如果攻击源 IP 地址是内网 IP 地址，则需要确认该反弹 Shell 是否为客户业务进程；如果攻击源 IP 地址不是内网 IP 地址，则需要同时排查告警主机和攻击源主机
异常登录	异常登录是指使用未经授权的账号进行登录的行为，以及在非正常的时间、地点等进行的登录行为。异常登录通常是攻击者尝试获取系统访问权限或滥用现有权限的一种方式	确认是否为正常登录行为。 • 是：通过安全组限制固定 IP 地址登录主机，不允许任意公网 IP 地址登录主机。 • 否：主机已被攻破，需要立即进行安全排查
文件提权、进程提权、文件/目录变更	• 文件提权：恶意攻击者利用漏洞或错误配置的文件系统权限，获取比其正常权限更高的访问权限。通过文件提权攻击，攻击者可以获取对系统中敏感数据和资源（如加密的密码文件、关键配置文件等）的访问权限，从而实施进一步的攻击。 • 进程提权：攻击者利用漏洞或错误配置的进程权限，获取比其正常权限更高的访问权限。通过进程提权攻击，攻击者可以获取对系统中敏感数据和资源（如加密的密码文件、关键配置文件等）的访问权限，从而实施进一步的攻击。 • 文件/目录变更：系统中对文件和目录的修改、删除、移动等行为，可能对系统的稳定性、可用性和安全性产生影响	这类告警一般需要结合其他告警（如反弹 Shell、异常登录、恶意软件等高危告警）进行分析。 • 如果同主机有反弹 Shell、异常登录、恶意软件等高危告警，则表示该主机已经被攻破，需要立刻进行安全排查。 • 如果此类告警单独出现，无其他高危告警，则优先分析是否为正常业务触发的误报
高危命令执行告警	HSS 预置策略会将 strace、rz、tcpdump、nmap、nc、ncat、sz 命令识别为高危命令	这类告警一般需要结合其他告警（如反弹 Shell、异常登录、恶意软件等高危告警）进行分析。 • 如果同主机有反弹 Shell、异常登录、恶意软件等高危告警，则表示该主机已经被攻破，需要立即进行安全排查。 • 如果此类告警单独出现，无其他高危告警，则优先分析是否为正常业务触发的误报

续表

告警类型	说明	处理建议
暴力破解	暴力破解是指攻击者使用不同的用户名和密码组合获取受保护系统的访问权限。这种攻击方式通常利用弱密码、易受攻击的认证机制、未更新的软件等安全漏洞，入侵目标系统或获取潜在的敏感信息	分析告警详情中的攻击源 IP 地址。 • 攻击源 IP 地址是外网 IP 地址：表示安全组设置不严，需要配置安全组规则，禁止通过外网 IP 地址登录主机，或者使用云堡垒机（Cloud Bastion Host, CBH）服务。 • 攻击源 IP 地址是内网 IP 地址：需要对攻击源 IP 地址的主机进行安全排查，确认是否为客户业务密码配置错误。 ▷ 是：获取正确的用户名和密码，用于登录主机。 ▷ 否：对攻击源 IP 地址的主机进行网络隔离，并且立即进行安全排查
端口扫描、主机扫描	• 端口扫描：一种常见的网络侦查技术，攻击者使用特定的工具或程序向目标主机发送数据包，从而确定目标主机上开放的端口和正在运行的服务。 • 主机扫描：攻击者使用各种工具和技术，对目标主机的操作系统、服务和应用程序等进行侦查和枚举，从而确定潜在的漏洞和攻击路径	分析告警详情中的攻击源 IP 地址。 • 攻击源 IP 地址是外网 IP 地址：表示安全组设置不严，主机关键端口被外网扫描，需要加固网络 ACL 配置。 • 攻击源 IP 地址是内网 IP 地址：需要分析攻击源 IP 地址的主机，确认是否为客户正常业务触发的误报。 ▷ 是：可以根据实际情况进行忽略。 ▷ 否：对攻击源 IP 地址的主机进行网络隔离，并且立即对其进行安全排查

3.5 本章小结

本章主要介绍了鲲鹏云系统中主机安全服务的相关知识，包括主机安全、容器安全和网页安全等。通过学习本章内容，读者可以深入了解鲲鹏云中常用的主机安全服务，掌握主机安全服务的搭建和部署方法，从而方便地管理主机、容器，实时发现"勒索"、"挖矿"、渗透、逃逸等入侵行为。

3.6 本章练习

1．一个首次使用容器安全服务的新用户计划使用云容器引擎集群进行安全防护，对私有镜像仓库中的镜像进行安全扫描，并且以邮件和短信的形式接收告警通知，以便了解镜像/容器运行时的安全风险。简述该用户的操作步骤，以及系统在该过程中分别会进行哪些操作。

2．在容器安全中，为什么要对本地镜像和私有镜像仓库中的镜像进行安全扫描？此外，简述容器安全服务通过云审计服务提供的操作记录的作用。

3．如果一个企业用户希望其公司内不同职能部门的员工拥有不同的访问权限，那么他应该如何在华为云账号中进行操作？

第 4 章

数据加密服务实践

4.1 本章导读

数据加密服务（Data Encryption Workshop，DEW）可以提供密钥管理服务（Key Management Service，KMS）、云凭据管理服务（Cloud Secret Management Service，CSMS）、密钥对管理服务（Key Pair Service，KPS）、专属加密（Dedicated Hardware Security Module，DHSM）等，其密钥由硬件安全模块（Hardware Security Module，HSM）保护，并且与很多鲲鹏云服务集成。本章主要介绍鲲鹏云系统中数据加密服务的相关知识和原理，使读者掌握数据加密服务的配置与使用方法。

1. 知识目标

- 了解数据加密服务的相关知识和原理。
- 了解密钥管理服务、云凭据管理服务和密钥对管理服务的相关知识和原理。
- 了解专属加密的相关知识和原理。

2. 能力目标

- 能够熟练地使用 KMS 对数据进行加密保护。
- 能够熟练地使用加密 SDK 对文件进行加密和解密。
- 能够熟练地配置跨 Region 容灾的加密和解密服务。

3. 素养目标

- 培养以科学的思维方式审视专业问题的能力。
- 培养实际动手操作与团队合作的能力。

4.2 知识准备

4.2.1 数据加密服务

数据是企业的核心资产，每个企业都有自己的核心敏感数据，这些数据都需要被加密，

| 鲲鹏云安全技术与应用

从而保护它们不被他人窃取。数据加密服务可以提供 4 种服务，分别是密钥管理服务、云凭据管理服务、密钥对管理服务、专属加密，从而安全、可靠地为用户解决数据安全、密钥安全、密钥管理等问题，如图 4-1 所示。

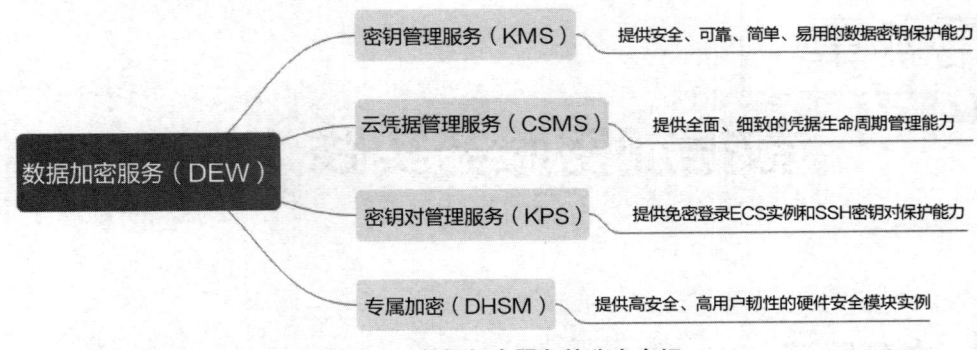

```
数据加密服务（DEW）
├── 密钥管理服务（KMS）——提供安全、可靠、简单、易用的数据密钥保护能力
├── 云凭据管理服务（CSMS）——提供全面、细致的凭据生命周期管理能力
├── 密钥对管理服务（KPS）——提供免密登录ECS实例和SSH密钥对保护能力
└── 专属加密（DHSM）——提供高安全、高用户韧性的硬件安全模块实例
```

图 4-1　数据加密服务的分支介绍

数据加密服务的基本概念如表 4-1 所示。

表 4-1　数据加密服务的基本概念

名称	定义
硬件安全模块	硬件安全模块是一种用于保护和管理强认证系统使用的密钥并提供相关密码学操作的计算机硬件设备
用户主密钥	用户主密钥是用户或云服务通过密钥管理服务创建的密钥，是一种密钥加密密钥，主要用于加密并保护数据加密密钥。一个用户主密钥可以加密多个数据加密密钥。用户主密钥分为两种，分别为默认密钥和自定义密钥
默认密钥	默认密钥是对象存储服务等云服务自动通过密钥管理服务为用户创建的用户主密钥，其别名后缀为"/default"
密钥材料	密钥材料是密码运算的重要输入之一，与密钥 ID、基本元数据共同组成用户主密钥
信封加密	信封加密是一种加密手段，可以将加密数据的数据密钥封入信封，用于存储、传递和使用
数据加密密钥	数据加密密钥是用于加密数据的密钥
对称密钥加密	对称密钥加密又称为专用密钥加密。在进行对称密钥加密时，信息的发送方和接收方使用相同的密钥加密和解密数据。 优点：加密和解密速度快。 缺点：每对密钥都需要保证唯一性，因此在用户量较大时进行密钥管理较困难。 适用的场景：加密大量的数据
非对称密钥加密	非对称密钥加密又称为公开密钥加密，它需要使用一对密钥分别进行加密和解密操作，一个密钥用于进行公开发布，即公开密钥（公钥）；另一个密钥由用户自己秘密保存，即私用密钥（私钥）。 优点：加密和解密使用的密钥不同，所以安全性高。 缺点：加密和解密的速度较慢。 适用的场景：加密敏感信息
密钥对	密钥对是非对称密钥加密中的公钥和对应的私钥，默认采用 RSA_2048 位的加密方式
私有密钥对	私有密钥对是仅支持当前账号查看和使用的密钥对
账号密钥对	账号密钥对是支持本账号下所有用户查看和使用的密钥对

续表

名称	定义
国密	国密是指国家密码管理局认定的国产密码算法,包括对称加密算法、椭圆曲线非对称加密算法、摘要算法。 SM1 为对称加密算法,加密强度为 128 位,使用硬件实现。 SM2 为非对称加密算法,加密强度为 256 位。 SM3 为密码摘要算法,消息分组长度为 512 位,摘要值长度为 256 位。 SM4 为对称加密算法,加密强度为 128 位

4.2.2 KMS

KMS 是一种安全、可靠、简单、易用的密钥托管服务,可以帮助用户轻松地创建和管理密钥,保证密钥的安全。

KMS 可以使用硬件安全模块保护密钥的安全。所有的用户密钥都由硬件安全模块中的根密钥保护,避免密钥泄露。

KMS 对密钥的所有操作都会进行访问控制和日志跟踪,可以提供所有密钥的使用记录,从而满足审计和合规性要求。

1. 功能介绍

KMS 的功能及其说明如表 4-2 所示。

表 4-2 KMS 的功能及其说明

功能	说明
密钥的全生命周期管理	• 创建、查看、启用、禁用、计划删除、取消删除用户主密钥。 • 修改自定义密钥的别名和描述
用户自带密钥	导入密钥,删除密钥材料
小量数据的加密和解密	使用在线工具加密和解密小量数据
签名验签	消息或消息摘要的签名、签名验证
密钥标签	添加、搜索、编辑、删除标签
密钥轮换	开启、修改、关闭密钥轮换周期
密钥授权	• 创建、撤销、查询授权。 • 退役授权
云服务加密	• 对象存储服务(Object Storage Service,OBS)加密。 • 云硬盘服务(Elastic Volume Service,EVS)加密。 • 镜像服务(Image Management Service,IMS)加密。 • 弹性文件服务(Scalable File Service,SFS)加密,如 SFS 文件系统加密、SFS Turbo 文件系统加密。 • 关系型数据库服务(Relational Database Service,RDS)加密,关系型数据库包括 MySQL、PostgreSQL、SQL Server 引擎等。 • 文档数据库服务(Document Database Service,DDS)加密。 • 数据仓库服务(Data Warehouse Service,DWS)加密
数据加密密钥管理	创建、加密、解密数据加密密钥
生成硬件真随机数	生成 512bit 的随机数,为加密系统提供基于硬件真随机数的密钥材料和加密参数

2. KMS 支持的密钥算法

KMS 支持的密钥算法如表 4-3 所示。

表 4-3　KMS 支持的密钥算法

密钥类型	算法类型	密钥规格	说明	用途
对称密钥	AES	AES_256	AES 对称密钥	小量数据的加密和解密，数据加密密钥的加密和解密
	SM4	SM4	国密 SM4 对称密钥	小量数据的加密和解密，数据加密密钥的加密和解密
非对称密钥	RSA	• RSA_2048 • RSA_3072 • RSA_4096	RSA 非对称密钥	小量数据的加密和解密，数字签名
	ECC	• EC_P256 • EC_P384	椭圆曲线密码，使用 NIST 推荐的椭圆曲线	数字签名
	SM2	SM2	国密 SM2 非对称密钥	小量数据的加密和解密，数字签名

3. 产品优势

KMS 产品具有两大优势：服务集成广泛和合规遵循。数据加密服务可以与 OBS、EVS、IMS 等集成。用户可以通过 KMS 管理这些服务的密钥，还可以通过 KMS 的 API 对本地数据进行加密和解密。此外，密钥由经过安全认证的第三方硬件安全模块产生，因此对密钥的所有操作都会进行访问控制及日志跟踪，符合中国和国际的法律与合规要求。

4. 使用场景

数据加密服务能够为小量数据及大量数据的加密和解密提供服务，详情可以参见 4.4.1 节的相关介绍。

5. 使用方法

1）与华为云服务配合使用

华为云服务基于信封加密技术，通过调用 KMS 的 API 对云服务资源进行加密，详情可以参见 4.4.2 节的相关介绍。

使用 KMS 进行数据加密的云服务列表如表 4-4 所示。

表 4-4　使用 KMS 进行数据加密的云服务列表

云服务名称	使用方法
OBS	OBS 支持使用普通方式和服务端加密方式上传和下载对象。用户在使用服务端加密方式上传对象时，会先在服务端将明文数据加密成密文数据，再将其安全地存储于 OBS 中。用户在下载加密对象时，会先在服务端将存储的密文数据解密为明文数据，再将其提供给用户。OBS 支持 KMS 托管密钥的服务端加密方式（SSE-KMS 加密方式），该加密方式是通过 KMS 提供密钥的方式进行服务端加密的
EVS	在通过 EVS 创建云硬盘时，用户会启用云硬盘的加密功能，系统会使用用户主密钥产生的数据加密密钥对磁盘进行加密。在使用该云硬盘时，存储于该云硬盘中的数据会自动加密
IMS	用户在通过外部镜像文件创建私有镜像时，可以启用私有镜像加密功能，使用 KMS 提供的用户主密钥对镜像进行加密

续表

云服务名称	使用方法
SFS	用户在通过 SFS 创建文件系统时，可以使用 KMS 提供的用户主密钥对文件系统进行加密。在使用该文件系统时，存储于该文件系统中的文件会自动加密
RDS	在购买数据库实例时，用户可以启用数据库实例的磁盘加密功能，使用 KMS 提供的用户主密钥对数据库实例所在的磁盘进行加密。在对磁盘进行加密后，可以提高数据的安全性
DDS	在购买文档数据库实例时，用户可以启用文档数据库实例的磁盘加密功能，使用 KMS 提供的用户主密钥对文档数据库实例所在的磁盘进行加密。在对磁盘进行加密后，可以提高数据的安全性

2）与用户的应用程序配合使用

当用户的应用程序需要对明文数据进行加密时，需要调用 KMS 的 API，创建数据加密密钥，然后使用明文的数据加密密钥对明文数据进行加密，得到密文数据并进行存储。此外，用户的应用程序还需要调用 KMS 的 API，创建相应的用户主密钥，然后使用用户主密钥对明文的数据加密密钥进行加密，得到密文的数据加密密钥并进行存储。

基于信封加密技术，用户主密钥存储于 KMS 中，用户的应用程序中只存储密文的数据加密密钥，仅在需要使用时调用 KMS 的 API，使用对应的用户主密钥对密文的数据加密密钥进行解密，再用解密得到的明文的数据加密密钥对密文数据进行解密，从而得到明文数据。

加密流程说明如下。

（1）应用程序调用 KMS 的 create-key 接口，创建一个用户主密钥（包含自定义密钥）。

（2）应用程序调用 KMS 的 create-datakey 接口，创建数据加密密钥，得到一个明文的数据加密密钥和一个密文的数据加密密钥。其中，密文的数据加密密钥是由第（1）步中创建的自定义密钥加密明文的数据加密密钥生成的。

（3）应用程序使用明文的数据加密密钥对明文文件进行加密，生成密文文件。

（4）应用程序将密文的数据加密密钥和密文文件一起存储于持久化存储设备或服务中。

6．使用 KMS 进行数据加密的云服务

1）OBS 的服务端加密

用户在使用 OBS 的服务端加密方式上传文件时，可以将"服务端加密"设置为"SEE-KMS"，从而使用 KMS 提供的密钥对上传的文件进行加密，如图 4-2 所示。

可供选择的用户主密钥有以下两种。

- KMS 为使用 OBS 的用户创建的默认密钥 obs/default。
- 用户在 KMS 界面中创建的自定义密钥。

2）EVS 的服务端加密

用户在创建磁盘时，使用 KMS 提供的密钥对磁盘中的数据进行加密，如图 4-3 所示。

可供选择的用户主密钥有以下两种。

- KMS 为使用 EVS 的用户创建的默认密钥 evs/default。
- 用户在 KMS 界面中创建的自定义密钥。

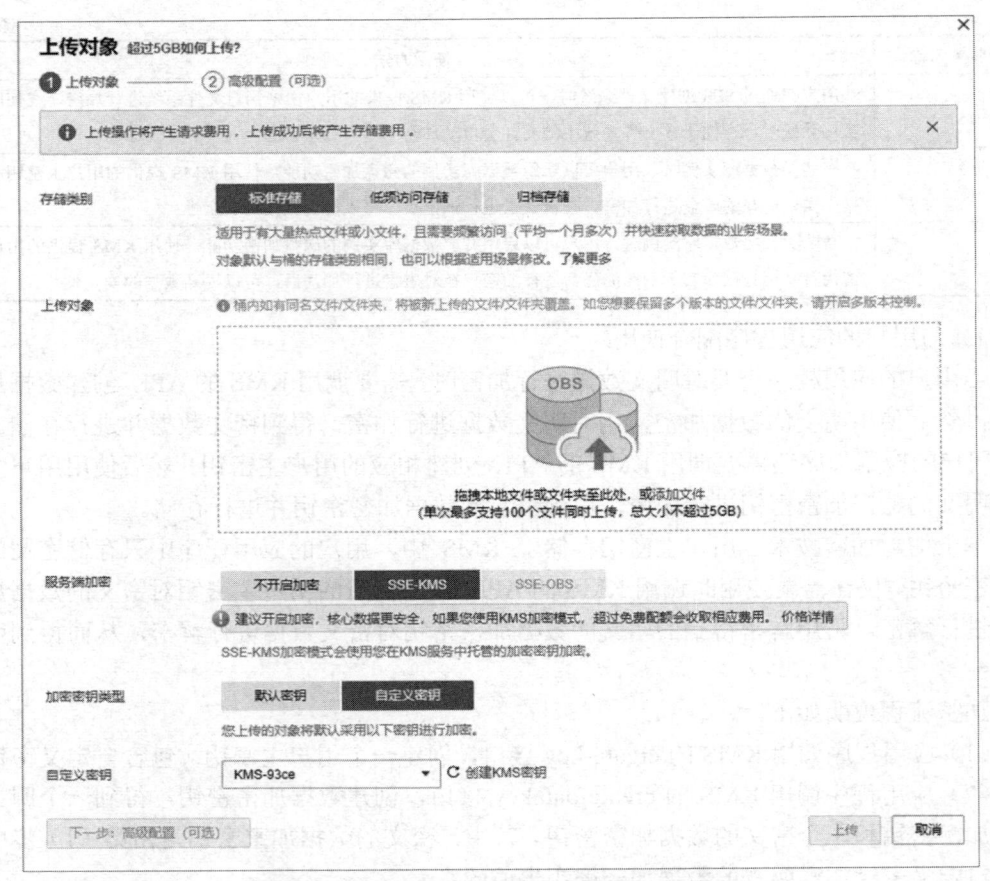

图 4-2　使用 OBS 服务端加密方式上传文件

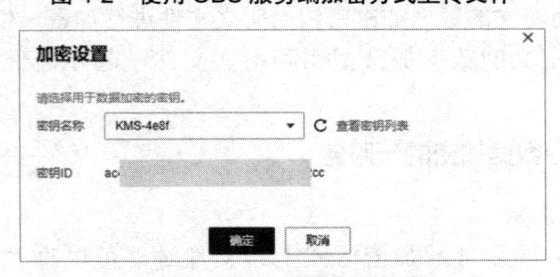

图 4-3　EVS 的服务端加密

3）IMS 的服务端加密

用户在使用 OBS 桶中已上传的外部镜像文件创建私有镜像时，可以勾选"KMS 加密"复选框，使用 KMS 提供的密钥对镜像进行加密，如图 4-4 所示。

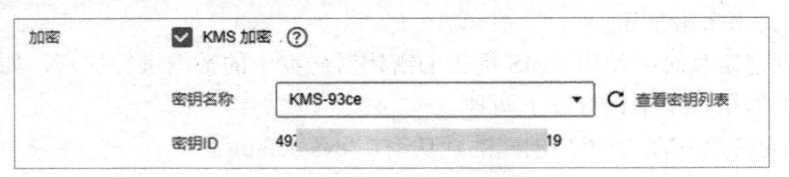

图 4-4　IMS 的服务端加密

可供选择的用户主密钥有以下两种。
- KMS 为使用 IMS 的用户创建的默认密钥 ims/default。
- 用户在 KMS 界面中创建的自定义密钥。

4）SFS 的服务端加密

用户在使用 SFS 创建文件系统时，可以勾选"KMS 加密"复选框，使用 KMS 提供的密钥对文件系统进行加密，如图 4-5 所示。

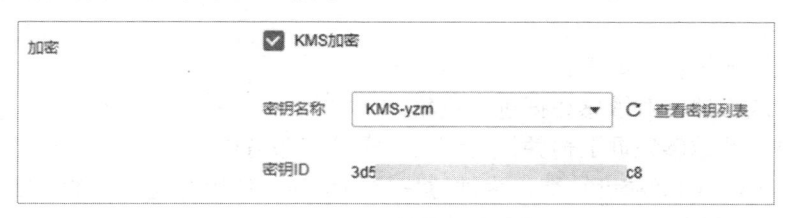

图 4-5　SFS 的服务端加密

用户可以使用在 KMS 界面中创建的自定义密钥进行 SFS 的服务端加密。

5）RDS 的服务端加密

用户在通过 RDS 购买数据库实例时，可以将"磁盘加密"设置为"加密"，使用 KMS 提供的密钥对数据库实例所在的磁盘进行加密，如图 4-6 所示。

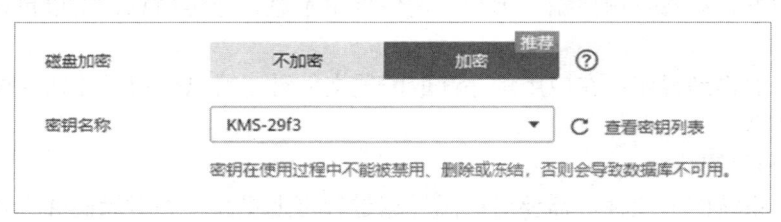

图 4-6　RDS 的服务端加密

用户可以使用在 KMS 界面中创建的自定义密钥进行 RDS 的服务端加密。

6）DDS 的服务端加密

用户在通过 DDS 购买文档数据库实例时，可以将"磁盘加密"设置为"加密"，使用 KMS 提供的密钥对文档数据库实例所在的磁盘进行加密，如图 4-7 所示。

图 4-7　DDS 的服务端加密

用户可以使用在 KMS 界面中创建的自定义密钥进行 DDS 的服务端加密。

4.2.3　CSMS

1. 功能特性

CSMS 是一种安全、可靠、简单、易用的凭据托管服务。用户和应用程序可以通过 CSMS

创建、检索、更新、删除凭据,从而轻松地对敏感凭据的全生命周期进行统一管理,有效地避免程序硬编码或明文配置等问题导致的敏感信息泄露及权限失控带来的业务风险。

1)凭据的统一管理

应用系统中存在大量的敏感凭据,并且这些敏感凭据分散在不同的业务部门及系统中,管理混乱,缺乏集中管理工具。

解决方案:利用云凭据管理服务,可以对敏感凭据的存储、检索、使用等全生命周期进行统一管控。

解决方案的详细说明如下。

(1)用户或管理员对敏感凭据进行收集。

(2)将收集的敏感凭据上传并托管到云凭据管理服务中。

(3)通过 IAM 的细粒度功能,为敏感凭据的访问和使用配置相应的权限策略。

2)凭据的安全检索

应用程序在访问数据库或其他服务时,需要提供密码、令牌、证书、SSH 密钥、API 密钥等凭据信息,用于进行身份校验,通常直接使用明文方式将上述凭据信息嵌入应用程序的配置文件。该场景存在凭据信息硬编码、明文存储易泄露和安全性较低等风险问题。

解决方案:利用云凭据管理服务,可以将代码中的硬编码替换为对 API 的调用方法,以便用编程的方式动态查询凭据。因为上述凭据中不包含敏感信息,所以可以保证这些凭据不被泄露。

解决方案的详细说明:在应用程序读取配置文件时,可以使用云凭据管理服务的 API 检索和读取凭据。

3)凭据和密钥轮换

为了提升系统的安全性,需要对敏感凭据进行定期更新,即对敏感凭据进行轮换。在进行凭据轮换时,要求对目标凭据具备依赖性的应用程序或配置同步更新。在多应用系统中,凭据轮换容易遗漏,可能带来业务中断风险。

解决方案:利用云凭据管理服务,可以实现凭据的多版本控制,确保应用节点可以通过调用 API 或 SDK,安全地进行凭据的自动化轮换。

解决方案的详细说明如下。

(1)管理员通过云凭据管理控制台或 API 新增凭据版本,更新目标凭据的内容。

(2)应用节点通过调用 API 或 SDK,可以获取最新版本或指定版本的凭据,从而实现全量或灰度的凭据轮换。

(3)定期重复第(1)步和第(2)步,实现凭据的轮换。

(4)开启密钥轮换功能,提高业务数据的安全性。

4)CSMS 的功能

CSMS 的功能及其说明如表 4-5 所示。

表 4-5 CSMS 的功能及其说明

功能	说明
凭据的全生命周期管理	• 创建、查看、定时删除、取消删除凭据 • 修改凭据的加密密钥和描述信息

续表

功能	说明
凭据的版本管理	• 创建、查看凭据的版本 • 查看凭据值
凭据的版本状态管理	更新、查询、删除凭据的版本状态
凭据的标签管理	添加、搜索、编辑、删除凭据的标签

2. 产品优势

1）凭据的加密保护

通过集成 KMS，用户可以对凭据进行加密存储，并且基于第三方认证的硬件安全模块生成和保护加密密钥。在凭据检索过程中，用户可以利用传输层安全（Transport Layer Scurity，TLS）协议，确保能够将凭据安全地传输至本地服务器中。

2）凭据的安全管理

使用云凭据管理服务，用户可以将应用程序代码中的硬编码凭据替换为对凭据的 API 调用方法，从而以编程的方式动态检索和管理凭据，实现凭据的安全管理。此外，对分散在各个应用程序中的敏感凭据进行集中管理，可以降低凭据的暴露风险。

3）凭据的集中管控

通过与身份和访问管理系统的集成，用户可以实现严格的权限控制，确保只有经过授权的用户才能检索或修改凭据。此外，通过集成 CTS，用户可以持续对凭据的所有操作进行监控，从而有效预防对敏感信息的未授权访问，以及潜在的数据泄露行为。

3. 使用流程

下面以基础的数据库用户名和密码管理为例，讲解 CSMS 的基本使用流程，如图 4-8 所示。

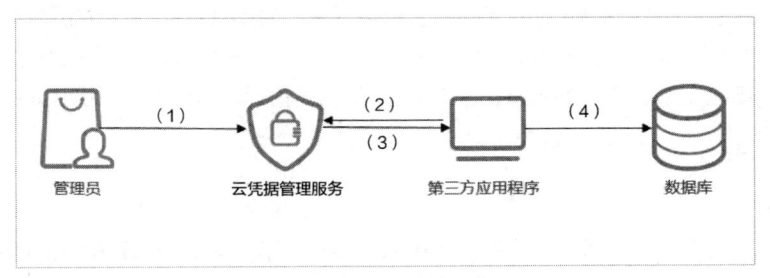

图 4-8 CSMS 的基本使用流程

流程说明如下。

（1）需要在 CSMS 中使用控制台或 API 创建一个凭据，用于存储数据库的相关信息，如数据库地址、端口、密码。

（2）当用户使用应用程序访问数据库时，CSMS 会查询第（1）步创建的凭据中存储的信息。

（3）CSMS 检索并解密凭据密文，使凭据中存储的信息通过凭据管理 API 安全地返回应用程序中。

（4）应用程序获取解密后的凭据明文，并且使用凭据明文信息访问数据库。

4.2.4 KPS

1. 功能特性

KPS 是一种安全、可靠、简单、易用的 SSH 密钥对托管服务，可以帮助用户集中管理 SSH 密钥对，保证 SSH 密钥对的安全。

SSH 密钥对是为用户提供的远程登录 Linux 云服务器（采用 Linux 操作系统的 ECS）的认证方式，是一种区别于传统的使用用户名和密码登录 Linux 云服务器的认证方式。

SSH 密钥对是通过加密算法生成的一对密钥，包含一个公钥和一个私钥，公钥自动保存在 KPS 中，私钥由用户保存在本地。用户也可以根据需要将私钥托管在 KPS 中，由 KPS 统一管理。如果用户将公钥配置在 Linux 云服务器中，则可以使用私钥登录 Linux 云服务器，无须输入密码。由于 SSH 密钥对可以让用户不输入密码就登录 Linux 云服务器，因此可以防止密码被拦截、破解导致的账号、密码泄露，从而提高 Linux 云服务器的安全性。

1）KPS 的功能介绍

用户可以利用 KPS，对 SSH 密钥对进行以下操作。
- 创建、导入、查看、删除 SSH 密钥对。
- 重置、替换、绑定、解绑 SSH 密钥对。
- 托管、导入、导出、清除私钥。

2）KPS 支持的密码算法
- 利用 KPS 创建的 SSH 密钥对支持的加密算法有 SSH-ED25519、ECDSA-SHA2-NISTP256、ECDSA-SHA2-NISTP384、ECDSA-SHA2-NISTP521、SSH_RSA。其中，SSH_RSA 算法的 SSH 密钥对的有效长度为 2048 位、3072 位、4096 位。
- 外部导入的 SSH 密钥对支持的加密算法有 SSH-DSS、SSH-ED25519、ECDSA-SHA2-NISTP256、ECDSA-SHA2-NISTP384、ECDSA-SHA2-NISTP521、SSH_RSA。其中，SSH_RSA 算法的 SSH 密钥对的有效长度为 2048 位、3072 位、4096 位。

2. 产品优势

1）提高安全性

用户不需要输入密码，就可以登录 Linux 云服务器，可以有效防止密码被拦截、破解导致的账号、密码泄露，从而提高 Linux 云服务器的安全性。

2）符合法律和合规要求

随机数由经过安全认证的第三方硬件安全模块产生，因此对 SSH 密钥对的所有操作都会进行访问控制及日志跟踪，符合中国和国际的法律与合规要求。

3. 应用场景

用户在购买 ECS 时，可以使用 KPS 提供的 SSH 密钥对对登录 ECS 的用户进行身份认证，或者通过提供的 SSH 密钥对获取 Windows 云服务器（采用 Windows 操作系统的 ECS）的登录密码。

1）登录 Linux 云服务器

如果用户购买的是 Linux 云服务器，则可以使用"密钥对方式"登录。

在购买 ECS 时，可供选择的 SSH 密钥对有以下两种。

- 用户在云服务器控制台界面中创建或导入的 SSH 密钥对。
- 用户在 KPS 界面中创建或导入的 SSH 密钥对。

这两种 SSH 密钥对没有区别，只是导入的渠道不同。

2）获取 Windows 云服务器的登录密码

如果用户购买的是 Windows 云服务器，则需要使用 SSH 密钥对的私钥获取登录密码。

在购买 ECS 时，可供选择的 SSH 密钥对有以下两种。

- 用户在云服务器控制台界面中创建或导入的 SSH 密钥对。
- 用户在 KPS 界面中创建或导入的 SSH 密钥对。

这两种 SSH 密钥对没有区别，只是导入的渠道不同。

4.2.5 DHSM

1. 功能特性

DHSM 是一种云上数据加密服务，可以进行加密、解密、签名、验签、产生密钥和安全存储密钥等操作。

DHSM 可以为用户提供经国家密码管理局检测、认证的加密硬件，帮助用户保护 ECS 中的数据，确保其安全性与完整性，满足 FIPS 140-2 安全要求。用户可以对 DHSM 实例生成的密钥进行安全、可靠的管理，也可以使用多种加密算法对数据进行可靠的加密和解密操作。

1）DHSM 的功能介绍

DHSM 可以提供以下功能。

- 生成、存储、导入、导出和管理加密密钥（包括对称密钥和非对称密钥）。
- 使用对称和非对称加密算法加密和解密数据。
- 使用加密哈希函数计算消息摘要和基于哈希函数的消息身份验证代码。
- 对数据进行加密签名（包括代码签名）并验证签名。
- 以加密方式生成安全随机数据。

2）DHSM 支持的密码算法

DHSM 支持国密及部分国际通用加密算法，可以满足用户的多种需求，如表 4-6 所示。

表 4-6　DHSM 支持的密码算法

加密算法分类	国际通用加密算法	国密
对称加密算法	AES	SM1、SM4、SM7
非对称加密算法	RSA（1024～4096）	SM2
摘要算法	SHA1、SHA256、SHA384	SM3

3）DHSM 支持的密码机类型

DHSM 支持的密码机类型如表 4-7 所示。

表 4-7 DHSM 支持的密码机类型

密码机类型	功能	适用场景
服务器密码机	• 数据的加密、解密。 • 数据的签名、验签。 • 数据摘要。 • 支持 MAC 的生成和验证	满足各种行业应用中的基础密码运算需求，如身份认证、数据保护、SSL 密钥生成和运算卸载等
金融密码机	• 支持 PIN 码的生成、加密、转换、验证。 • 支持 MAC 的生成和验证。 • 支持 CVV 的生成和验证。 • 支持 TAC 的生成和验证。 • 支持常用的 Racal 指令集。 • 支持 PBOC 3.0 常用的指令集	满足金融领域的密码运算需求，如发卡系统、POS 系统等的加密需求
签名验证服务器	• 签名、验签。 • 数字信封的编码、解码。 • 带签名的数字信封的编码、解码。 • 证书验证	满足签名业务的相关需求。例如，CA 系统的加密需求，以及证书验证、大量数据的加密传输和身份认证

2. 产品优势

DHSM 的产品优势如下。

- 云上使用：DHSM 旨在满足用户将线下加密设备的能力转移到云上的需求，从而降低运维成本。
- 弹性扩容：DHSM 可以灵活地调整 DHSM 实例的数量，满足不同业务进行加密和解密的运算要求。
- 安全管理：DHSM 实例的设备管理与内容（敏感信息）管理的权限分离，用户作为设备使用者，可以完全控制密钥的产生、存储和访问授权，而 DHSM 只负责监控、管理设备及相关的网络设施。即使是 DHSM 的运维人员，也无法获取用户的密钥。
- 权限认证：DHSM 的敏感指令支持分类授权控制，可以有效地防止越权行为。DHSM 支持用户名口令认证、数字证书认证等多种权限认证方式，可以有效地防止越权行为。
- 可靠性：基于国家密码管理局认证或 FIPS 140-2 第 3 级验证的硬件加密机，可以为具有高安全性要求的用户提供高性能的 DHSM 服务。DHSM 实例独享加密芯片，即使部分硬件芯片被损坏，也不影响使用。
- 安全合规：DHSM 可以为用户提供经国家密码管理局检测、认证的 DHSM 实例，帮助用户保护 ECS 中的数据，确保其安全性和隐私性，满足监管合规要求。
- 应用广泛：DHSM 可以提供认证合规的金融加密机、服务器加密机及签名验签服务器等，可以灵活地适用用户业务场景。

3. 应用场景

如果用户购买了 DHSM 实例，则可以使用 DHSM 提供的 USB Key 初始化并管控 DHSM 实例，如图 4-9 所示。用户作为设备使用者，可以完全控制密钥的产生、存储和访问授权。

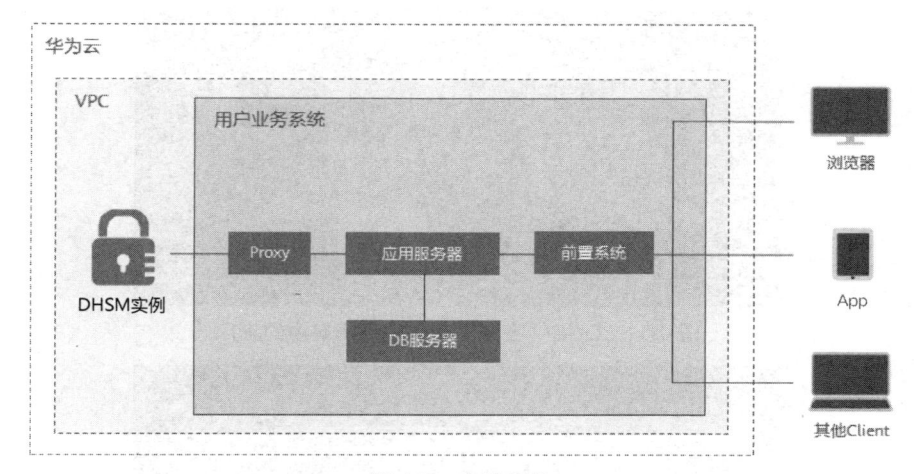

图 4-9　产品架构

使用 DHSM 实例对用户业务系统进行加密（包括敏感数据加密、金融支付加密、电子票据加密及视频监控加密等），可以帮助用户加密企业自身的敏感数据（如合同、交易、流水等）及企业用户的敏感数据（如用户身份证号码、手机号码等），避免因黑客攻破网络、拖库而导致的数据泄露、内部用户非法访问和数据篡改等风险。

1）应用场景一：敏感数据加密

DHSM 在敏感数据加密场景中的应用如图 4-10 所示。

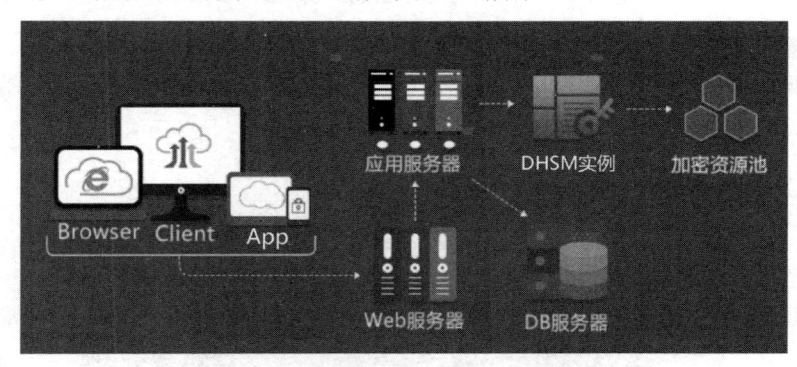

图 4-10　DHSM 在敏感数据加密场景中的应用

应用领域：政府公共事业、互联网企业、包含大量敏感信息的系统应用。

作用：数据是企业的核心资产，每个企业都有自己的核心敏感数据。通过 DHSM 对敏感数据进行完整性校验和加密存储，可以有效防止敏感数据被窃取、篡改，以及权限被非法获取。

2）应用场景二：金融支付加密

DHSM 在金融支付加密场景中的应用如图 4-11 所示。

应用领域：交通卡支付、电商支付、各种预付费卡支付等系统应用。

作用：保证支付数据在传输和存储过程中的完整性、保密性，以及支付身份的认证性、支付过程的不可否认性。

3）应用场景三：电子票据加密

DHSM 在电子票据加密场景中的应用如图 4-12 所示。

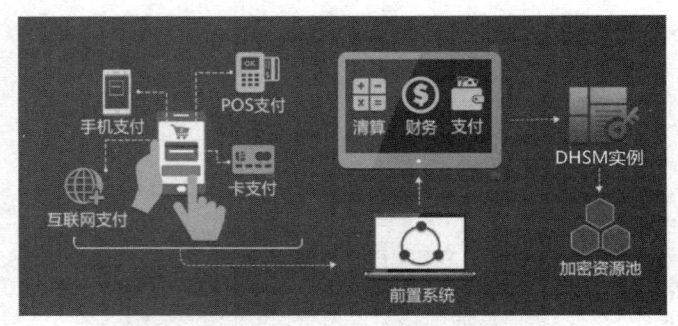

图 4-11　DHSM 在金融支付加密场景中的应用

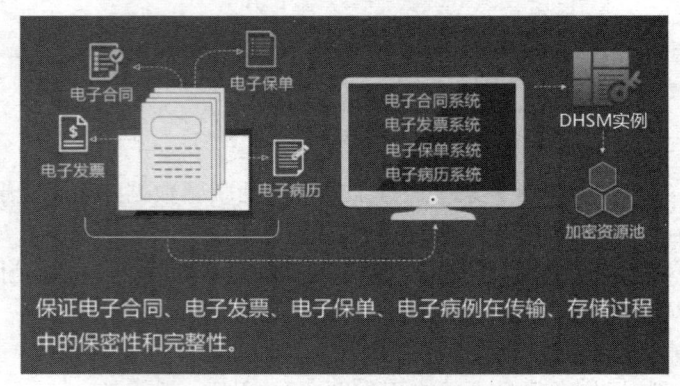

图 4-12　DHSM 在电子票据加密场景中的应用

应用领域：交通、制造、医疗。

作用：保证电子合同、电子发票、电子保单、电子病历等电子票据在传输、存储过程中的完整性、保密性。

4）应用场景四：视频监控加密

DHSM 在视频监控加密场景中的应用如图 4-13 所示。

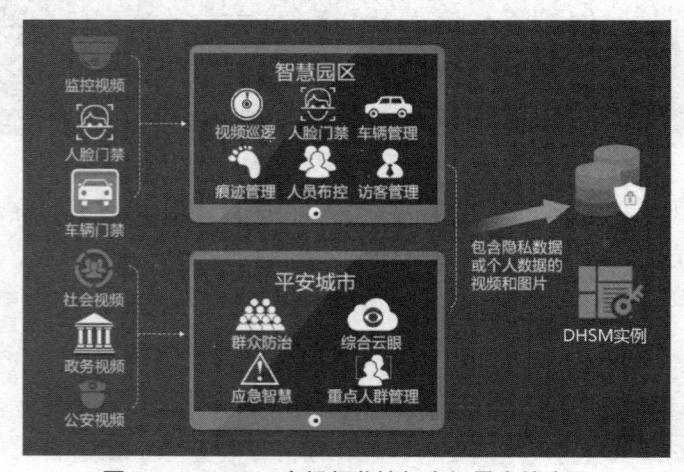

图 4-13　DHSM 在视频监控加密场景中的应用

应用领域：平安城市、智慧园区。

作用：保证视频、人脸、车辆、轨迹等隐私信息及个人数据在存储过程中的保密性，防止数据泄露。

4.3 任务分解

本章旨在让读者掌握鲲鹏云中的数据加密服务。在知识准备的基础上，我们可以将本章内容拆分为 4 个实操任务，具体的任务分解如表 4-8 所示。

表 4-8 任务分解

任务名称	任务目标	安排学时
使用 KMS 加密保护线下数据	在 KMS 界面中，使用在线工具加密和解密数据；或者调用 KMS 的 API，使用指定的用户主密钥直接加密、解密数据	2 学时
云服务使用 KMS 加密数据	通过调用 KMS 的 API，对云服务资源进行加密	2 学时
使用加密 SDK 进行本地文件的加密和解密	使用加密 SDK 对本地文件进行加密和解密	2 学时
跨 Region 容灾的加密和解密	学习利用 KMS 实现跨 Region 容灾的加密和解密，保证业务不中断	2 学时

4.4 安全防护实践

4.4.1 使用 KMS 加密保护线下数据

1. 加密和解密小量数据

1）场景说明

当需要对小量数据（如口令、证书、电话号码等）进行加密和解密时，用户可以在 KMS 界面中使用在线工具加密和解密数据，也可以调用 KMS 的 API，使用指定的用户主密钥直接加密、解密数据。

2）约束条件

当前支持对不大于 4KB 的小量数据进行加密和解密。

3）使用在线工具加密和解密小量数据

① 加密小量数据

（1）单击目标自定义密钥的别名，进入密钥详细信息在线工具加密数据页面。

（2）单击"加密"按钮，然后在左侧的文本域中输入待加密的数据。

（3）单击"执行"按钮，即可在右侧的文本域中显示加密后的密文数据，如图 4-14 所示。

说明：在加密数据时，可以使用当前指定的密钥加密数据。单击"清除"按钮，可以清除已输入的数据。单击"复制到剪切板"按钮，可以复制加密后的密文数据。可以将复制的密文数据存储于本地文件中。

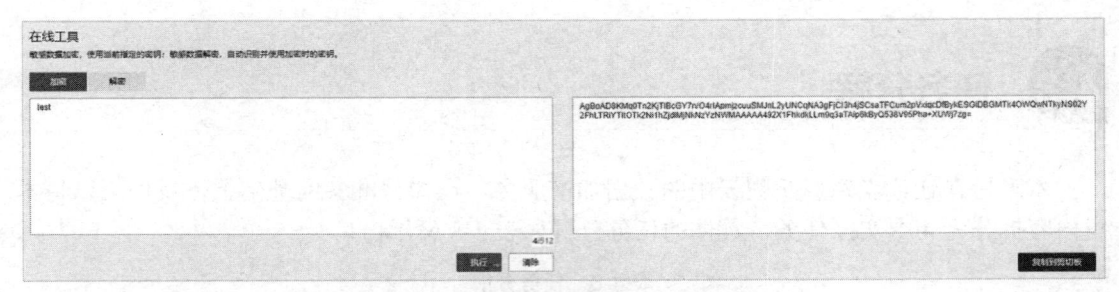

图 4-14 使用在线工具加密小量数据

② 解密小量数据

（1）在解密数据时，单击任意处于"启用"状态的非默认密钥别名，可以进入该密钥的在线工具页面。

（2）单击"解密"按钮，即可在左侧的文本域中显示待解密的密文数据。

说明： 在线工具会自动识别加密密文数据的密钥，并且使用该密钥解密密文数据。如果该密钥已被删除，则会导致解密失败。

（3）单击"执行"按钮，即可在右侧的文本域中显示解密后的明文数据，如图 4-15 所示。

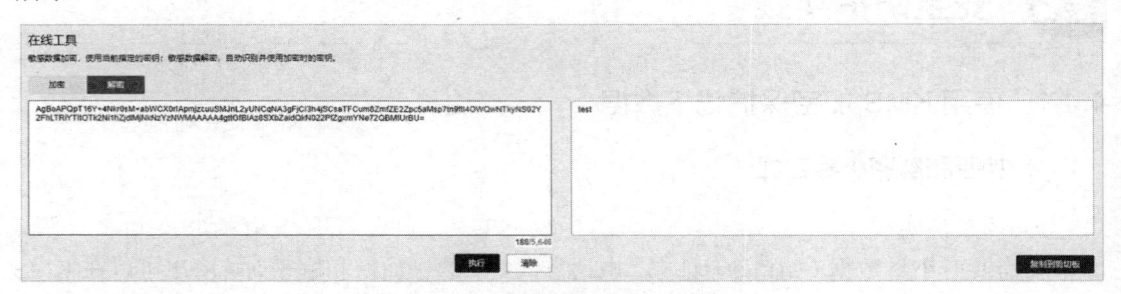

图 4-15 使用在线工具解密小量数据

说明： 单击"复制到剪切板"按钮，可以复制解密后的明文数据。可以将复制的明文数据存储于本地文件中。

4）调用 API 加密和解密小量数据

下面我们以保护服务器的 HTTPS 证书为例，采用调用 KMS API 的方式，讲解小量数据的加密和解密流程，如图 4-16 所示。

流程说明如下。

（1）用户需要在 KMS 中创建一个用户主密钥。

（2）用户调用 KMS 的 encrypt-data 接口，使用创建的用户主密钥将明文的 HTTPS 证书加密为密文的 HTTPS 证书。

（3）用户在服务器上部署密文的 HTTPS 证书。

（4）当服务器需要使用 HTTPS 证书时，调用 KMS 的 decrypt-data 接口，使用创建的用户主密钥将密文的 HTTPS 证书解密为明文的 HTTPS 证书。

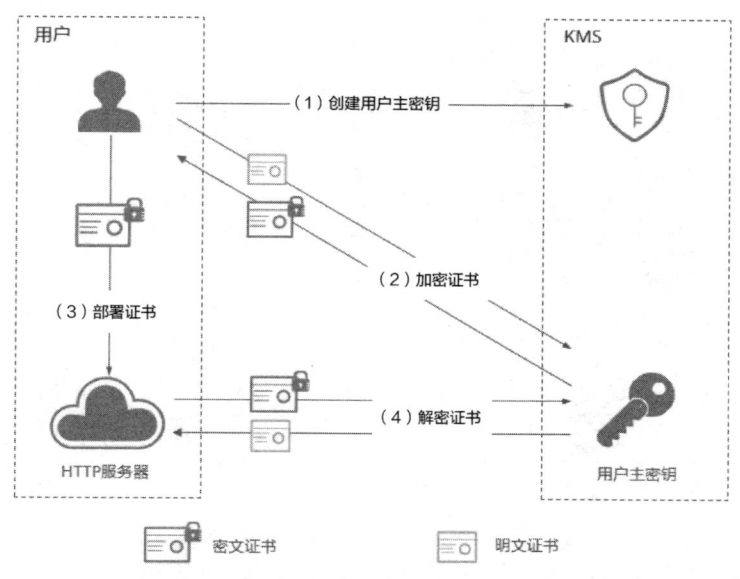

图 4-16　HTTPS 证书的加密和解密流程

说明： 因为在控制台中输入的加密原文会经过一次 Base64 转码后才被传至后端，所以在调用 API 解密密文时，返回的明文是加密原文经过 Base64 转码后得到的字符串。因此，对于调用 API 加密的密文，需要调用 API 对其进行解密，如果使用控制台对其进行解密，则会产生乱码。

2. 加密和解密大量数据

1）场景说明

当需要对大量数据（如照片、视频、数据库文件等）进行加密和解密时，用户可以采用信封加密的方式，无须通过网络传输大量数据。

2）加密和解密的流程

① 大量数据的加密流程

下面我们以本地文件的加密流程为例，讲解大量数据的加密流程，如图 4-17 所示，具体说明如下。

（1）用户需要在 KMS 中创建一个用户主密钥（包含自定义密钥）。

（2）用户调用 KMS 的 create-datakey 接口创建数据加密密钥，得到一个明文的数据加密密钥和一个密文的数据加密密钥。其中，密文的数据加密密钥是由创建的自定义密钥加密明文的数据加密密钥生成的。

（3）用户使用明文的数据加密密钥对明文文件进行加密，生成密文文件。

（4）用户将密文的数据加密密钥和密文文件一起存储于持久化存储设备或服务中。

② 大量数据的解密

下面我们以本地文件的解密流程为例，讲解大量数据的解密流程，如图 4-18 所示，具体说明如下。

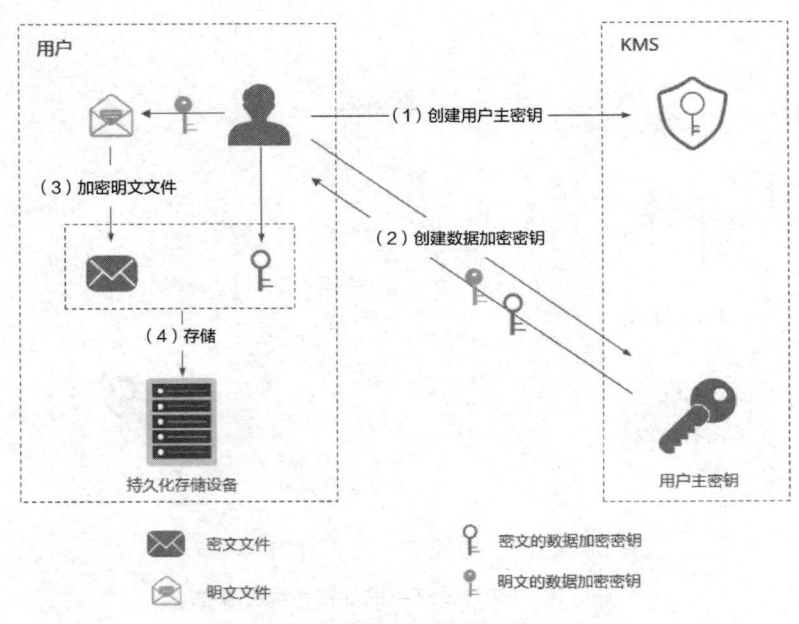

图 4-17 本地文件的加密流程

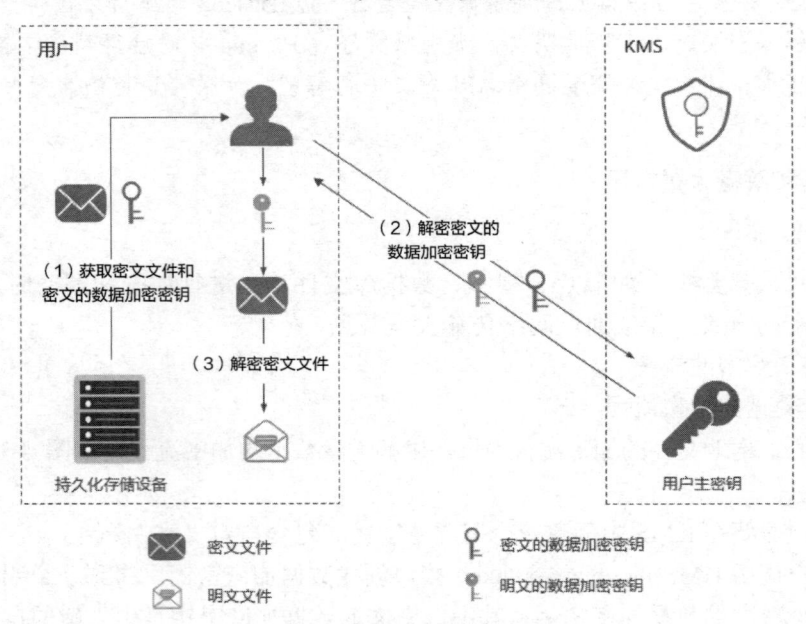

图 4-18 本地文件的解密流程

（1）用户从持久化存储设备或服务中读取密文的数据加密密钥和密文文件。

（2）用户调用 KMS 的 decrypt-datakey 接口，使用对应的用户主密钥（生成密文的数据加密密钥时使用的自定义密钥）对密文的数据加密密钥进行解密，获得明文的数据加密密钥。如果对应的用户主密钥被误删除，则会导致解密失败。因此，需要妥善管理用户主密钥。

（3）用户使用明文的数据加密密钥对密文文件进行解密。

3）用于加密和解密数据的 API

通过调用以下 API，可以对数据进行加密和解密。

- 创建数据密钥。
- 解密数据密钥。

4）加密本地文件

（1）在华为云控制台上创建用户主密钥。

（2）准备基础认证信息。

- ACCESS_KEY：华为云账号的 Access Key。
- SECRET_ACCESS_KEY：华为云账号的 Secret Access Key。
- PROJECT_ID：华为云局点的项目 ID。
- KMS_ENDPOINT：华为云 KMS 的终端地址。

（3）对本地文件进行加密，示例代码如下。在以下的示例代码中，用户主密钥为在华为云控制台上创建的用户主密钥 ID，明文数据文件为 FirstPlainFile.jpg，输出的密文数据文件为 SecondEncryptFile.jpg。

```java
import com.huaweicloud.sdk.core.auth.BasicCredentials;
import com.huaweicloud.sdk.kms.v1.KmsClient;
import com.huaweicloud.sdk.kms.v1.model.CreateDatakeyRequest;
import com.huaweicloud.sdk.kms.v1.model.CreateDatakeyRequestBody;
import com.huaweicloud.sdk.kms.v1.model.CreateDatakeyResponse;
import com.huaweicloud.sdk.kms.v1.model.DecryptDatakeyRequest;
import com.huaweicloud.sdk.kms.v1.model.DecryptDatakeyRequestBody;

import javax.crypto.Cipher;
import javax.crypto.spec.GCMParameterSpec;
import javax.crypto.spec.SecretKeySpec;
import java.io.BufferedInputStream;
import java.io.BufferedOutputStream;
import java.io.File;
import java.io.FileInputStream;
import java.io.FileOutputStream;
import java.io.IOException;
import java.nio.file.Files;
import java.security.SecureRandom;

/**
 * 使用数据加密密钥（DEK）对文件进行加密
 * 在 VM_OPTIONS 中添加-ea，用于激活 assert 语法
 */
public class FileStreamEncryptionExample {

    private static final String ACCESS_KEY = "<AccessKey>";
    private static final String SECRET_ACCESS_KEY = "<SecretAccessKey>";
```

```java
private static final String PROJECT_ID = "<ProjectID>";
private static final String KMS_ENDPOINT = "<KmsEndpoint>";

// KMS 的接口版本，当前固定为 v1.0
private static final String KMS_INTERFACE_VERSION = "v1.0";

/**
 * AES 算法的相关标识如下。
 * - AES_KEY_BIT_LENGTH: AES256 密钥的比特长度。
 * - AES_KEY_BYTE_LENGTH: AES256 密钥的字节长度。
 * - AES_ALG: AES256 算法，本案例的分组模式使用 GCM。
 * - AES_FLAG: AES 算法标识。
 * - GCM_TAG_LENGTH: GCM 的 TAG 长度。
 * - GCM_IV_LENGTH: GCM 的初始向量长度。
 */
private static final String AES_KEY_BIT_LENGTH = "256";
private static final String AES_KEY_BYTE_LENGTH = "32";
private static final String AES_ALG = "AES/GCM/PKCS5Padding";
private static final String AES_FLAG = "AES";
private static final int GCM_TAG_LENGTH = 16;
private static final int GCM_IV_LENGTH = 12;

public static void main(final String[] args) {
    // 在华为云控制台上创建的用户主密钥 ID
    final String keyId = args[0];

    encryptFile(keyId);
}

/**
 * 使用数据加密密钥对本地文件进行加密
 *
 * @param keyId: 用户主密钥 ID
 */
static void encryptFile(String keyId) {
    // 1. 准备访问华为云的认证信息
    final BasicCredentials auth = new BasicCredentials().withAk(ACCESS_KEY).withSk(SECRET_ACCESS_KEY)
            .withProjectId(PROJECT_ID);

    // 2. 初始化 SDK，传入认证信息及 KMS 的终端地址
    final KmsClient kmsClient = KmsClient.newBuilder().withCredential(auth).withEndpoint(KMS_ENDPOINT).build();
```

// 3. 组装用于创建数据加密密钥的请求信息
        final CreateDatakeyRequest createDatakeyRequest = new CreateDatakeyRequest().withVersionId(KMS_INTERFACE_VERSION)
                .withBody(new CreateDatakeyRequestBody().withKeyId(keyId).withDatakeyLength(AES_KEY_BIT_LENGTH));

        // 4. 创建数据加密密钥
        final CreateDatakeyResponse createDatakeyResponse = kmsClient.createDatakey(createDatakeyRequest);

        // 5. 接收创建的数据密钥信息
        // 建议将密文的数据加密密钥与 keyId 保存在本地
        // 方便在解密数据时获取明文的数据加密密钥
        // 明文的数据加密密钥在创建后应立即使用
        // 在使用前，需要将十六进制的明文数据加密密钥转换为 byte 数组
        final String cipherText = createDatakeyResponse.getCipherText();
        final byte[] plainKey = hexToBytes(createDatakeyResponse.getPlainText());

        // 6. 准备待加密的文件
        // inFile：待加密的原文件
        // outEncryptFile：加密后的文件

        final File inFile = new File("FirstPlainFile.jpg");
        final File outEncryptFile = new File("SecondEncryptFile.jpg");

        // 7. 在使用 AES 算法进行加密时，可以创建初始向量
        final byte[] iv = new byte[GCM_IV_LENGTH];
        final SecureRandom secureRandom = new SecureRandom();
        secureRandom.nextBytes(iv);

        // 8. 对文件进行加密，并且存储加密后的文件
        doFileFinal(Cipher.ENCRYPT_MODE, inFile, outEncryptFile, plainKey, iv);

    }

    /**
     * 对文件进行加密
     *
     * @param cipherMode：加密模式，可选值为 Cipher.ENCRYPT_MODE 或 Cipher.DECRYPT_MODE
     * @param infile：待加密的文件
     * @param outFile：加密后的文件
     * @param keyPlain：明文的数据加密密钥
     * @param iv：初始化向量

```java
             */
            static void doFileFinal(int cipherMode, File infile, File outFile, byte[] keyPlain, byte[] iv) {

                try (BufferedInputStream bis = new BufferedInputStream(new FileInputStream(infile));
                    BufferedOutputStream bos = new BufferedOutputStream(new FileOutputStream(outFile))) {
                    final byte[] bytIn = new byte[(int) infile.length()];
                    final int fileLength = bis.read(bytIn);

                    assert fileLength→0;

                    final SecretKeySpec secretKeySpec = new SecretKeySpec(keyPlain, AES_FLAG);
                    final Cipher cipher = Cipher.getInstance(AES_ALG);
                    final GCMParameterSpec gcmParameterSpec = new GCMParameterSpec(GCM_TAG_LENGTH * Byte.SIZE, iv);
                    cipher.init(cipherMode, secretKeySpec, gcmParameterSpec);
                    final byte[] bytOut = cipher.doFinal(bytIn);
                    bos.write(bytOut);
                } catch (Exception e) {
                    throw new RuntimeException(e.getMessage());
                }
            }
```

5) 解密本地文件

(1) 准备基础认证信息。

- ACCESS_KEY：华为云账号的 Access Key。
- SECRET_ACCESS_KEY：华为云账号的 Secret Access Key。
- PROJECT_ID：华为云局点的项目 ID。
- KMS_ENDPOINT：华为云 KMS 的终端地址。

(2) 对本地文件进行解密，示例代码如下。在以下的示例代码中，用户主密钥为在华为云控制台上创建的用户主密钥 ID，输出的密文数据文件为 SecondEncryptFile.jpg，先加密、再解密的数据文件为 ThirdDecryptFile.jpg。

```java
import com.huaweicloud.sdk.core.auth.BasicCredentials;
import com.huaweicloud.sdk.kms.v1.KmsClient;
import com.huaweicloud.sdk.kms.v1.model.CreateDatakeyRequest;
import com.huaweicloud.sdk.kms.v1.model.CreateDatakeyRequestBody;
import com.huaweicloud.sdk.kms.v1.model.CreateDatakeyResponse;
import com.huaweicloud.sdk.kms.v1.model.DecryptDatakeyRequest;
```

```java
import com.huaweicloud.sdk.kms.v1.model.DecryptDatakeyRequestBody;

import javax.crypto.Cipher;
import javax.crypto.spec.GCMParameterSpec;
import javax.crypto.spec.SecretKeySpec;
import java.io.BufferedInputStream;
import java.io.BufferedOutputStream;
import java.io.File;
import java.io.FileInputStream;
import java.io.FileOutputStream;
import java.io.IOException;
import java.nio.file.Files;
import java.security.SecureRandom;

/**
 * 使用数据加密密钥（DEK）对文件进行解密
 * 在 VM_OPTIONS 中添加-ea，用于激活 assert 语法
 */
public class FileStreamEncryptionExample {

    private static final String ACCESS_KEY = "<AccessKey>";
    private static final String SECRET_ACCESS_KEY = "<SecretAccessKey>";
    private static final String PROJECT_ID = "<ProjectID>";
    private static final String KMS_ENDPOINT = "<KmsEndpoint>";

    // KMS 的接口版本，当前固定为 v1.0
    private static final String KMS_INTERFACE_VERSION = "v1.0";

    /**
     * AES 算法的相关标识如下。
     * - AES_KEY_BIT_LENGTH：AES256 密钥的比特长度。
     * - AES_KEY_BYTE_LENGTH：AES256 密钥的字节长度。
     * - AES_ALG：AES256 算法，本案例的分组模式使用 GCM。
     * - AES_FLAG：AES 算法标识。
     * - GCM_TAG_LENGTH：GCM 的 TAG 长度。
     * - GCM_IV_LENGTH：GCM 的初始向量长度。
     */
    private static final String AES_KEY_BIT_LENGTH = "256";
    private static final String AES_KEY_BYTE_LENGTH = "32";
    private static final String AES_ALG = "AES/GCM/PKCS5Padding";
    private static final String AES_FLAG = "AES";
    private static final int GCM_TAG_LENGTH = 16;
    private static final int GCM_IV_LENGTH = 12;
```

```java
            public static void main(final String[] args) {
                // 在华为云控制台上创建的用户主密钥 ID
                final String keyId = args[0];
                // 在创建数据加密密钥时，响应的密文数据密钥
                final String cipherText = args[1];

                decryptFile(keyId, cipherText);
            }

            /**
             * 使用数据加密密钥对本地文件进行解密
             *
             * @param keyId: 用户主密钥 ID
             * @param cipherText: 密文的数据加密密钥
             */
            static void decryptFile(String keyId, String cipherText) {
                // 1. 准备访问华为云的认证信息
                final BasicCredentials auth = new BasicCredentials().withAk(ACCESS_KEY).withSk(SECRET_ACCESS_KEY)
                        .withProjectId(PROJECT_ID);

                // 2. 初始化 SDK, 传入认证信息及 KMS 的终端地址
                final KmsClient kmsClient = KmsClient.newBuilder().withCredential(auth).withEndpoint(KMS_ENDPOINT).build();

                // 3. 准备待解密的文件
                // inFile: 待解密的文件
                // outEncryptFile: 加密后的文件
                // outDecryptFile: 先加密、再解密的文件
                final File inFile = new File("FirstPlainFile.jpg");
                final File outEncryptFile = new File("SecondEncryptFile.jpg");
                final File outDecryptFile = new File("ThirdDecryptFile.jpg");

                // 4. 在使用 AES 算法进行解密时, 初始向量需要与加密时的初始向量保持一致
                // 此处仅为占位
                final byte[] iv = new byte[GCM_IV_LENGTH];

                // 5. 组装解密数据密钥的请求
                // 其中, cipherText 为创建数据密钥时返回的密文数据密钥
                final DecryptDatakeyRequest decryptDatakeyRequest = new DecryptDatakeyRequest()
                        .withVersionId(KMS_INTERFACE_VERSION).withBody(new DecryptDatakeyRequestBody()
```

```
                    .withKeyId(keyId).withCipherText(cipherText).withD
atakeyCipherLength(AES_KEY_BYTE_LENGTH));

            // 6. 解密数据密钥，并且将返回的十六进制的明文数据加密密钥转换为 byte 数组
            final byte[] decryptDataKey = hexToBytes(kmsClient.decryptDatakey
(decrypt DatakeyRequest).getDataKey());

            // 7. 对文件进行解密，并且存储解密后的文件
            // 句末的 iv 为加密示例代码中创建的初始向量
            doFileFinal(Cipher.DECRYPT_MODE, outEncryptFile, outDecryptFile,
decryptDataKey, iv);

            // 8. 对比原文件和先加密、再解密的文件
            assert getFileSha256Sum(inFile).equals(getFileSha256Sum
(outDecryptFile));

    }

    /**
     * 对文件进行解密
     *
     * @param cipherMode: 加密模式，可选值为 Cipher.ENCRYPT_MODE 或 Cipher.
DECRYPT_MODE
     * @param infile: 待解密的文件
     * @param outFile: 解密后的文件
     * @param keyPlain: 明文的数据加密密钥
     * @param iv: 初始化向量
     */
    static void doFileFinal(int cipherMode, File infile, File outFile,
byte[] keyPlain, byte[] iv) {

        try (BufferedInputStream bis = new BufferedInputStream(new
FileInputStream (infile));
             BufferedOutputStream bos = new BufferedOutputStream(new
FileOutputStream (outFile))) {
            final byte[] bytIn = new byte[(int) infile.length()];
            final int fileLength = bis.read(bytIn);

            assert fileLength>0;

            final SecretKeySpec secretKeySpec = new SecretKeySpec
(keyPlain, AES_FLAG);
            final Cipher cipher = Cipher.getInstance(AES_ALG);
            final GCMParameterSpec gcmParameterSpec = new GCMParameterSpec
```

```
(GCM_TAG_LENGTH * Byte.SIZE, iv);
            cipher.init(cipherMode, secretKeySpec, gcmParameterSpec);
            final byte[] bytOut = cipher.doFinal(bytIn);
            bos.write(bytOut);
        } catch (Exception e) {
            throw new RuntimeException(e.getMessage());
        }
    }

    /**
     * 将十六进制字符串转换为byte数组
     *
     * @param hexString: 十六进制字符串
     * @return: byte数组
     */
    static byte[] hexToBytes(String hexString) {
        final int stringLength = hexString.length();
        assert stringLength→0;
        final byte[] result = new byte[stringLength / 2];
        int j = 0;
        for (int i = 0; i < stringLength; i += 2) {
            result[j++] = (byte)Integer.parseInt(hexString.substring(i, i + 2), 16);
        }
        return result;
    }

    /**
     * 计算文件的SHA256摘要
     *
     * @param file: 文件
     * @return: SHA256摘要
     */
    static String getFileSha256Sum(File file) {
        int length;
        MessageDigest sha256;
        byte[] buffer = new byte[1024];
        try {
            sha256 = MessageDigest.getInstance("SHA-256");
        } catch (NoSuchAlgorithmException e) {
            throw new RuntimeException(e.getMessage());
        }
        try (FileInputStream inputStream = new FileInputStream(file)) {
            while ((length = inputStream.read(buffer)) != -1) {
```

```
                sha256.update(buffer, 0, length);
            }
            return new BigInteger(1, sha256.digest()).toString(16);
        } catch (IOException e){
            throw new RuntimeException(e.getMessage());
        }
    }
}
```

4.4.2 云服务使用 KMS 加密和解密数据

1. 概述

支持使用 KMS 进行数据加密的云服务列表如表 4-9 所示。

表 4-9 支持使用 KMS 进行数据加密的云服务列表

类型	云服务	加密方式
计算	ECS	ECS 资源加密包括镜像加密和云硬盘加密。在创建 ECS 时，如果选择镜像加密方式，那么 ECS 的系统盘会自动开启加密功能，并且加密方式为镜像加密。在创建 ECS 时，也可以对添加的数据盘进行加密
	IMS	IMS 的服务端加密
存储	OBS	OBS 的服务端加密
	EVS	EVS 的服务端加密
	VBS（Volume Backup Service，云硬盘备份服务）	VBS 主要为服务器中的单个云硬盘（系统盘和数据盘）创建在线备份，加密云硬盘的备份数据会以加密方式存储
	CSBS（Cloud Server Backup Service，云服务器备份服务）	CSBS 主要为服务器中的所有云硬盘创建一致性的在线备份。CSBS 产生的备份会显示在云硬盘备份中，加密云硬盘的备份数据会以加密方式存储
	SFS	SFS 的服务端加密
数据库	云数据库 MySQL	RDS 的数据库加密
	云数据库 Postgre SQL	
	云数据库 SQL Server	
	DDS	DDS 的数据库加密
EI 企业智能	DWS	DWS 的数据库加密

云服务在与 KMS 集成后，只需要在决定加密云服务数据时，选择一个 KMS 管理的用户主密钥，就可以轻松地使用所选的用户主密钥对存储于这些云服务中的数据进行加密和解密。

可供选择的用户主密钥有以下两种。
- 云服务自动通过 KMS 创建的默认密钥。
- 用户通过 KMS 自行创建或导入的自定义密钥。

华为云服务基于信封加密技术，通过调用 KMS 的 API 对云服务资源进行加密。华为云服务在拥有用户授权的情况下，可以使用用户指定的自定义密钥对数据进行加密。自定义密钥由用户进行管理。

华为云服务使用 KMS 对文件进行加密的流程如图 4-19 所示。

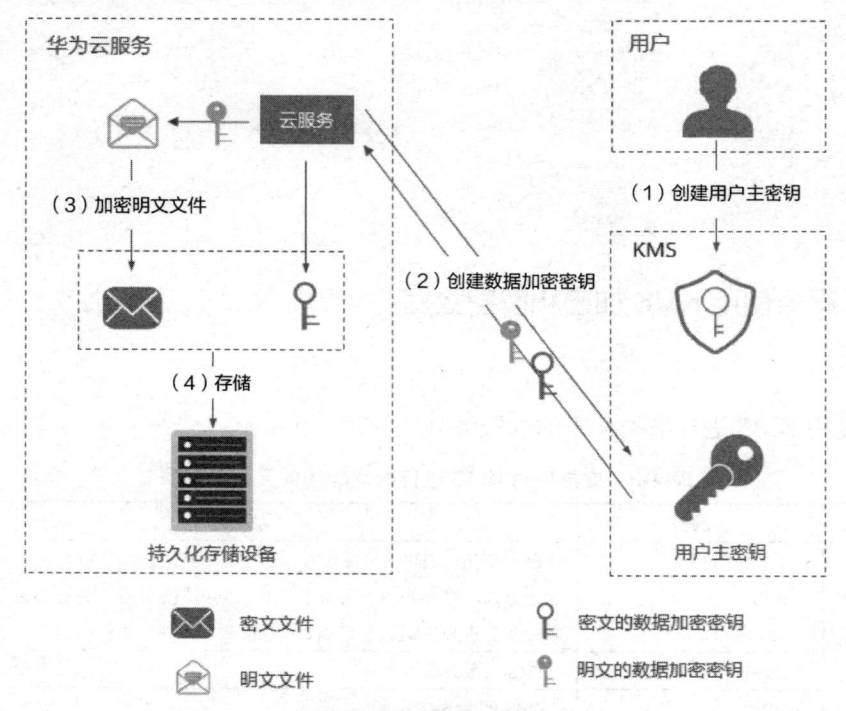

图 4-19 华为云服务使用 KMS 对文件进行加密的流程

加密流程说明如下。

（1）用户需要在 KMS 中创建一个用户主密钥（包含自定义密钥）。

（2）华为云服务调用 KMS 的 create-datakey 接口，创建数据加密密钥，得到一个明文的数据加密密钥和一个密文的数据加密密钥。

说明：密文的数据加密密钥是由创建的自定义密钥加密明文的数据加密密钥生成的。

（3）华为云服务使用明文的数据加密密钥对明文文件进行加密，得到密文文件。

（4）华为云服务将密文的数据加密密钥和密文文件一起存储于持久化存储设备或服务中。

说明：用户在通过华为云服务下载数据时，华为云服务首先使用创建的自定义密钥对密文的数据加密密钥进行解密，然后使用解密得到的明文的数据加密密钥对密文文件进行解密，最后将解密后的明文文件提供给用户下载。

2. ECS 的服务端加密

KMS 支持对 ECS 进行一键加密。ECS 的服务端加密包括镜像加密和数据盘加密。

在创建 ECS 时，如果选择镜像加密方式，那么 ECS 的系统盘会自动开启加密功能。

在创建 ECS 时，也可以对添加的数据盘进行加密。

镜像加密的相关知识可以参考后面 IMS 的服务端加密的相关介绍。

数据盘加密的相关知识可以参考后面 EVS 的服务端加密的相关介绍。

3. OBS 的服务端加密

1）简介

在启用 OBS 的服务端加密功能并上传对象后，明文数据会在 OBS 的服务端被加密成密文数据并存储。在下载加密对象时，会先在 OBS 的服务端将存储的密文数据解密为明文数据，再将其提供给用户。

利用硬件安全模块的强大功能，KMS 不仅提供了一个安全的密钥托管环境，还简化了用户创建和管理加密密钥的过程。用户的密钥明文不会出现在硬件安全模块之外，可以避免密钥泄露。KMS 对密钥的所有操作都会进行访问控制及日志跟踪，可以提供所有密钥的使用记录，满足监督和合规性要求。

在需要将数据对象上传到服务端时，可以通过 KMS 提供密钥的方式进行加密：用户需要通过 KMS 创建密钥（或者使用 KMS 提供的默认密钥），在通过 OBS 上传对象时，使用该密钥进行 OBS 的服务端加密。

2）使用 OBS 的服务端加密方式上传文件（控制台）

（1）登录管理控制台。

（2）单击左上角的 按钮，选择区域或项目。

（3）单击左上角的 三 按钮，在弹出的导航面板中选择"存储"→"对象存储服务 OBS"选项，打开"对象存储服务"页面，默认进入"桶列表"界面。

（4）在桶列表框中，单击待操作的桶，进入"对象"界面。

（5）单击"上传对象"按钮，系统弹出"上传对象"对话框，如图 4-20 所示。

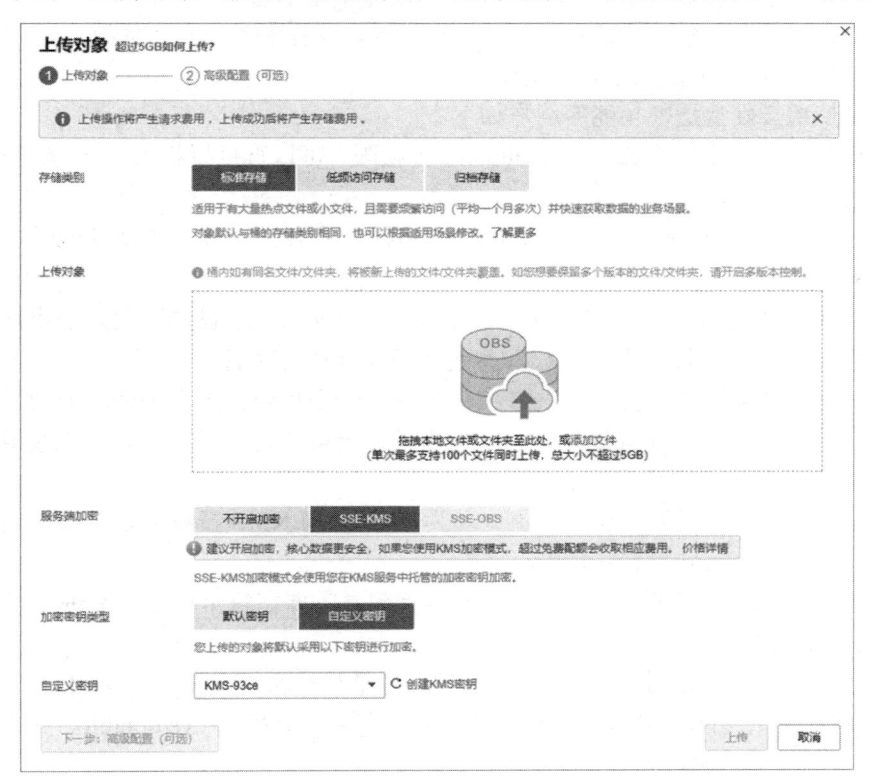

图 4-20　"上传对象"对话框

（6）添加待上传的文件。

（7）可以将"服务端加密"设置为"不开启加密"、"SSE-KMS"或"SSE-OBS"。如果将"服务端加密"设置为"SSE-KMS"，即采用 SSE-KMS 服务端加密方式（OBS 使用 KMS 提供的密钥进行服务端加密），则需要设置加密密钥类型。如果将"加密密钥类型"设置为"默认密钥"，那么上传的对象会使用当前区域的默认密钥进行加密，如果没有默认密钥，那么系统会在首次上传对象时自动创建默认密钥；如果将"加密密钥类型"设置为"自定义密钥"，则可以单击"创建 KMS 密钥"超链接，进入数据加密服务页面，创建自定义密钥，然后在"自定义密钥"下拉列表中选择所需的自定义密钥。

（8）单击"上传"按钮，上传对象。

（9）在对象上传成功后，即可在对象列表中查看对象的加密状态。

说明：不可以修改对象的加密状态；不可以删除使用中的密钥，如果将其删除，则会导致加密对象不能被下载。

3）使用 OBS 的服务端加密方式上传文件（调用 OBS 的 API）

用户可以调用 OBS 的 API，选择服务端加密的 SSE-KMS 方式上传文件。

4．EVS 的服务端加密

1）简介

当用户需要对存储于云硬盘中的数据进行加密时，EVS 可以为用户提供云硬盘加密功能，用于对新创建的云硬盘进行加密。加密云硬盘使用的密钥由数据加密服务中的 KMS 提供，用户无须自行构建和维护密钥管理基础设施，这样非常安全、便捷。

2）有权限使用云硬盘加密功能的用户

有权限使用云硬盘加密功能的用户如下。

- 安全管理员：具有 Security Administrator 权限，可以直接授权 EVS 访问 KMS，使用云硬盘加密功能。
- 普通用户：没有 Security Administrator 权限，在使用云硬盘加密功能时，分为以下两种情况。
  - 如果该普通用户是当前区域或项目内第一个使用云硬盘加密功能的用户，则需要先联系安全管理员进行授权，再使用云硬盘加密功能。
  - 如果该普通用户不是当前区域或项目内第一个使用云硬盘加密功能的用户，即当前区域或项目内的其他用户已经使用过云硬盘加密功能，那么该普通用户可以直接使用云硬盘加密功能。

在同一个区域内，只要安全管理员成功为 EVS 访问 KMS 授权，那么该区域内的普通用户都可以直接使用云硬盘加密功能。

如果当前区域内存在多个项目，那么安全管理员需要在每个项目内都进行授权操作。

3）云硬盘加密的密钥

云硬盘加密使用 KMS 提供的用户主密钥，包括默认密钥和自定义密钥。

- 默认密钥：由 EVS 通过 KMS 自动创建的密钥，名称为 evs/default。默认密钥不支持禁用、计划删除等操作。
- 自定义密钥：用户可以选择已有的密钥，也可以新建密钥。

在使用用户主密钥进行云硬盘加密时，如果对用户主密钥进行禁用、计划删除等操作，则会导致云硬盘不可读/写，甚至数据永远无法恢复。用户主密钥不可用对云硬盘加密的影响如表 4-10 所示。

表 4-10　用户主密钥不可用对云硬盘加密的影响

用户主密钥的状态	对云硬盘加密的影响	恢复方法
禁用	• 如果将加密云硬盘挂载至云服务器上，那么该云硬盘仍可以正常使用，但不保证可以一直正常读/写。 • 在卸载加密云硬盘后，将其重新挂载至云服务器上会失败	启用用户主密钥
计划删除		取消删除用户主密钥
已经被删除		云硬盘数据永远无法恢复

说明：用户主密钥是付费使用的密钥，如果采用按需计费的方式，则需要及时充值，确保账户余额充足；如果采用包年/包月的方式，则需要及时续费，避免加密云硬盘不可读/写，导致业务中断，甚至数据永远无法恢复。

4）使用 KMS 加密云硬盘（控制台）

（1）登录管理控制台。

（2）单击左上角的 按钮，选择区域或项目。单击左上角的 ≡ 按钮，在弹出的导航面板中选择"存储"→"云硬盘 EVS"选项，打开"云服务器控制台"页面，默认进入"云硬盘"界面。

（3）单击"购买磁盘"按钮，进入"购买磁盘"界面。

（4）展开"更多"节点，可以看到"高级配置"参数，如图 4-21 所示。

图 4-21　"高级配置"参数

如果当前未授权 EVS 访问 KMS，那么在勾选"加密"复选框后，会弹出"创建委托"对话框，单击"确定"按钮，授权 EVS 访问 KMS。在授权成功后，EVS 即可获取 KMS 密钥，用于对云硬盘进行加密和解密。

说明：当需要使用云硬盘加密功能时，需要授权 EVS 访问 KMS。如果用户有授权资格，则可以直接授权。如果权限不足，则需要先联系拥有 Security Administrator 权限的用户进行授权，再重新进行相关操作。

如果当前已经授权 EVS 访问 KMS，那么在勾选"加密"复选框后，会弹出"加密设置"对话框，如图 4-22 所示。其中，密钥名称是密钥的标识，用户可以在"密钥名称"下拉列表中选择需要使用的密钥。

（5）根据界面提示，配置云硬盘的其他基本信息。

5）使用 KMS 加密云硬盘（API）

用户可以通过调用 EVS 的 API 购买加密磁盘。

图 4-22 "加密设置"对话框(1)

5. IMS 的服务端加密

用户可以使用加密方式创建私有镜像,确保镜像数据安全性。

1)约束条件
- 用户已启用数据加密服务。
- 加密镜像不能共享给其他用户。
- 加密镜像不能发布到应用超市。
- 如果云服务器的系统盘已加密,那么使用该云服务器创建的私有镜像也是加密的。
- 不能修改加密镜像使用的密钥。
- 当加密镜像使用的密钥处于禁用状态或被删除时,该镜像无法使用。
- 对于加密镜像创建的 ECS,其系统盘只能处于加密状态,并且磁盘密钥与镜像密钥要保持一致。

2)使用 KMS 创建加密镜像(控制台)

创建加密镜像的方式有两种,分别为使用加密 ECS 创建加密镜像和使用外部镜像文件创建加密镜像。

① 使用加密 ECS 创建加密镜像

用户在使用 ECS 创建私有镜像时,如果该 ECS 的系统盘已加密,那么使用该 ECS 创建的私有镜像也是加密的。创建加密镜像使用的密钥为创建该系统盘时使用的密钥。

② 使用外部镜像文件创建加密镜像

用户在使用 OBS 桶中已上传的外部镜像文件创建私有镜像的过程中,可以在注册镜像时勾选"KMS 加密"复选框,完成加密镜像的创建。

用户在上传镜像文件时,可以勾选"KMS 加密"复选框,使用 KMS 提供的密钥对上传的文件进行加密,如图 4-23 所示。

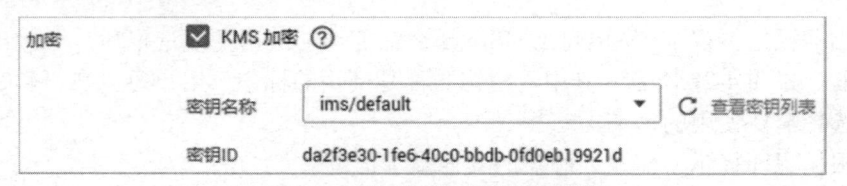

图 4-23 勾选"KMS 加密"复选框

3)使用 KMS 加密私有镜像(API)

用户可以通过调用 IMS 的 API 创建加密镜像。

6. SFS 的服务端加密

1）简介

当用户需要对存储于文件系统中的数据进行加密时，弹性文件服务可以为用户提供加密功能，用于对新创建的文件系统进行加密。

加密文件系统使用的是 KMS 提供的密钥，用户无须自行构建和维护密钥管理基础设施，安全、便捷。当用户希望使用自己的密钥材料时，可以利用 KMS 的导入密钥功能，创建密钥材料为空的用户主密钥，并且将自己的密钥材料导入该用户主密钥。

用户在使用文件系统加密功能时，如果要创建 SFS 文件系统，则需要授权 SFS 访问 KMS；如果要创建 SFS Turbo 文件系统，则不需要授权。

2）有权限使用文件系统加密功能的用户

有权限使用文件系统加密功能的用户如下。

- 安全管理员：具有 Security Administrator 权限，可以直接授权 SFS 访问 KMS，使用加密功能。
- 普通用户：没有 Security Administrator 权限，在使用加密功能时，需要联系系统管理员获取安全管理员权限。

在同一个区域内，只要安全管理员成功授权 SFS 访问 KMS，该区域内的普通用户就可以直接使用加密功能。

如果当前区域内存在多个项目，那么每个项目下都需要安全管理员执行授权操作。

3）文件系统加密的密钥

SFS 使用 KMS 提供的用户主密钥对文件系统进行加密，该密钥包括默认密钥和自定义密钥。

如果要对加密文件系统使用的用户主密钥进行禁用或计划删除操作，那么在操作生效后，使用该用户主密钥加密的文件系统仅可以在一段时间内（默认为 60s）正常使用。

SFS Turbo 文件系统无默认密钥，可以使用已有的密钥或创建新的密钥。

4）使用 KMS 加密文件系统（控制台）

用户在通过弹性文件服务创建文件系统时，可以选择"启用静态数据加密"选项，使用 KMS 提供的密钥对文件系统进行加密。

（1）在 SFS 管理控制台，单击"创建文件系统"按钮。

（2）配置加密参数。

步骤 1：创建委托。

勾选"启用静态数据加密"复选框，如果当前未授权 SFS 访问 KMS，则会弹出"创建委托"对话框，单击"是"按钮，授权 SFS 访问 KMS。在授权成功后，SFS 可以获取 KMS 密钥，用于对文件系统进行加密和解密。

说明：用户在使用文件系统加密功能时，需要授权 SFS 访问 KMS，如果有授权资格，则可以直接授权；如果权限不足，则需要先联系具有 Security Administrator 权限的用户授权，再重新操作。

步骤 2：加密设置。

勾选"加密"复选框，如果已经授权，则会弹出"加密设置"对话框，如图 4-24 所示。

其中，密钥名称是密钥的标识，用户可以在"密钥名称"下拉列表中选择需要使用的密钥名称。

图 4-24 "加密设置"对话框（2）

（3）根据界面提示，配置云硬盘的其他基本信息。

5）使用 KMS 加密文件系统（API）

用户可以通过调用 SFS 的 API，创建加密的文件系统。

7. RDS 的数据库加密

1）简介

RDS 支持 MySQL、PostgreSQL、SQL Server 引擎。

在启用加密功能后，用户在创建数据库实例和扩容磁盘时，磁盘数据会在服务端被加密成密文后再存储。用户在下载加密对象时，存储的密文会先在服务端被解密为明文，再被提供给用户。

2）约束条件

- 当前登录用户已通过 IAM 添加华为云关系型数据库所在区域的 KMS Administrator 权限。
- 如果用户需要使用自定义密钥加密上传对象，则需要先通过数据加密服务创建密钥。
- 在成功创建华为云关系型数据库实例后，不可以修改磁盘加密状态，并且无法更改密钥。存储于对象存储服务中的备份数据不会被加密。
- 在成功创建华为云关系型数据库实例后，不要禁用或删除正在使用的密钥，否则会导致服务不可用、数据无法恢复。
- 选择磁盘加密的华为云关系型数据库实例，新扩容的磁盘空间依然会使用原加密密钥进行加密。

3）使用 KMS 加密数据库实例（控制台）

用户在通过 RDS 购买数据库实例时，可以设置"磁盘加密"参数，使用 KMS 提供的密钥加密数据库实例的磁盘，如图 4-25 所示。

图 4-25 设置"磁盘加密"参数（1）

4）使用 KMS 加密数据库实例（API）

用户可以通过调用 RDS 的 API 购买并加密数据库实例。

8. DDS 的数据库加密

1）简介

在启用加密功能后，用户在创建数据库实例和扩容磁盘时，磁盘数据会在服务端被加密成密文后再存储。用户在下载加密对象时，存储的密文会先在服务端被解密为明文，再被提供给用户。

2）约束条件

- 当前登录用户已通过 IAM 添加华为云文档数据库服务所在区域的 KMS Administrator 权限。
- 如果用户需要使用自定义密钥加密上传对象，则需要先通过数据加密服务创建密钥。
- 在成功创建华为云文档数据库实例后，不可以修改磁盘加密状态，并且无法更改密钥。存储于对象存储服务中的备份数据不会被加密。
- 在成功创建华为云文档数据库实例后，不要禁用或删除正在使用的密钥，否则会导致数据库不可用、数据无法恢复。
- 选择磁盘加密的华为云文档数据库实例，新扩容的磁盘空间依然会使用原加密密钥进行加密。

3）使用 KMS 加密数据库实例（控制台）

用户在通过文档数据库服务购买数据库实例时，可以设置"磁盘加密"参数，使用 KMS 提供的密钥加密数据库实例的磁盘，如图 4-26 所示。

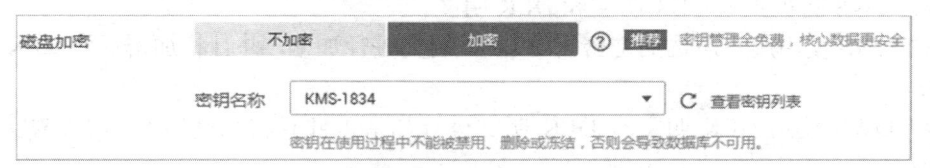

图 4-26　设置"磁盘加密"参数（2）

4）使用 KMS 加密数据库实例（API）

用户可以通过调用 DDS 的 API 购买并加密数据库实例。

9. DWS 的数据库加密

1）简介

在 DWS 中，用户可以为集群启用数据库加密功能，用于保护静态数据。当用户为集群启用加密功能时，该集群及其快照的数据都会得到加密处理。用户可以在创建集群时启用数据库加密功能。数据库加密功能是集群的一项可选且不可变的功能，建议用户为包含敏感数据的集群启用该功能。要将未加密的集群转换为加密集群（或反之），必须先从现有集群中导出数据，再在已启用数据库加密功能的新集群中重新导入这些数据。

2）有权限使用 DWS 的数据库加密功能的用户

有权限使用 DWS 的数据库加密功能的用户如下。

- 安全管理员：具有 Security Administrator 权限，可以直接授权 DWS 访问 KMS，使用数据库加密功能。
- 普通用户：没有 Security Administrator 权限，在使用数据库加密功能时，分为以下两种情况。
  - 如果该普通用户是当前区域或项目内第一个使用数据库加密功能的用户，则需要先联系安全管理员进行授权，再使用数据库加密功能。
  - 如果该普通用户不是当前区域或项目内第一个使用数据库加密功能的用户，即当前区域或项目内的其他用户已经使用过数据库加密功能，那么该普通用户可以直接使用数据库加密功能。

在同一个区域内，只要安全管理员成功授权 DWS 访问 KMS，该区域内的普通用户就可以直接使用数据库加密功能。

如果当前区域内存在多个项目，那么安全管理员需要在每个项目下都进行授权操作。

3）使用 KMS 加密 DWS 的数据库的流程

当选择 KMS 对 DWS 进行密钥管理时，加密密钥层次结构有 3 层。按层次结构顺序排列，这些密钥为用户主密钥（CMK）、集群加密密钥（CEK）、数据加密密钥（DEK）。

CMK 主要用于给 CEK 加密，存储于 KMS 中。

CEK 主要用于加密 DEK，CEK 明文存储于 DWS 集群内存中，密文存储于 DWS 中。

DEK 主要用于加密数据库中的数据，DEK 明文存储于 DWS 集群内存中，密文存储于 DWS 中。

密钥使用流程如下。

（1）用户选择主密钥。

（2）DWS 随机生成 CEK 明文和 DEK 明文。

（3）KMS 使用用户所选的主密钥对 CEK 明文进行加密，并且将加密后的 CEK 密文导入 DWS。

（4）DWS 使用 CEK 明文对 DEK 明文进行加密，并且将加密后的 DEK 密文存储于 DWS 中。

（5）DWS 将 DEK 明文传递到集群中，并且将其加载到集群内存中。

在重启该集群时，密钥解密流程如下。

（1）集群自动通过 API 向 DWS 请求 DEK 明文。

（2）DWS 将 CEK 密文、DEK 密文加载到集群内存中。

（3）调用 KMS，使用 CMK 对 CEK 密文进行解密，将解密后的 CEK 明文加载到集群内存中。

（4）使用 CEK 明文对 DEK 密文进行解密，将解密后的 DEK 明文加载到集群内存中，并且将其返回给集群。

4）使用 KMS 加密 DWS 的数据库（控制台）

（1）在 DWS 管理控制台，单击"购买数据仓库集群"按钮。

（2）打开"加密数据库"开关。

步骤 1：将"高级配置"设置为"自定义"，出现"加密数据库"开关，如图 4-27 所示。

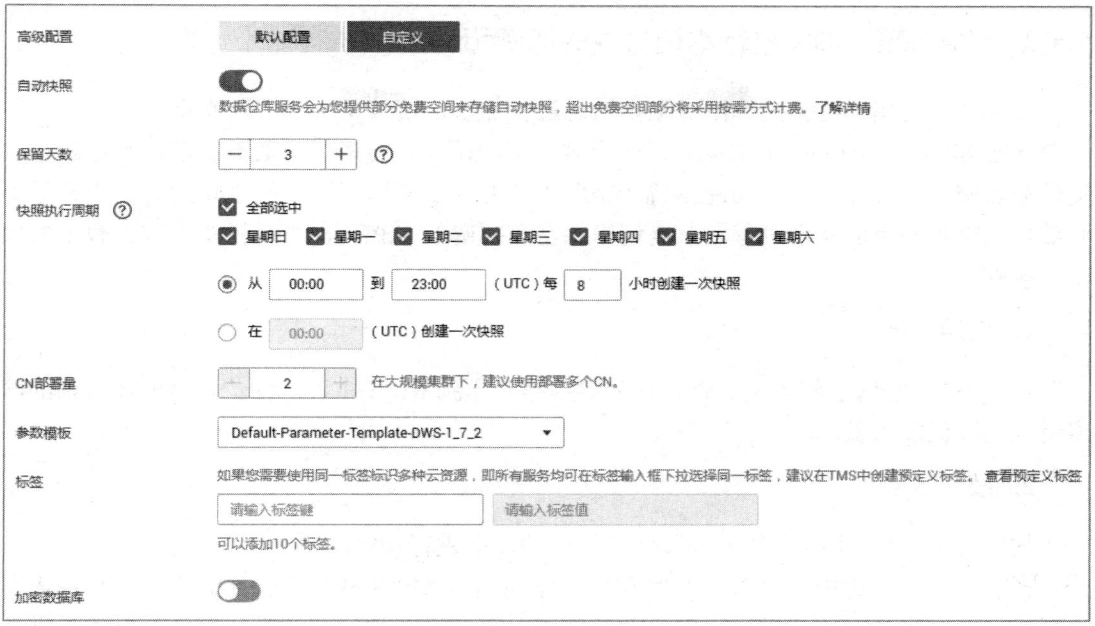

图4-27 将"高级配置"设置为"自定义"

步骤2：创建委托。

打开"加密数据库"开关，如果当前未授权DWS访问KMS，则会弹出"创建委托"对话框，单击"是"按钮，授权DWS访问KMS。在授权成功后，DWS可以获取KMS的密钥，用于对数据库进行加密和解密。

说明：用户在使用数据库加密功能时，需要授权DWS访问KMS，如果有授权资格，则可以直接授权；如果权限不足，则需要先联系具有Security Administrator权限的用户授权，再重新操作。

步骤3：加密设置。

打开"加密数据库"开关，如图4-28所示，如果已经授权，则会弹出"加密设置"对话框。其中，密钥名称是密钥的标识，用户可以在"密钥名称"下拉列表中选择需要使用的密钥名称。

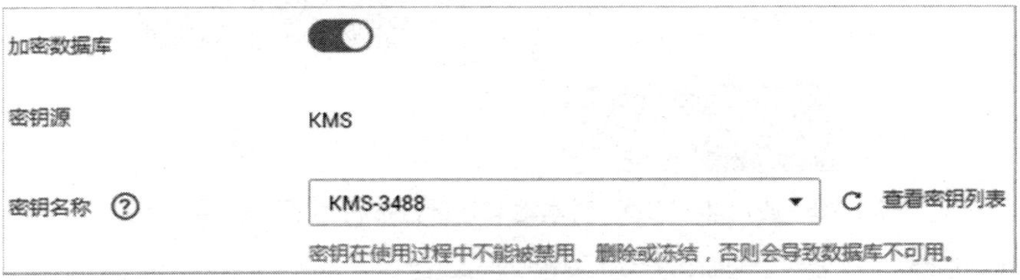

图4-28 打开"加密数据库"开关

（3）根据界面提示，配置其他基本信息。

4.4.3 使用加密 SDK 进行本地文件的加密和解密

文件加密是指通过指定算法对文本信息进行加密,使其无法被窃取或修改。

加密 SDK(Encryption SDK)是一个客户端密码库,可以提供数据加密、数据解密、文件流加密、文件流解密等功能,旨在帮助用户专注于应用程序的核心功能。用户无须关心数据加密和解密的实现过程,只需调用加密和解密的 API,即可轻松实现海量数据的加密和解密。

1. 应用场景

通过 HTTPS 请求将大型文件、图片等数据发送到 KMS 中进行保护,会消耗大量的网络资源,降低加密效率。

2. 解决方案

加密 SDK 可以根据文件流分段信封加密的原理进行加密。

在数据加密过程中,可以在加密 SDK 内部使用 KMS 生成数据密钥。由于文件在内存中分段进行加密和解密,在通过网络传输数据时不会进行加密和解密,因此可以确保文件加密的安全性和准确性。

在使用加密 SDK 对大型文件进行加密或解密的过程中,会先将其分段读取到内存中,再分段对其进行加密或解密并写入目标文件,直至完成整个文件的加密或解密。

3. 操作流程

使用加密 SDK 对本地文件进行加密和解密的操作流程如图 4-29 所示。

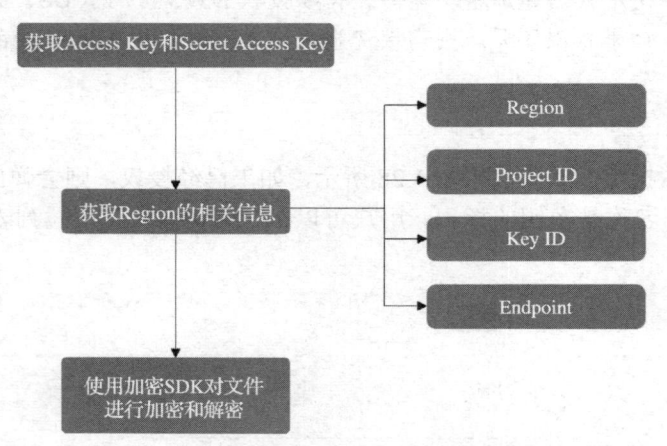

图 4-29 使用加密 SDK 对本地文件进行加密和解密的操作流程

4. 操作步骤

(1) 获取 Access Key 和 Secret Access Key。
- ACCESS_KEY:华为云账号的 Access Key。
- SECRET_ACCESS_KEY:华为云账号的 Secret Access Key。

（2）获取 Region 的相关信息。

步骤 1：登录管理控制台。

步骤 2：将鼠标移动至右上方的用户名上，在弹出的下拉列表中选择"我的凭证"选项，打开"我的凭证"页面。

步骤 3：在"API 凭证"界面的"项目列表"列表框中，可以获取项目 ID（Project ID）和项目（Region），如图 4-30 所示。

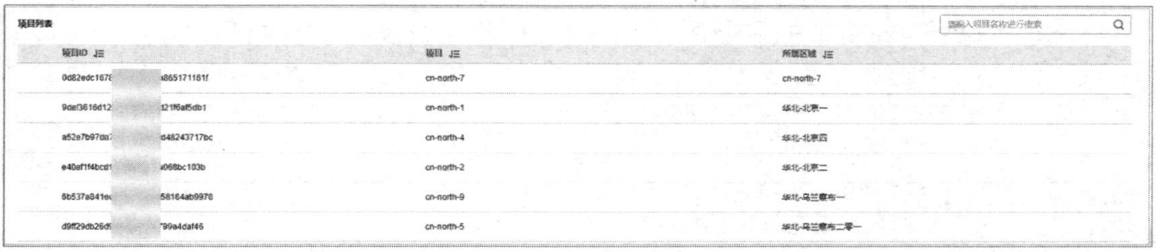

图 4-30　获取项目 ID 和项目

步骤 4：单击左上角的三按钮，在弹出的导航面板中选择"安全与合规"→"数据加密服务 DEW"选项，打开"数据加密控制台"页面，默认进入"密钥管理"界面。

步骤 5：获取当前 Region 需要使用的主密钥 ID（Key ID），如图 4-31 所示（"别名/ID"列中的内容）。

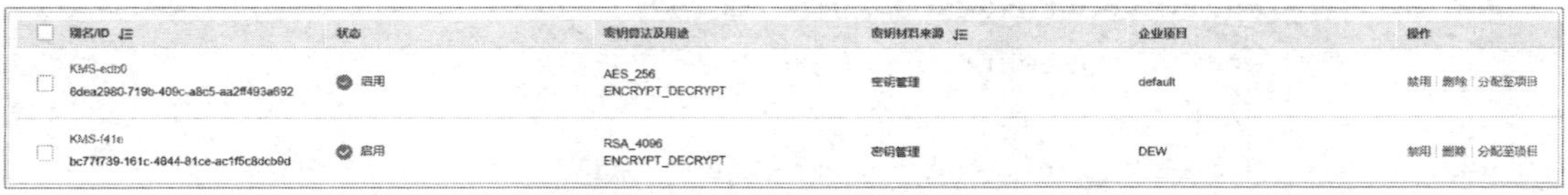

图 4-31　获取主密钥 ID

步骤 6：获取当前 Region 需要使用的终端节点（Endpoint），如图 4-32 所示。终端节点是调用 API 的请求地址。不同服务、不同区域的终端节点不同。

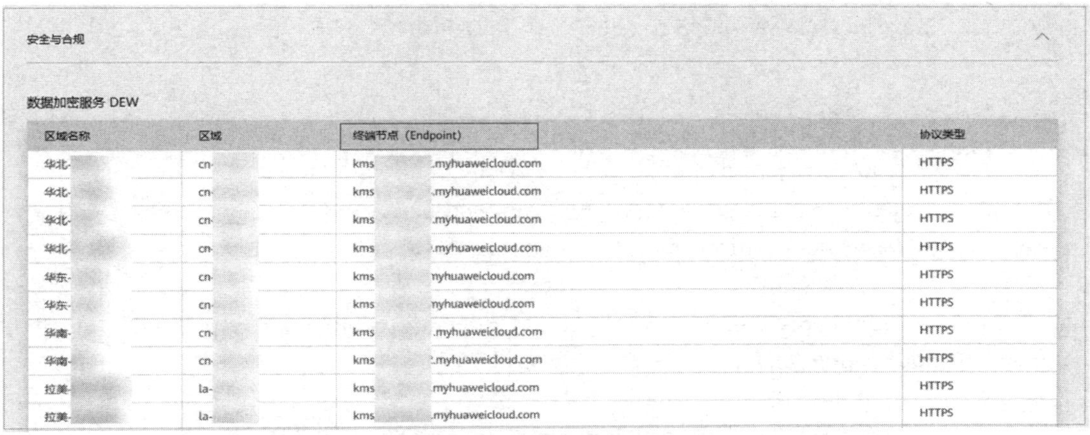

图 4-32　获取终端节点

（3）使用加密 SDK 对文件进行加密和解密。

使用加密 SDK 对文件进行加密和解密的示例代码如下：

```java
public class KmsEncryptFileExample {

    private static final String ACCESS_KEY = "<AccessKey>";
    private static final String SECRET_ACCESS_KEY = "<SecretAccessKey>";
    private static final String PROJECT_ID = "<projectId>";
    private static final String REGION = "<region>";
    private static final String KEYID = "<keyId>";
    public static final String ENDPOINT = "<endpoint>";

    public static void main(String[] args) throws IOException {
        // 源文件路径
        String encryptFileInPutPath = args[0];
        // 加密后的密文文件路径
        String encryptFileOutPutPath = args[1];
        // 解密后的文件路径
        String decryptFileOutPutPath = args[2];
        // 加密上下文
        Map<String, String> encryptContextMap = new HashMap<>();
        encryptContextMap.put("encryption", "context");
        encryptContextMap.put("simple", "test");
        encryptContextMap.put("caching", "encrypt");
        // 构建加密配置
        HuaweiConfig config = HuaweiConfig.builder().buildSk(SECRET_ACCESS_KEY)
                .buildAk(ACCESS_KEY)
                .buildKmsConfig(Collections.singletonList(new KMSConfig(REGION, KEYID, PROJECT_ID, ENDPOINT)))

                .buildCryptoAlgorithm(CryptoAlgorithm.AES_256_GCM_NOPADDING)
                .build();
        HuaweiCrypto huaweiCrypto = new HuaweiCrypto(config);
        // 设置密钥环
        huaweiCrypto.withKeyring(new KmsKeyringFactory().getKeyring(KeyringTypeEnum. KMS_MULTI_REGION.getType()));
        // 加密文件
        encryptFile(encryptContextMap, huaweiCrypto, encryptFileInPutPath, encryptFileOutPutPath);
        // 解密文件
        decryptFile(huaweiCrypto, encryptFileOutPutPath, decryptFileOutPutPath);
    }

    private static void encryptFile(Map<String, String> encryptContextMap,
```

```
HuaweiCrypto huaweiCrypto,
                                      String encryptFileInPutPath, String
encryptFileOutPutPath) throws IOException {
            // fileInputStream 是加密后文件对应的输入流
            FileInputStream fileInputStream = new FileInputStream
(encryptFileInPutPath);
            // fileOutputStream 是源文件对应的输出流
            FileOutputStream fileOutputStream = new FileOutputStream
(encryptFileOutPutPath);
            // 加密
            huaweiCrypto.encrypt(fileInputStream, fileOutputStream,
encryptContextMap);
            fileInputStream.close();
            fileOutputStream.close();
        }

        private static void decryptFile(HuaweiCrypto huaweiCrypto, String
decryptFileInPutPath, String decryptFileOutPutPath) throws IOException {
            // fileInputStream 是源文件对应的输入流
            FileInputStream fileInputStream = new FileInputStream
(decryptFileInPutPath);
            // fileOutputStream 是加密后文件对应的输出流
            FileOutputStream fileOutputStream = new FileOutputStream
(decryptFileOutPutPath);
            // 解密
            huaweiCrypto.decrypt(fileInputStream, fileOutputStream);
            fileInputStream.close();
            fileOutputStream.close();
        }
    }
```

4.4.4 跨 Region 容灾的加密和解密

1. 应用场景

当单 Region 的加密和解密出现服务侧故障，无法再对数据进行加密和解密操作时，用户可以利用 KMS 实现跨 Region 容灾的加密和解密，保证业务不中断。

2. 解决方案

当一个或多个 Region 的 KMS 出现故障时，只要密钥环中存在一个可用的 Region，就可以对数据进行加密和解密。

跨 Region 密钥环支持同时使用多个 Region 的主密钥对一个数据进行加密，生成唯一的数据密文。解密使用的密钥环，可以使用加密数据时的密钥环，也可以使用其他密钥环，只需包含一个或多个加密密钥环中使用的可用的用户主密钥。

3. 操作流程

跨 Region 容灾的加密和解密的操作流程如图 4-33 所示。

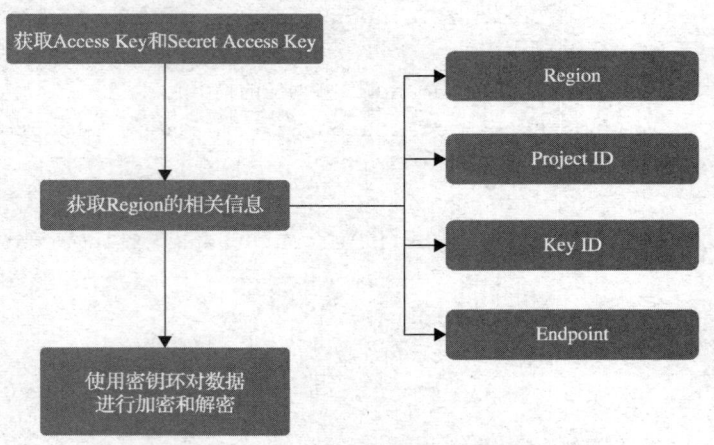

图 4-33　跨 Region 容灾的加密和解密的操作流程

4. 操作步骤

（1）获取 Access Key 和 Secret Access Key。
- ACCESS_KEY：华为云账号的 Access Key。
- SECRET_ACCESS_KEY：华为云账号的 Secret Access Key。

（2）获取 Region 的相关信息。

步骤 1：登录管理控制台。

步骤 2：将鼠标移动至右上方的用户名上，在弹出的下拉列表中选择"我的凭证"选项，打开"我的凭证"页面。

步骤 3：在"API 凭证"界面的"项目列表"列表框中，可以获取项目 ID（Project ID）和项目（Region），如图 4-34 所示。

图 4-34　获取项目 ID 和项目

步骤 4：单击左上角的三按钮，在弹出的导航面板中选择"安全与合规"→"数据加密服务 DEW"选项，打开"数据加密控制台"页面，默认进入"密钥管理"界面。

步骤 5：获取当前 Region 需要使用的主密钥 ID（Key ID），如图 4-35 所示（"别名/ID"列中的内容）。

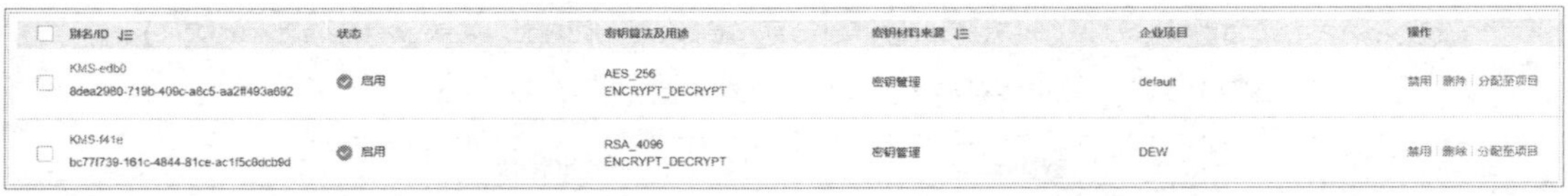

图 4-35 获取主密钥 ID

（3）使用密钥环对数据进行加密和解密。

使用密钥环对数据进行加密和解密的示例代码如下：

```java
public class KmsEncryptionExample {
    private static final String ACCESS_KEY = "<AccessKey>";
    private static final String SECRET_ACCESS_KEY = "<SecretAccessKey>";

    private static final String PROJECT_ID_1 = "<projectId1>";
    private static final String REGION_1 = "<region1>";
    private static final String KEYID_1 = "<keyId1>";

    public static final String PROJECT_ID_2 = "<projectId2>";
    public static final String REGION_2 = "<region2>";
    public static final String KEYID_2 = "<keyId2>";

    // 需要加密的数据
    private static final String PLAIN_TEXT = "Hello World!";

    public static void main(String[] args) {
        // 主密钥列表
        List<KMSConfig> kmsConfigList = new ArrayList<>();
        kmsConfigList.add(new KMSConfig(REGION_1, KEYID_1, PROJECT_ID_1));
        kmsConfigList.add(new KMSConfig(REGION_2, KEYID_2, PROJECT_ID_2));
        // 构建加密相关信息
        HuaweiConfig multiConfig = HuaweiConfig.builder().buildSk(SECRET_ACCESS_KEY)
                .buildAk(ACCESS_KEY)
                .buildKmsConfig(kmsConfigList)
                .buildCryptoAlgorithm(CryptoAlgorithm.AES_256_GCM_NOPADDING)
                .build();
        // 选择密钥环
        KMSKeyring keyring = new KmsKeyringFactory().getKeyring(KeyringTypeEnum.KMS_MULTI_REGION.getType());
        HuaweiCrypto huaweiCrypto = new HuaweiCrypto(multiConfig).withKeyring(keyring);
        // 加密上下文
```

```java
            Map<String, String> encryptContextMap = new HashMap<>();
            encryptContextMap.put("key", "value");
            encryptContextMap.put("context", "encrypt");
            // 加密
            CryptoResult<byte[]> encryptResult = huaweiCrypto.encrypt(new EncryptRequest(encryptContextMap, PLAIN_TEXT.getBytes(StandardCharsets.UTF_8)));
            // 解密
            CryptoResult<byte[]> decryptResult = huaweiCrypto.decrypt(encryptResult.getResult());
            Assert.assertEquals(PLAIN_TEXT, new String(decryptResult.getResult()));
        }
    }
```

4.5 本章小结

本章主要介绍鲲鹏云系统中的数据加密服务,包括密钥管理服务、云凭据管理服务、密钥对管理服务、专属加密等。通过学习本章内容,读者可以深入了解鲲鹏云中常用的数据加密服务,掌握数据加密服务的配置和使用方法,从而借助该服务开发自己的加密应用程序。

4.6 本章练习

1. 如果一个用户希望对其密钥进行全生命周期管理,包括创建、查看、启用、禁用、计划删除和取消删除用户主密钥,以及修改自定义密钥的别名和描述,那么他应该使用哪项华为云服务?这项服务是如何保护用户密钥安全的?

2. 当用户需要对大量数据进行加密和解密时,他们可以采用什么方式完成该操作?应该如何进行文件的加密和解密?

3. 为什么需要使用 CSMS?列举并解释 CSMS 的 4 个主要功能。

第 5 章 数据库安全审计实践

5.1 本章导读

数据库安全服务（Database Security Service，DBSS）主要基于机器学习机制和大数据分析技术，可以提供数据库安全审计、SQL 注入攻击检测、风险操作识别等功能，从而保障云上数据库的安全。数据库安全审计是数据库安全服务的主要部分。本章主要介绍鲲鹏云系统中数据库安全审计的相关知识和应用。

1. 知识目标

- 了解数据库安全审计的概念和原理。
- 了解数据库安全审计的功能特性和产品优势。
- 了解数据库安全审计的部署架构。

2. 能力目标

- 能够熟练地审计 ECS 的自建数据库和关系型数据库。
- 能够熟练地进行数据库检测。
- 能够熟练地进行数据库审计配置。

3. 素养目标

- 培养以科学的思维方式审视专业问题的能力。
- 培养实际动手操作与团队合作的能力。

5.2 知识准备

5.2.1 数据库安全审计

1. 什么是数据库安全审计

数据库安全审计可以对数据库的所有访问和操作行为进行监控和记录，以便在发生安全事件时提供追责、定责的依据;可以对数据库的访问流量进行深度解析和审计,识别违规操作和安全威胁,并且提供实时告警和审计记录查询功能。

1)数据库安全审计支持的数据库

数据库安全审计仅支持对华为云上的以下数据库提供旁路模式的数据库审计功能。

- 关系型数据库。
- ECS 的自建数据库。
- BMS 的自建数据库。

数据库安全审计支持的数据库类型及版本如表 5-1 所示。

表 5-1 数据库安全审计支持的数据库类型及版本

数据库类型	版本
MySQL	5.0、5.1、5.5、5.6、5.7、8.0(8.0.11 及之前的子版本)、8.0.23、8.0.25
Oracle	11.1.0.6.0、11.2.0.1.0、11.2.0.2.0、11.2.0.3.0、11.2.0.4.0、12.1.0.2.0、12.2.0.1.0、19c
PostgreSQL	7.4、8.0、8.1、8.2、8.3、8.4、9.0、9.1、9.2、9.3、9.4、9.5、9.6、10.0、10.1、10.2、10.3、10.4、10.5、11.0、12.0、13.0
SQL Server	2008、2008 R2、2012、2014、2016、2017
DWS	1.5、8.1
神通数据库	V7.0
GBase 8a	V8.5
GBase 8s	V8.8
Gbase XDM Cluster	V8.0
Greenplum	V6.0
HighGo	V6.0
GaussDB	MySQL 8.0
GaussDB	1.4 企业版
达梦数据库	DM8
KingbaseES	V8
MongoDB	V5.0
HBase	1.3.1、2.2.3
Hive	1.2.2、2.3.9、3.1.2、3.1.3

2)数据库安全审计的特点

数据库安全审计的特点如下。

- 助力企业满足等保合规要求。例如,满足等保测评数据库审计需求,满足国内外安全法案合规需求,提供满足数据安全标准(如 Sarbanes-Oxley 法案)的合规报告。
- 支持备份和恢复数据库审计日志,满足审计数据保存期限的要求。
- 提供风险分布、会话统计、会话分布、SQL 分布的实时监控功能。
- 提供对风险行为和攻击行为进行实时告警的功能,及时响应数据库攻击。
- 帮助用户对内部违规和不正当操作进行定位追责,保障数据资产安全。

数据库安全审计采用数据库旁路部署方式,在不影响用户业务的前提下,可以对数据库进行灵活的审计。

- 基于数据库风险操作,监视数据库登录、操作类型(如数据定义、数据操作和数据控制）和操作对象，从而有效地对数据库进行审计。
- 从风险、会话、SQL 注入等多个维度进行分析，帮助用户及时了解数据库状况。
- 提供审计报表模板库，可以生成日报、周报、月报（可以设置报表生成频率），并且支持发送报表生成的实时告警通知，帮助用户及时获取审计报表。

2. 数据库安全审计的功能特性

数据库安全审计的功能特性如下。

1）用户行为发现审计。
- 关联应用层和数据库层的访问操作。
- 提供内置或自定义的隐私数据保护规则，防止审计日志中的隐私数据（如账号密码）在控制台上以明文显示。

2）多维度线索分析。
- 行为线索：支持审计时长、SQL 语句总量、风险总量、风险分布、会话统计、SQL 分布等多维度的快速分析。
- 会话线索：支持根据时间、数据库用户、客户端等进行分析。
- 语句线索：提供时间、风险等级、数据用户、客户端 IP 地址、数据库 IP 地址、操作类型、规则等多种语句搜索条件。

3）风险操作、SQL 注入实时告警。
- 数据库安全审计支持通过操作类型、操作对象、风险等级等多种元素细粒度定义要求监控的风险操作。
- 数据库安全审计可以提供 SQL 注入库，用于基于 SQL 命令特征或风险等级，发现数据库异常行为，并且立即发出告警通知。
- 当系统资源（如 CPU、内存和磁盘）占用率达到设置的告警阈值时，会立即发出告警通知。

4）针对各种行为提供精细化报表。
- 针对会话行为提供客户端和数据库的用户会话分析报表。
- 针对风险操作提供风险分布情况分析报表。
- 针对合规报表提供符合数据安全标准（如 Sarbanes-Oxley 法案）的合规报告。

3. 数据库安全审计的产品优势

数据库安全审计可以为数据库提供安全审计功能，用于对风险行为进行实时告警。此外，通过生成满足数据安全标准的合规报告，数据库安全审计可以对数据库中的违规和不正当操作进行定位追责，从而保障数据资产的安全。数据库安全审计的产品优势如下。
- 部署简单。采用数据库旁路部署方式，操作简单，可以快速上手。
- 全量审计。支持对华为云上的 RDS、ECS/BMS 的自建数据库进行审计。
- 快速识别。实现 99%+的应用关联审计、完整的 SQL 解析、精确的协议分析。
- 高效分析。每秒万次入库、海量存储、亿级数据秒级响应。
- 多种合规。满足等保三级数据库审计需求，符号网安法、SOX 等国内外法案。
- "三权分立"。系统管理员、安全管理员、审计管理员权限分离，满足安全审计需求。

5.2.2 部署架构与安全

1. 部署架构

数据库安全审计采用数据库旁路部署方式，支持对华为云上的关系型数据库、ECS 的自建数据库、BMS 的自建数据库进行审计。数据库安全审计的 Agent 部署架构如图 5-1 所示。

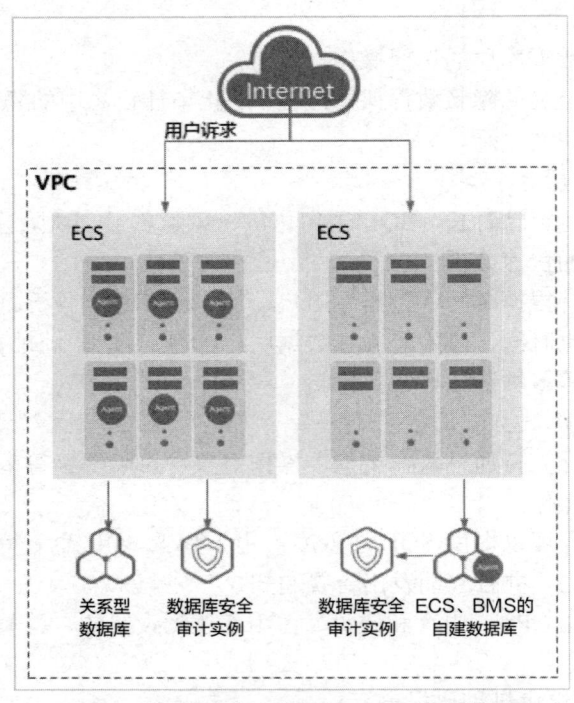

图 5-1 数据库安全审计的 Agent 部署架构

数据库安全审计的 Agent 部署架构说明如下。
- 关系型数据库：在应用端或代理端部署 Agent。
- ECS、BMS 的自建数据库：在数据库端部署 Agent。

2. 安全

1）责任共担

华为云秉持"将公司对网络和业务安全性保障的责任置于公司的商业利益之上"的原则，针对层出不穷的云安全挑战，以及无孔不入的云安全威胁与攻击，在遵循法律法规和业界标准的基础上，以安全生态圈为"护城河"，依托华为云独有的软硬件优势，构建面向不同区域和行业的云服务安全保障体系。保障云服务的安全性是华为云与用户的共同责任。华为云安全责任共担模型如图 5-2 所示。

① 华为云责任：负责云服务自身的安全，提供安全的云。华为云的安全责任在于保障其提供的 IaaS、PaaS 和 SaaS 等云服务自身的安全，涵盖华为云数据中心的物理环境设施和运行其上的基础服务、平台服务、应用服务等，不仅包括华为云基础设施和各项云服务

技术的安全功能和性能,还包括运维运营安全及更广义的安全合规等。

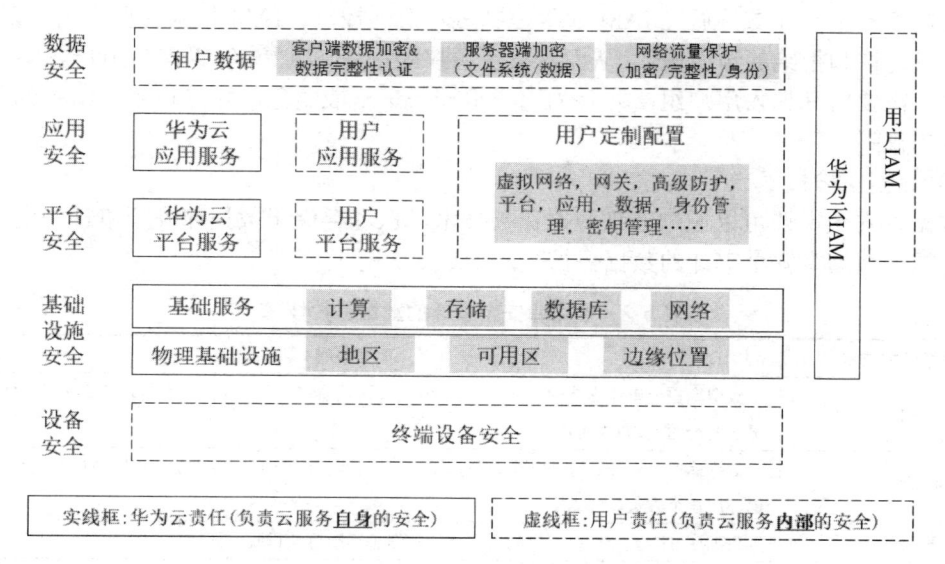

图 5-2　华为云安全责任共担模型

② 用户责任:负责云服务内部的安全,安全地使用云。华为云用户的安全责任在于对使用的 IaaS、PaaS 和 SaaS 等云服务内部的安全及对用户定制的配置进行安全、有效的管理,包括对虚拟主机和访客虚拟机的操作系统进行安全配置,对虚拟网络、虚拟防火墙、API 网关和高级安全服务进行安全配置,对各项云服务、用户数据、身份账号和密钥管理等进行安全配置。

《华为云安全白皮书》详细介绍了华为云安全的实现思路与措施,包括云安全战略、责任共担模型、合规与隐私、安全组织与人员、基础设施安全、用户服务与用户安全、工程安全、运维运营安全、生态安全。

2)资产识别与管理

数据库安全审计实例创建在用户的 ECS 上。用户通过该实例,可以为关系型数据库、ECS 的自建数据库、BMS 的自建数据库提供安全审计功能。数据库安全审计对接了 RMS(Resource Management System,资源管理服务)、TMS(标签管理服务),用户可以登录这些服务页面,查看数据库安全审计实例的相关信息。

3)身份认证与访问控制

① 身份认证

用户访问数据库安全审计的方式有多种,包括数据库安全审计控制台、API、SDK,无论将访问方式封装成何种形式,其本质都是通过数据库安全审计提供的 REST 风格的 API 进行请求的。数据库安全审计的 API 需要经过身份认证,才可以访问成功。数据库安全审计支持的身份认证方式如下。

- Token 认证:通过 Token 认证调用请求,访问数据库安全审计控制台。默认使用 Token 认证机制。
- AK/SK 认证:通过 AK(Access Key ID)/SK(Secret Access Key)加密调用请求。推荐使用 AK/SK 认证,其安全性比 Token 认证要高。

② 访问控制

数据库安全审计支持通过 IAM 权限控制进行访问控制。IAM 权限主要作用于云资源，它定义了允许和拒绝的访问操作，从而对云资源权限进行访问控制。管理员用户在创建 IAM 用户后，需要将其加入用户组，并且为用户组授予策略或角色，才能使用户组中的用户获得相应的权限。

4) 数据保护技术

数据库安全审计可以通过多种数据保护技术，保证存储于数据库安全审计中的数据安全、可靠。数据库安全审计的数据保护技术如表 5-2 所示。

表 5-2　数据库安全审计的数据保护技术

数据保护技术	简要说明
传输加密（HTTPS）	数据库安全审计支持 HTTP 和 HTTPS 两种传输协议。为了保证数据传输的安全性，推荐使用更加安全的 HTTPS 协议
个人数据保护	数据库安全审计通过控制个人数据访问权限、记录操作日志等方法，可以防止个人数据泄露，保证用户个人数据的安全
隐私数据保护	数据库安全审计会对存储的用户审计数据进行敏感数据脱敏处理
数据备份	数据库安全审计支持用户手动、自动备份审计日志（将审计日志备份到 OBS 桶中）
数据销毁	数据库安全审计在用户主动删除数据库安全审计实例或用户销户的情况下，会删除相应用户的数据库安全审计实例

5) 审计与日志

① 审计

数据库安全审计可以对普通用户、管理员用户的所有活动情况进行审计，并且生成合规性报告。数据库安全审计通过记录流量、入侵、异常监控、数据脱敏、远程工作等日志，对具体用户的异常操作进行锁定追踪，对特定事件进行实时告警，对 TOP 活动进行可视化呈现，满足 ISO27001、信息安全等级保护测评等对数据库审计的要求。

数据库安全审计可以提供系统行为审计功能。系统行为审计是指系统操作行为全记录，会针对用户设置的高、中、低风险行为发送告警通知。

- SQL 注入检测：利用数据库安全审计可以添加 SQL 注入检测规则，用户可以根据需要添加 SQL 规则，用于对成功连接数据库安全审计的所有数据库进行安全审计。
- 风险操作检测：数据库安全审计内置了"数据库拖库检测"和"数据库慢 SQL 检测"两条风险操作检测规则，帮助用户及时发现数据库安全风险。用户也可以通过添加风险操作检测规则，自定义数据库需要审计的风险操作。

配置系统告警功能，并且针对系统操作和系统环境制定不同的告警方式和告警级别，数据库安全审计能以邮件和系统消息的方式发送告警通知，以便用户及时发现系统异常和用户异常操作。

数据库安全审计已经接入云审计服务（CTS），可以提供专业的日志审计服务，提供对各种云资源操作记录的收集、存储和查询功能，适用于安全分析、合规审计、资源跟踪和问题定位等应用场景。

② 日志

出于分析或审计等目的，用户在开启 CTS 后，系统会记录数据库安全审计对资源的操作。CTS管理控制台可以保存最近7天的操作记录。

6）服务韧性

数据库安全审计可以提供四层可信架构，在检测、承受、恢复和适应方面确保系统在收到攻击后可以手动、自动恢复服务能力，保障服务和数据的持久性和可靠性，如表5-3所示。

表5-3 数据库安全审计提供的四层可信架构

可信架构分类	可信架构的能力项	功能	分类
检测	入侵检测	支持主机异常检测，部署主机安全服务，检测准确率高于98%，检测时长为1分钟	安全
	监控	针对微服务的异常日志发出相应的告警	系统
承受	数据备份	支持对关键数据进行100%备份。即使数据库被完全损坏，也可以根据以前备份的数据恢复业务。用户业务日志会被备份到OBS桶中	系统
	快速响应	在发生AZ级或Region级服务故障时，可以快速进行检测和恢复；数据库安全审计属于旁路业务，不会影响业务系统	系统
	服务解耦	提供一系列小型服务，如微服务架构化、各项微服务独立部署和启停	系统
恢复	虚拟机级恢复	支持对单虚拟机故障进行自动重建和手动重建	系统
	系统级恢复	自动恢复和系统手动恢复	系统
适应	密钥自动轮转	SCC（Spring Cloud Config，分布式配置管理系统）密钥定期自动更换	安全
	证书自动轮转	内部微服务通信证书定期自动更换	安全
	账号口令自动轮转	服务账号口令定期自动更换	安全

7）监控安全风险

数据库安全审计可以提供基于云监控服务的资源和操作监控能力，帮助用户查看数据库安全审计的相关指标，及时了解数据库的安全状况。用户可以实时掌握数据库安全审计实例的CPU使用率、内存使用率和磁盘使用率等信息。

8）认证证书

认证证书分为3类，分别为合规证书、资源中心及销售许可证&软件著作权证书。

① 合规证书

华为云服务及平台通过了多项国内外权威机构（如ISO、SOC、PCI等）的安全合规认证，用户可以在"合规证书下载"界面中自行申请并下载合规证书，如图5-3所示。

② 资源中心

为了满足用户的安全合规性要求，华为云在"资源中心"界面中提供了相应的资源，如图5-4所示。

③ 销售许可证&软件著作权证书

华为云在"合规资质证书"界面中提供了销售许可证及软件著作权证书，供用户下载和参考，如图5-5所示。

图 5-3 "合规证书下载"界面

图 5-4 "资源中心"界面

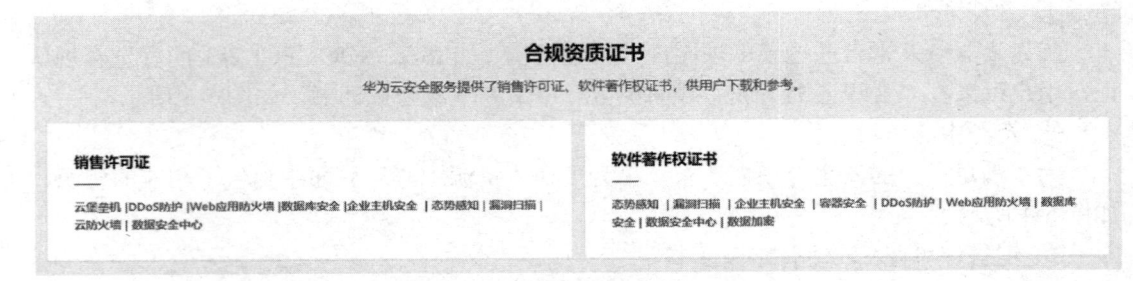

图 5-5 "合规资质证书"界面

5.2.3 个人数据保护机制

为了确保网站访问者的个人数据（如用户名、密码、手机号码等）不被未经过认证、授权的实体或个人获取，数据库安全审计会通过控制个人数据访问权限、记录操作日志等方法防止个人数据泄露，保证用户个人数据的安全。

1. 数据库安全审计收集和产生的个人数据

数据库安全审计收集和产生的个人数据如表 5-4 所示。

表 5-4　数据库安全审计收集和产生的个人数据

类型	收集方式	是否可以修改	是否必需
用户名	在登录管理控制台时，由用户在登录界面中输入	否	是，用户名是用户的身份标识信息
邮箱	在数据库安全审计设置邮件通知时，由用户在界面中输入	是	否

2. 个人数据的存储方式

- 用户名：不属于敏感数据，采用明文存储方式。
- 邮箱：采用加密存储方式。

3. 个人数据的访问权限控制

拥有 DBSS System Administrator 权限的用户可以开启邮箱通知功能，并且只能查看自己业务的邮箱信息。

4. 日志记录

对于用户个人数据的所有非查询类操作，如创建实例、删除实例等，数据库安全审计都会记录审计日志并将其上传至 CTS 中。用户只可以查看自己的审计日志。

5.2.4 数据库安全审计资源的权限管理

如果需要针对华为云上购买的数据库安全审计资源，为企业中的员工设置不同的访问权限，实现不同员工之间的权限隔离，则可以通过 IAM 进行精细的权限管理。IAM 可以提供用户身份认证、权限分配、访问控制等功能，帮助用户安全地访问华为云资源。

可以在华为云账号中为员工创建 IAM 用户，并且授权控制员工对华为云资源的访问范围。例如，对于负责软件开发的人员，企业希望他们拥有数据库安全审计资源的使用权限，但是不希望他们拥有删除数据库安全审计资源等高危操作的权限。此时，可以为开发人员创建 IAM 用户，并且为其授予仅能使用数据库安全审计资源、不能删除数据库安全审计资源的权限，控制员工对数据库安全审计资源的使用范围。

如果读者的华为云账号已经可以满足企业的要求，不需要创建独立的 IAM 用户进行权限管理，则可以跳过本节内容，不影响使用数据库安全审计的其他功能。

IAM 是华为云提供权限管理的基础服务，无须付费就能使用，只需为账号中的资源进行付费。

在默认情况下，管理员创建的 IAM 用户没有任何权限，需要将其加入用户组，并且给用户组配置策略或角色,才能使用户组中的用户获得相应的权限,这个过程称为授权。在授权后,用户就可以基于被授予的权限对云资源进行操作了。

在部署数据库安全审计时,通过对物理区域进行划分,可以提供项目级别的服务。在授权时,需要将作用范围设置为区域级项目,然后在指定区域(如"华北-北京四"区域)对应的项目(cn-north-1)中设置相关权限,使该权限仅对该项目生效;如果在所有项目中设置权限,那么该权限在所有区域项目中都生效。在访问数据库安全审计时,需要先切换至授权区域。

数据库安全审计中的系统角色如表 5-5 所示。由于华为云中的各服务之间存在业务交互关系,数据库安全审计的角色依赖其他服务的角色实现功能,因此在为用户配置数据库安全审计的角色时,需要同时配置其依赖的角色,才能使数据库安全审计的权限生效。

表 5-5 数据库安全审计中的系统角色

角色名称	描述	依赖关系
DBSS System Administrator	数据库安全审计的操作权限:购买实例、开启实例、关闭实例、重启实例、获取实例列表、获取基本信息、获取审计概况、获取监控信息、获取操作日志、进行数据库管理、Agent 管理、邮件设置、备份与恢复	在进行付费操作(如购买数据库安全审计实例、续费)时,需要同时具有 VPC Administrator 角色、DBSS Administrator 角色和 ECS Administrator 角色。 • VPC Administrator:具有对 VPC 的所有执行权限。属于项目级角色,在同项目中勾选。 • DBSS Administrator:具有对账号中心、费用中心、资源中心中的所有菜单项的执行权限。属于项目级角色,在同项目中勾选。 • ECS Administrator:具有对 ECS 的所有执行权限。属于项目级角色,在同项目中勾选
DBSS Audit Administrator	数据库安全审计的操作权限:获取实例列表、获取基本信息、获取审计概况、获取报表结果、获取规则信息、获取语句信息、获取会话信息、获取监控信息、获取操作日志、获取数据库列表,进行报表管理	无
DBSS Security Administrator	数据库安全审计的操作权限:获取实例列表、获取基本信息、获取审计概况、获取报表结果、获取规则信息、获取语句信息、获取会话信息、获取监控信息、获取操作日志、获取数据库列表,进行审计规则设置、告警通知设置、报表管理	无

数据库安全审计的常用操作与系统权限之间的关系如表 5-6 所示,可以参照该表选择合适的系统权限。

表 5-6 数据库安全审计的常用操作与系统权限之间的关系

子服务	操作	DBSS System Administrator	DBSS Audit Administrator	DBSS Security Administrator
数据库安全审计	购买实例	√	×	×
	开启、关闭、重启实例	√	×	×
	获取实例列表	√	√	√

续表

子服务	操作	DBSS System Administrator	DBSS Audit Administrator	DBSS Security Administrator
数据库安全审计	获取基本信息	√	√	√
	获取审计概况	√	√	√
	获取监控信息	√	√	√
	获取操作日志	√	√	√
	进行数据库管理	√	×	×
	进行 Agent 管理	√	×	×
	进行邮件设置	√	×	×
	进行备份与恢复	√	×	×
	获取报表结果	×	√	√
	获取规则信息	×	√	√
	获取语句信息	×	√	√
	获取会话信息	×	√	√
	获取数据库列表	√	√	√
	进行报表管理	×	√	√
	进行审计规则设置	×	×	√
	进行告警通知设置	×	×	√

5.3 任务分解

本章旨在让读者掌握鲲鹏云中数据库安全审计的相关知识。在知识准备的基础上，我们可以将本章内容拆分为 4 个实操任务，具体的任务分解如表 5-7 所示。

表 5-7 任务分解

任务名称	任务目标	安排学时
审计 ECS 的自建数据库	通过在云端进行设置，对 ECS 的自建数据库进行安全审计	2 学时
审计关系型数据库	对关系型数据库（部署于 ECS 上）进行安全审计	2 学时
数据库检测实践	对数据库风险操作进行检测，包括数据库拖库检测、数据库慢 SQL 检测、数据库脏表检测	2 学时
数据库审计配置	对 Oracle RAC 集群数据库进行审计配置	2 学时

5.4 安全防护实践

5.4.1 审计 ECS 的自建数据库

数据库安全审计采用旁路部署模式，通过在数据库或应用系统服务器上部署数据库安全审计 Agent，获取访问数据库的流量，将流量数据上传到审计系统中，接收审计系统配置命令，上报数据库状态监控数据，实现对 ECS、BMS 自建数据库的安全审计。审计 ECS、

BMS 自建数据库的架构图如图 5-6 所示。

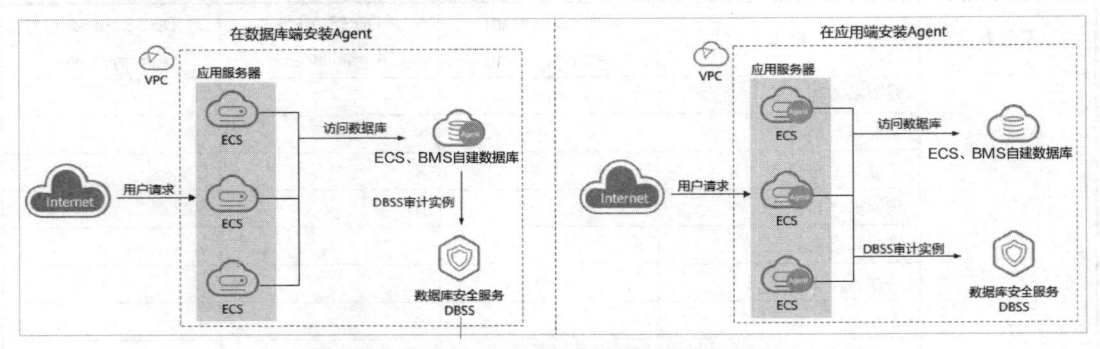

图 5-6 审计 ECS、BMS 自建数据库的架构图

1. 场景说明

假设在华为云的 ECS 上自建了一个数据库，该数据库的详细信息如表 5-8 所示。我们需要对该数据库中的违规和不正当操作进行定位追责，满足等保测评数据库审计的需求。下面详细介绍在该场景中，在数据库端安装 Agent、开启数据库安全审计功能和验证审计结果的相关操作。

表 5-8 ECS 的自建数据库的详细信息

数据库类型	MySQL
数据库版本	5.7
数据库 IP 地址	192.168.1.5
端口	3306
操作系统	64 位 Linux 操作系统

2. 约束与限制

- 使用数据库安全审计功能需要关闭数据库的 SSL。
- 待审计数据库与数据库安全审计需要在同一个区域内。
- 在购买数据库安全审计后，配置的 VPC 参数需要与 Agent 安装节点所在的 VPC 相同。

3. 操作步骤

1）购买数据库安全审计规格

用户需要根据业务需求购买数据库安全审计规格，并且配置数据库安全审计的相关参数。

2）添加数据库并开启安全审计功能

在购买数据库安全审计规格后，需要先将目标数据库添加至数据库安全审计实例中，再开启该数据库的安全审计功能。

（1）登录管理控制台。

（2）单击左上角的 按钮，选择区域或项目。单击左上角的 ≡ 按钮，在弹出的导航面板中选择"安全与合规"→"数据库安全服务 DBSS"选项，打开"数据库安全服务"页面。

（3）在左侧的导航栏中选择"数据库安全审计"→"数据库列表"选项，进入"数据库列表"界面。

（4）在"选择实例"下拉列表中选择需要添加数据库的数据库安全审计实例，然后单击"添加数据库"按钮。

（5）弹出"添加数据库"对话框，按照表 5-8 中的信息配置数据库参数，如图 5-7 所示。

图 5-7 "添加数据库"对话框

（6）单击"确定"按钮，即可将该数据库添加到数据库列表框中。此时，该数据库的"审计状态"为"已关闭"。

（7）在数据库列表框中，单击该数据库在"操作"列中的"开启"超链接，开启安全审计功能。此时，该数据库的"审计状态"变为"已开启"，"操作"列中的"开启"超链接变为"关闭"超链接。

3）添加 Agent

（1）在数据库列表框中，单击该数据库在 Agent 列中的"添加 Agent"超链接，如图 5-8 所示。

图 5-8 单击"添加 Agent"超链接

（2）弹出"添加 Agent"对话框，进行相关的参数设置，如图 5-9 所示。

（3）单击"确定"按钮，即可成功添加 Agent。

4）为安全组添加入方向规则

在添加 Agent 后，需要为数据库安全审计实例所在的安全组添加入方向规则，包括 TCP

协议（8000 端口）和 UDP 协议（7000~7100 端口），使 Agent 与数据库安全审计实例之间的网络连通。这时，数据库安全审计才能对添加的数据库进行安全审计。如果该安全组已配置安装节点的入方向规则，则跳过这部分内容，直接安装 Agent；如果该安全组未配置安装节点的入方向规则，则按照下面的操作步骤进行配置。

图 5-9 "添加 Agent"对话框

说明：也可以在成功安装 Agent 后，为安全组添加入方向规则。

（1）获取数据库 IP 地址。
（2）在数据库列表框的上方单击"添加安全组规则"按钮。
（3）弹出"添加安全组规则"对话框，记录数据库安全审计实例的"安全组名称"，如 default，如图 5-10 所示。

图 5-10 "添加安全组规则"对话框

（4）单击"前往处理"按钮，进入"安全组"界面。
（5）在列表框右上方的搜索框中输入安全组名称 default，然后单击搜索按钮或按回车键，即可以列表的形式显示 default 安全组的相关信息。
（6）单击 default 安全组，进入其配置界面。
（7）选择"入方向规则"选项卡，单击"添加规则"按钮，如图 5-11 所示。

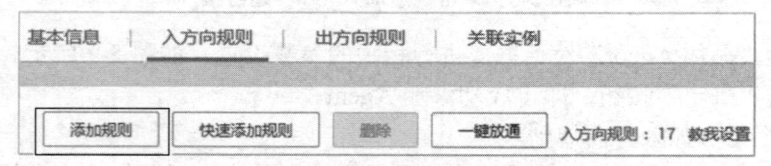

图 5-11 单击"添加规则"按钮

(8) 弹出"添加入方向规则"对话框，为安装节点 IP 地址添加 TCP 协议（8000 端口）和 UDP 协议（7000～7100 端口），如图 5-12 所示。

图 5-12 "添加入方向规则"对话框

(9) 单击"确定"按钮，即可为安全组添加入方向规则。

5) 安装 Agent

在为安全组添加入方向规则后，需要下载 Agent 安装包，并且将其上传到待安装 Agent 的节点上进行安装。将添加的数据库与数据库安全审计实例连接，数据库安全审计才能对添加的数据库进行安全审计。

每个 Agent 都有唯一的 AgentID。AgentID 是 Agent 连接数据库安全审计实例的重要密钥。如果将添加的 Agent 删除，那么在重新添加 Agent 后，需要重新下载和安装 Agent。

(1) 登录管理控制台，打开"数据库安全服务"页面。

(2) 在左侧的导航栏中选择"数据库安全审计"→"数据库列表"选项，进入"数据库列表"界面。

(3) 在"选择实例"下拉列表中选择需要下载 Agent 的数据库安全审计实例。

(4) 单击该数据库左侧的节点按钮，展开 Agent 的详细信息，在 Agent 的"操作"列中单击"下载 agent"超链接，如图 5-13 所示，将 Agent 安装包下载到本地。

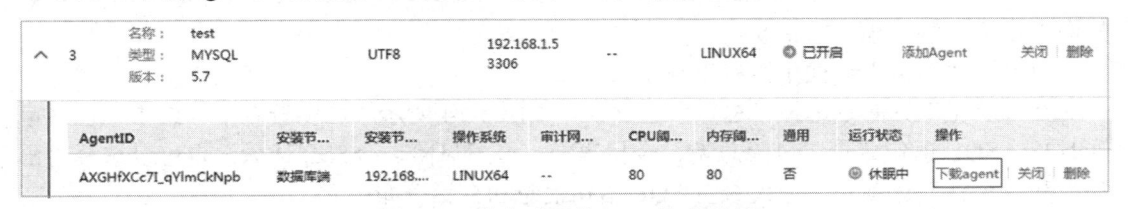

图 5-13 单击"下载 agent"超链接

(5) 使用跨平台传输工具（如 WinSCP），将下载的 Agent 安装包×××.tar 上传到待安装 Agent 的节点（图 5-13 中的"安装节点 IP"）上。

（6）使用跨平台远程访问工具（如 PuTTY），以 root 用户的身份通过 SSH 方式登录该安装节点。

（7）执行以下命令，进入 Agent 安装包×××.tar 所在的目录。

```
cd Agent 安装包所在的目录
```

（8）执行以下命令，解压缩 Agent 安装包×××.tar。

```
tar -xvf ×××.tar
```

（9）执行以下命令，进入 install.sh 脚本所在的目录。

```
cd install.sh 脚本所在的目录
```

（10）执行以下命令，安装 Agent。

```
sh install.sh
```

（11）如果界面中显示以下信息，则说明 Agent 安装成功。

```
start agent
starting audit agent
audit agent started
start success
install dbss audit agent done!
```

6）验证 Agent 与数据库安全审计实例之间的网络通信是否正常

在待审计的数据库与数据库安全审计实例连接成功后，需要验证 Agent 与数据库安全审计实例之间的网络通信是否正常。

（1）在 Agent 的安装节点上执行一条 SQL 语句或对数据库进行操作，如执行 SQL 语句"Select 1;"。

（2）在左侧的导航栏中选择"数据库安全审计"→"总览"选项，进入"总览"界面。

（3）在"选择实例"下拉列表中选择需要查看数据库慢 SQL 语句信息的数据库安全审计实例。

（4）选择"语句"选项卡，如果在 SQL 语句列表框中显示数据库操作记录，则说明 Agent 与数据库安全审计实例之间的网络通信正常。

7）查看审计结果

用户可以参考本部分内容在"总览"界面中查看审计结果，也可以根据需求在"报表"界面中生成、预览和下载报表。

（1）在"总览"界面中查看审计结果。

在"总览"界面中选择"总览"选项卡，如图 5-14 所示，可以查看审计结果，包括审计时长、SQL 语句总量、风险总量、今日语句、今日风险、今日会话量；也可以选择"语句"和"会话"选项卡，分别查看 SQL 语句信息和会话分布图。

（2）在"报表"界面中生成、预览和下载报表。

步骤 1：在左侧的导航栏中选择"数据库安全审计"→"报表"选项，进入"报表"界面，在"选择实例"下拉列表中选择需要生成审计报表的数据库安全审计实例，选择"报表管理"选项卡,如图 5-15 所示。

图 5-14 "总览"界面中的"总览"选项卡

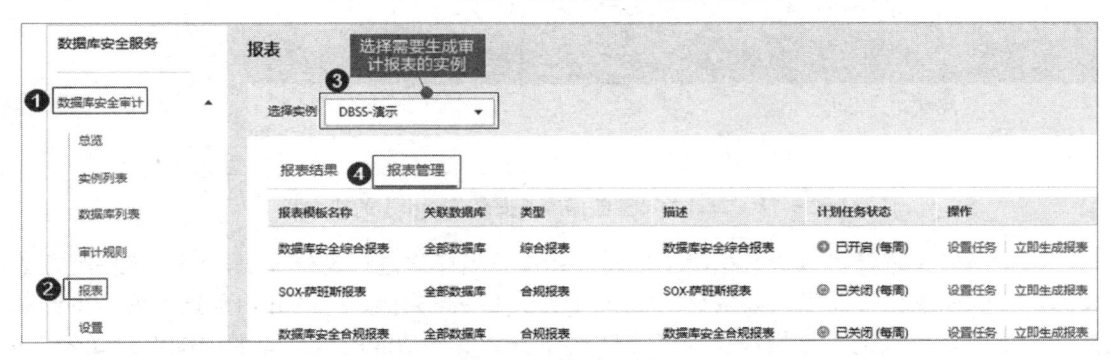

图 5-15 "报表"界面

步骤 2:在报表模板列表框中,单击需要生成报表的模板在"操作"列中的"立即生成报表"超链接。

步骤 3:在弹出的对话框中单击 按钮,设置报表的开始时间和结束时间,选择生成报表的数据库。

步骤 4:单击"确定"按钮,进入"报表结果"界面,可以查看报表的生成进度。在生成报表后,在报表的"操作"列中单击"预览"或"下载"超链接,可以预览或下载该报表,如图 5-16 所示。如果需要在线预览报表,则建议使用谷歌浏览器和火狐浏览器。

图 5-16 预览或下载报表

5.4.2 审计关系型数据库

1. 审计关系型数据库(安装 Agent)

1)方案概述

本方案主要介绍如何对关系型数据库(部署于 ECS 上)进行安全审计。

2）方案架构

为了进行数据库安全审计，我们采用旁路部署模式，也就是在连接数据库的应用系统服务器上安装数据库安全审计 Agent。数据库安全审计 Agent 负责捕获数据库的访问流量，并且将流量数据上传到审计系统中。此外，数据库安全审计 Agent 还负责接收来自审计系统的配置指令，并且回传数据库的状态监控信息。通过这个流程，我们能够对数据库进行全面的安全审计。审计关系型数据库（安装 Agent）的架构图如图 5-17 所示。

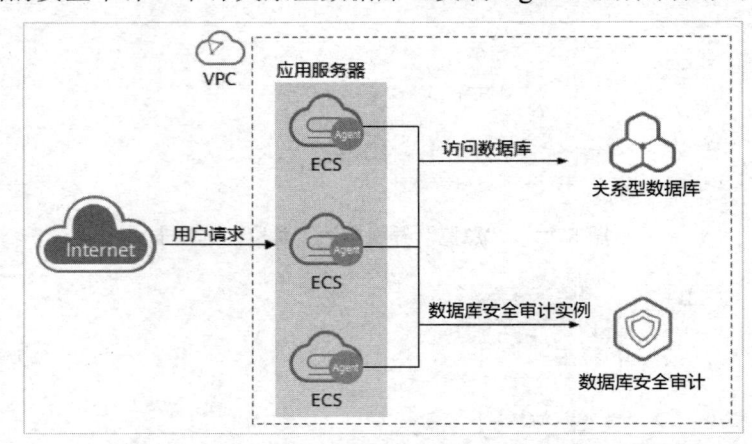

图 5-17　审计关系型数据库（安装 Agent）的架构图

数据库安全审计可以对数据库中的违规和不正当操作进行定位追责，满足等保测评数据库审计的需求。下面以关系型数据库 PostgreSQL 7.4 为例，介绍开启数据库安全审计功能和验证审计结果的具体操作。要开启数据库安全审计功能的数据库的详细信息如表 5-9 所示。

表 5-9　要开启数据库安全审计功能的数据库的详细信息

数据库参数	说明
数据库类型	POSTGRESQL
数据库版本	7.4
数据库 IP 地址	192.168.1.31
应用端 IP 地址（安装节点 IP 地址）	192.168.1.132
端口	8000
操作系统	64 位 Linux 操作系统

3）约束与限制

- 使用数据库安全审计功能需要关闭数据库的 SSL。
- 待审计数据库与数据库安全审计需要在同一个区域内。
- 在购买数据库安全审计后，配置的 VPC 参数需要与 Agent 安装节点所在的 VPC 相同。

4）操作步骤

① 购买数据库安全审计规格

用户需要根据业务需求购买数据库安全审计规格，并且配置数据库安全审计的相关参数。为了保证数据库安全审计功能能够正常使用，在购买数据库安全审计后，配置的 VPC

参数需要与 Agent 安装节点所在的 VPC 相同。

② 添加数据库并开启安全审计功能

在购买数据库安全审计规格后，需要先将目标数据库添加至数据库安全审计实例中，再开启该数据库的安全审计功能。

（1）登录管理控制台。

（2）单击左上角的 ⊙ 按钮，选择区域或项目。单击左上角的 ≡ 按钮，在弹出的导航面板中选择"安全与合规"→"数据库安全服务 DBSS"选项，打开"数据库安全服务"页面。

（3）在左侧的导航栏中选择"数据库安全审计"→"数据库列表"选项，进入"数据库列表"界面。

（4）在"选择实例"下拉列表中选择需要添加数据库的数据库安全审计实例，然后单击"添加数据库"按钮。

（5）弹出"添加数据库"对话框，按照表 5-9 中的信息配置数据库参数，如图 5-18 所示。数据库安全审计支持两种数据库字符集的编码格式，分别为 UTF-8 和 GBK，读者可以根据实际业务情况选择编码格式。

图 5-18　"添加数据库"对话框（1）

（6）单击"确定"按钮，即可将该数据库添加到数据库列表框中。此时，该数据库的"审计状态"为"已关闭"。

（7）在数据库列表框中，单击该数据库在"操作"列中的"开启"超链接，开启安全审计功能。此时，该数据库的"审计状态"变为"已开启"，"操作"列中的"开启"超链接变为"关闭"超链接。

③ 添加 Agent

（1）在数据库列表框中，单击该数据库在 Agent 列中的"添加 Agent"超链接，如图 5-19 所示。

图 5-19　单击"添加 Agent"超链接

（2）弹出"添加 Agent"对话框，进行相关的参数设置。

如果数据库安全审计实例的数据库未添加 Agent，则需要创建新的 Agent。在"添加 Agent"对话框中，将"添加方式"设置为"创建 Agent"，将"安装节点类型"设置为"应用端"，将"安装节点 IP"设置为"192.168.1.132"，如图 5-20 所示。

图 5-20　"添加 Agent"对话框（1）

如果数据库安全审计实例的数据库已安装 Agent，那么在"添加 Agent"对话框中，将"添加方式"设置为"选择已有 Agent"，如图 5-21 所示。

图 5-21　"添加 Agent"对话框（2）

（3）单击"确定"按钮，即可成功添加 Agent。

④ 为安全组添加入方向规则

在添加 Agent 后，需要为数据库安全审计实例所在的安全组添加入方向规则，包括 TCP 协议（8000 端口）和 UDP 协议（7000~7100 端口），使 Agent 与数据库安全审计实例之间的网络连通。这时，数据库安全审计才能对添加的数据库进行安全审计。如果该安全组已配置安装节点的入方向规则，则跳过这部分内容，直接安装 Agent；如果该安全组未配置安装节点的入方向规则，则按照下面的操作步骤进行配置。

（1）获取安装节点 IP 地址。

（2）在数据库列表框的上方单击"添加安全组规则"按钮。

（3）弹出"添加安全组规则"对话框，记录数据库安全审计实例的"安全组名称"，如 default，如图 5-22 所示。

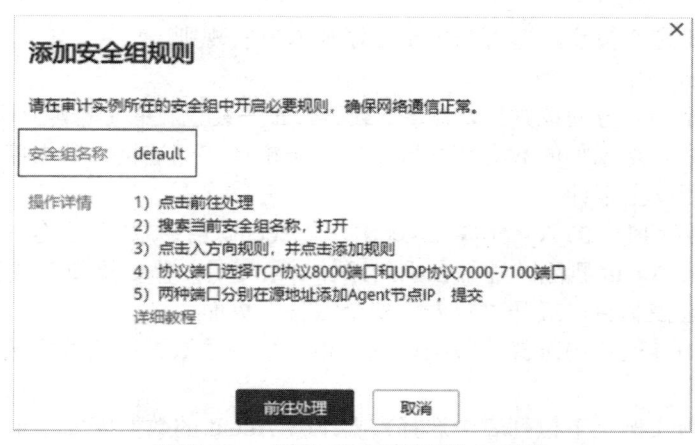

图 5-22 "添加安全组规则"对话框

（4）单击"前往处理"按钮，进入"安全组"界面。

（5）在列表框右上方的搜索框中输入安全组名称 default，然后单击搜索按钮或按回车键，即可以列表的形式显示 default 安全组的相关信息。

（6）单击 default 安全组，进入其配置界面。

（7）选择"入方向规则"选项卡，单击"添加规则"按钮，如图 5-23 所示。

图 5-23 在"入方向规则"选项卡中单击"添加规则"按钮

（8）弹出"添加入方向规则"对话框，为表 5-9 中的安装节点 IP 地址添加 TCP 协议（8000 端口）和 UDP 协议（7000～7100 端口），如图 5-24 所示。

图 5-24 "添加入方向规则"对话框

(9) 单击"确定"按钮,即可为安全组添加入方向规则。

⑤ 安装 Agent

在为安全组添加入方向规则后,需要下载 Agent 安装包,并且将其上传到待安装 Agent 的节点上进行安装。将添加的数据库与数据库安全审计实例连接,数据库安全审计才能对添加的数据库进行安全审计。

每个 Agent 都有唯一的 AgentID。AgentID 是 Agent 连接数据库安全审计实例的重要密钥。如果将添加的 Agent 删除,那么在重新添加 Agent 后,需要重新下载和安装 Agent。

(1) 登录管理控制台,打开"数据库安全服务"页面。

(2) 在左侧的导航栏中选择"数据库安全审计"→"数据库列表"选项,进入"数据库列表"界面。

(3) 在"选择实例"下拉列表中选择需要下载 Agent 的数据库安全审计实例。

(4) 单击该数据库左侧的节点按钮,展开 Agent 的详细信息,在 Agent 的"操作"列中单击"下载 agent"超链接,如图 5-25 所示,将 Agent 安装包下载到本地。

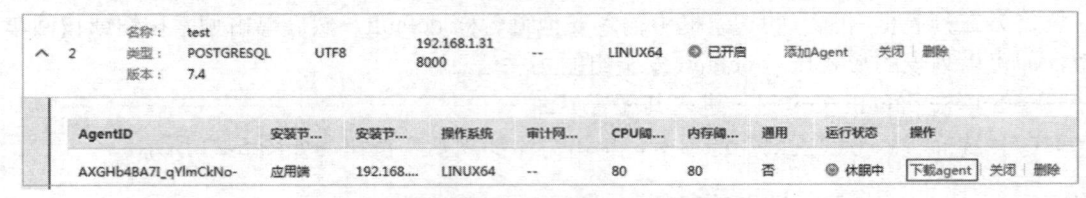

图 5-25 单击"下载 agent"超链接

(5) 使用跨平台传输工具(如 WinSCP),将下载的 Agent 安装包×××.tar 上传到待安装 Agent 的节点(图 5-25 中的"安装节点 IP")上。

(6) 使用跨平台远程访问工具(如 PuTTY),以 root 用户的身份通过 SSH 方式登录该安装节点。

(7) 执行以下命令,进入 Agent 安装包×××.tar 所在的目录。

```
cd Agent 安装包所在的目录
```

(8) 执行以下命令,解压缩 Agent 安装包×××.tar。

```
tar -xvf xxx.tar
```

(9) 执行以下命令,进入 install.sh 脚本所在的目录。

```
cd install.sh 脚本所在的目录
```

(10) 执行以下命令,安装 Agent。

```
sh install.sh
```

如果界面中显示以下信息,则说明 Agent 安装成功。

```
start agent
starting audit agent
audit agent started
start success
install dbss audit agent done!
```

⑥ 验证 Agent 与数据库安全审计实例之间的网络通信是否正常

在待审计的数据库与数据库安全审计实例连接成功后,需要验证 Agent 与数据库安全审计实例之间的网络通信是否正常。

(1)在 Agent 的安装节点上执行一条 SQL 语句或对数据库进行操作,如执行 SQL 语句"Select 1;"。

(2)在左侧的导航栏中选择"数据库安全审计"→"总览"选项,进入"总览"界面。

(3)在"选择实例"下拉列表中选择需要查看数据库慢 SQL 语句信息的数据库安全审计实例。

(4)选择"语句"选项卡,如果在 SQL 语句列表框中显示数据库操作记录,则说明 Agent 与数据库安全审计实例之间的网络通信正常。

⑦ 查看审计结果

用户可以参考本部分内容在"总览"界面中查看审计结果,也可以根据需求在"报表"界面中生成、预览和下载报表。

(1)在"总览"界面中查看审计结果。

在"总览"界面中选择"总览"选项卡,如图 5-26 所示,可以查看审计结果,包括审计时长、SQL 语句总量、风险总量、今日语句、今日风险、今日会话量;也可以选择"语句"和"会话"选项卡,分别查看 SQL 语句信息和会话分布图。

图 5-26 "总览"界面中的"总览"选项卡(1)

(2)在"报表"界面中生成、预览和下载报表。

步骤 1:在左侧的导航栏中选择"数据库安全审计"→"报表"选项,进入"报表"界面,在"选择实例"下拉列表中选择需要生成审计报表的数据库安全审计实例,选择"报表管理"选项卡,如图 5-27 所示。

步骤 2:在报表模板列表框中,单击需要生成报表的模板在"操作"列中的"立即生成报表"超链接。

步骤 3:在弹出的对话框中单击 按钮,设置报表的开始时间和结束时间,选择生成报表的数据库。

步骤 4:单击"确定"按钮,进入"报表结果"界面,可以查看报表的生成进度。在生成报表后,在报表的"操作"列中单击"预览"或"下载"超链接,可以预览或下载该报表，如图 5-28 所示。

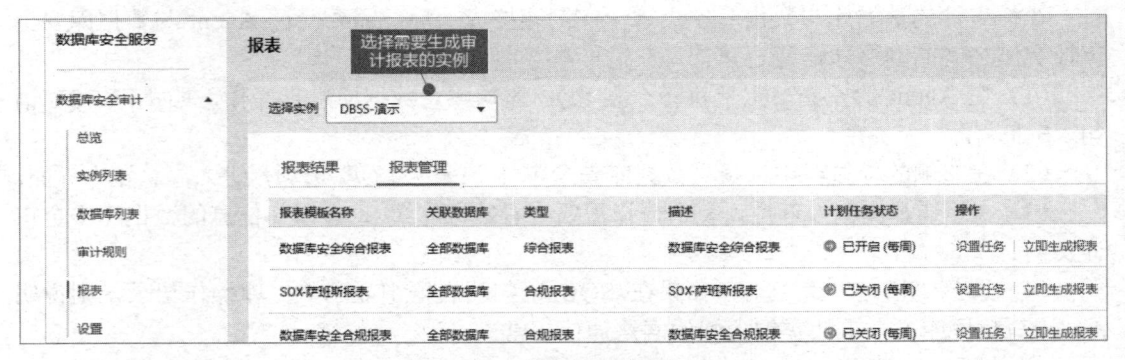

图 5-27 "报表"界面（1）

图 5-28 预览或下载报表（1）

2. 审计关系型数据库（免安装 Agent）

1）方案概述

本方案主要介绍如何对关系型数据库（部署于 ECS 上）进行安全审计。对于部分关系型数据库，数据库安全审计支持免安装 Agent 模式。

2）方案架构

数据库（如 GaussDB(for MySQL)的指定版本）会将日志传送给数据库安全审计。数据库安全审计在对日志数据进行解析后，将其存储于数据库安全审计实例的日志库中，用于对其进行安全分析、聚合统计、合规分析等操作，实现对数据库的安全审计。审计关系型数据库（免安装 Agent）的架构图如图 5-29 所示。

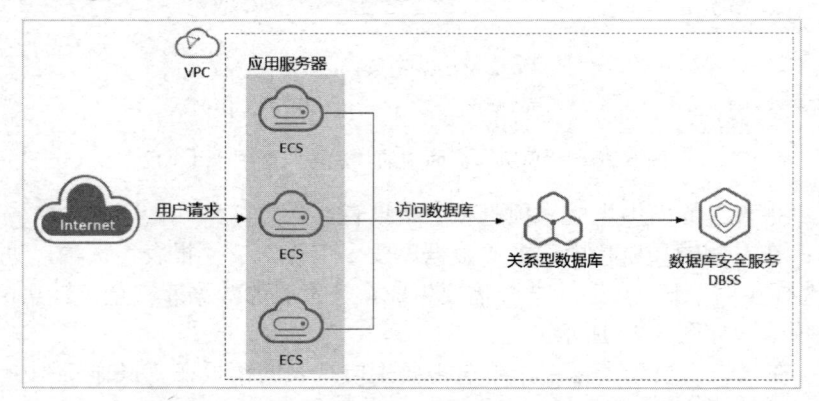

图 5-29 审计关系型数据库（免安装 Agent）的架构图

下面以关系型数据库 GaussDB(for MySQL)为例，介绍开启数据库安全审计功能和验证审计结果的具体操作，需要对该数据库内部的违规操作和不正当操作进行定位追责，满足等保测评的数据库审计需求。要开启安全审计功能的数据库的详细信息如表 5-10 所示。

表 5-10　要开启安全审计功能的数据库的详细信息

数据库参数	说明
数据库类别	RDS 数据库（关系型数据库）
数据库类型	GaussDB(for MySQL)
兼容的数据库版本	MySQL 8.0
数据库 IP 地址	192.168.0.237
数据库端口	3306

3）约束与限制

待审计数据库与数据库安全审计需要在同一个区域内。

① 购买数据库安全审计规格

用户需要根据业务需求购买数据库安全审计规格，并且配置数据库安全审计的相关参数。

② 添加数据库并开启安全审计功能

在购买数据库安全审计规格后，需要先将目标数据库添加至数据库安全审计实例中，再开启该数据库的安全审计功能。

（1）登录管理控制台。

（2）单击左上角的 按钮，选择区域或项目。单击左上角的 ≡ 按钮，在弹出的导航面板中选择"安全与合规"→"数据库安全服务 DBSS"选项，打开"数据库安全服务"页面。

（3）在左侧的导航栏中选择"数据库安全审计"→"数据库列表"选项，进入"数据库列表"界面。

（4）在"选择实例"下拉列表中选择需要添加数据库的数据库安全审计实例，然后单击"添加数据库"按钮。

（5）弹出"添加数据库"对话框，根据表 5-10 中的信息配置数据库参数，如图 5-30 所示。

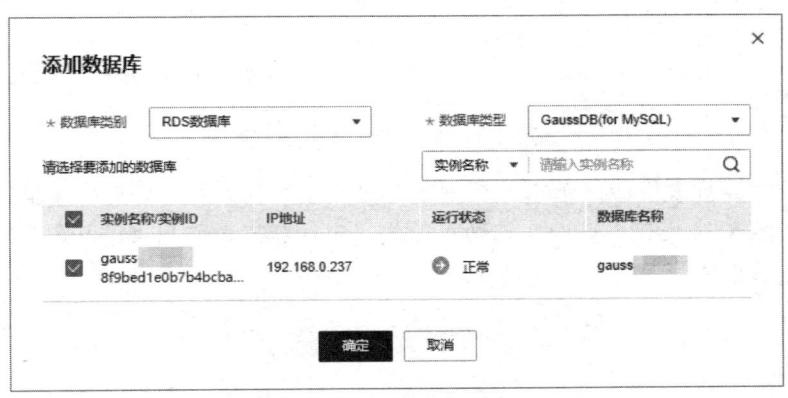

图 5-30　"添加数据库"对话框（2）

（6）单击"确定"按钮，即可将该数据库添加到数据库列表框中。此时，该数据库的"审计状态"为"已关闭"，如图 5-31 所示。

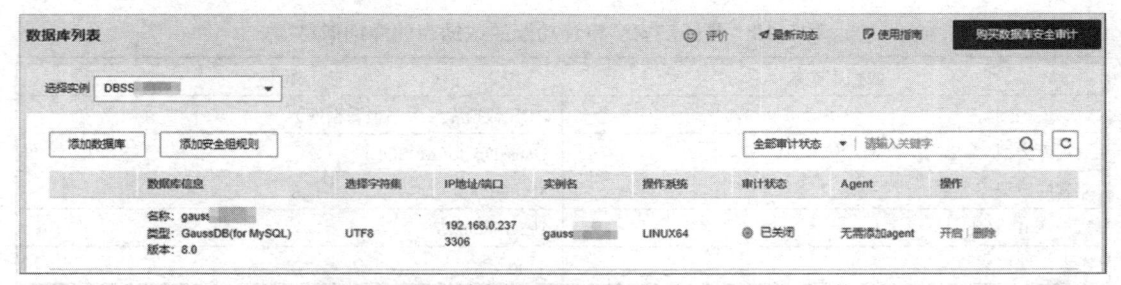

图 5-31　数据库的"审计状态"为"已关闭"

（7）在数据库列表框中查看该数据库在 Agent 列中的提示信息。
- 如果提示"无须添加 agent"，则表示该数据库版本支持免安装 Agent 模式，如图 5-32 所示。

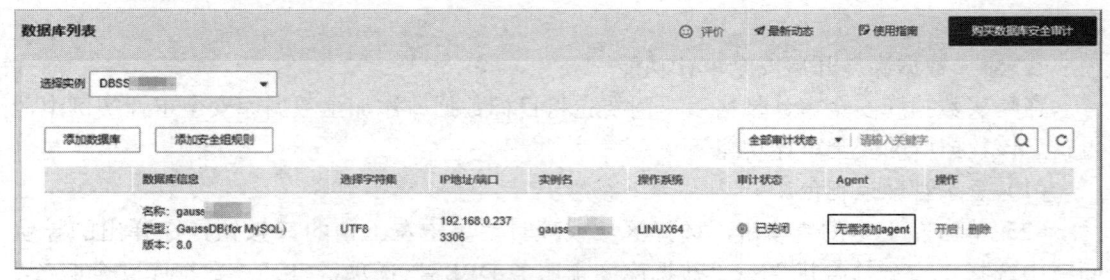

图 5-32　提示"无须添加 agent"

- 如果提示"添加 Agent"，则表示该数据库版本需要安装 Agent，才可以开启该数据库的安全审计功能，如图 5-33 所示。此时可以单击"添加 Agent"超链接，然后按照界面提示进行操作。

图 5-33　提示"添加 Agent"

（8）在数据库列表框中，单击该数据库在"操作"列中的"开启"超链接，开启安全审计功能，如图 5-34 所示。此时，该数据库的"审计状态"变为"已开启"，"操作"列中的"开启"超链接变为"关闭"超链接。

图 5-34　开启该数据库的安全审计功能

③ 查看审计结果

用户可以参考本部分内容在"总览"界面查看审计结果，也可以根据需求在"报表"界面中生成、预览和下载报表。

（1）在"总览"界面中查看审计结果。

在"总览"界面中选择"总览"选项卡，如图 5-35 所示，可以查看审计结果，包括审计时长、SQL 语句总量、风险总量、今日语句、今日风险、今日会话量；也可以选择"语句"和"会话"选项卡，分别查看 SQL 语句信息和会话分布图。

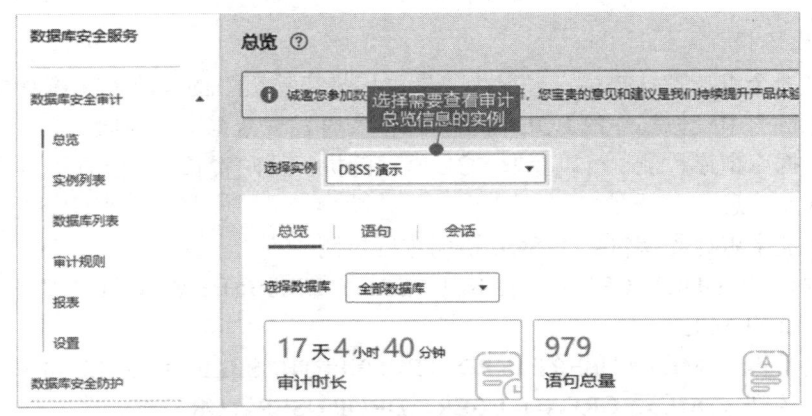

图 5-35 "总览"界面中的"总览"选项卡（2）

（2）在"报表"界面中生成、预览和下载报表。

步骤 1：在左侧的导航栏中选择"数据库安全审计"→"报表"选项，进入"报表"界面，在"选择实例"下拉列表中选择需要生成审计报表的数据库安全审计实例，选择"报表管理"选项卡，如图 5-36 所示。

图 5-36 "报表"界面（2）

步骤 2：在报表模板列表框中，单击需要生成报表的模板在"操作"列中的"立即生成报表"超链接。

步骤 3：在弹出的对话框中单击 📅 按钮，设置报表的开始时间和结束时间，选择生成报表的数据库。

步骤 4：单击"确定"按钮，进入"报表结果"界面，可以查看报表的生成进度。在生成报表后，在报表的"操作"列中单击"预览"或"下载"超链接，可以预览或下载该报表，如图 5-37 所示。

报表名称	关联数据库	报表类型	生成时间	格式	状态		操作
DDL命令报表	全部数据库	实时报表	2020/03/13 16:46:22 GMT+08:00	pdf		100%	预览 下载 删除
DDL命令报表	全部数据库	实时报表	2020/03/13 16:44:54 GMT+08:00	pdf		100%	预览 下载 删除

图 5-37　预览或下载报表（2）

5.4.3　数据库检测实践

1. 数据库拖库检测

1）操作场景

数据库安全审计默认提供一条名为"数据库拖库检测"的风险操作检测规则，用于检测原始审计日志中疑似拖库的 SQL 语句，以便及时发现数据安全风险。

通过数据库拖库检测，可以获取 SQL 语句的执行耗时费长、影响行数，以及执行 SQL 语句的数据库信息。

数据库安全审计支持对以下 SQL 语句进行检测。

- 数据定义（DDL）：CREATE TABLE、CREATE TABLESPACE、DROP TABLE、DROP TABLESPACE。
- 数据操作（DML）：INSERT、UPDATE、DELETE、SELECT、SELECT FOR UPDATE。
- 数据控制（DCL）：CREATE USER、DROP USER、GRANT。

2）配置数据库拖库检测

在启用"数据库拖库检测"风险操作检测规则前，用户需要根据实际的业务需求添加待审计的数据库、客户端 IP 地址/IP 地址段、操作类型、操作对象及执行结果。

（1）登录管理控制台。

（2）单击左上角的 ◎ 按钮，选择区域或项目。单击左上角的 ≡ 按钮，在弹出的导航面板中选择"安全与合规"→"数据库安全服务 DBSS"选项，打开"数据库安全服务"页面。

（3）在左侧的导航栏中选择"数据库安全审计"→"审计规则"选项，进入"审计规则"界面。

（4）在"选择实例"下拉列表中选择需要配置数据库拖库检测的数据库安全审计实例。

（5）选择"风险操作"选项卡，在风险操作检测规则列表框中，单击"数据库拖库检测"在"操作"列中的"编辑"超链接，进入"编辑风险操作"界面。

（6）（可选配置）配置"客户端 IP/IP 段"，如果不配置，那么系统默认检测所有客户端。

（7）在"操作类型"选区中勾选"操作"复选框和 SELECT 复选框，如图 5-38 所示。

图 5-38　在"操作类型"选区中勾选"操作"复选框和 SELECT 复选框

（8）（可选配置）配置"操作对象"，如果不配置，那么系统默认检测所有操作对象。
步骤1：单击要配置的操作对象，然后输入"目标数据库"、"目标表"和"字段"信息。
步骤2：单击"确定"按钮。
（9）配置"执行结果"选区中的"影响行数"和"执行时长"，如图5-39所示。

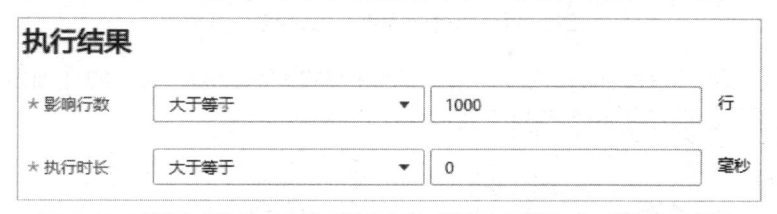

图5-39 配置"执行结果"选区中的"影响行数"和"执行时长"

（10）单击"保存"按钮。

3）查看数据库拖库检测的结果

在启用"数据库拖库检测"风险操作检测规则后，可以查看原始审计日志中疑似拖库的SQL语句。

（1）登录管理控制台。

（2）单击左上角的 按钮，选择区域或项目。单击左上角的≡按钮，在弹出的导航面板中选择"安全与合规"→"数据库安全服务DBSS"选项，打开"数据库安全服务"页面。

（3）在左侧的导航栏中选择"数据库安全审计"→"总览"选项，进入"总览"界面。

（4）在"选择实例"下拉列表中选择需要查看数据库拖库检测相关SQL语句的数据库安全检测实例。

（5）选择"语句"选项卡，然后按照以下方法，查询指定的SQL语句。

步骤1：配置"时间"选区中的相关参数（包括"全部""近30分钟""近1小时""近24小时""近7天""近30天"等），或者单击 按钮，选择开始时间和结束时间，单击"提交"按钮，即可以列表的形式显示该时间段的SQL语句。

步骤2：配置"风险等级"选区中的相关参数（"数据库拖库检测"风险操作检测规则的"风险等级"默认为"高"），单击"提交"按钮，即可以列表的形式显示该级别的SQL语句。

步骤3：单击"高级选项"后的 按钮，展开"高级选项"选区，如图5-40所示，配置该选区中的相关参数，单击"提交"按钮，即可以列表的形式显示相应的SQL语句。

图5-40 展开"高级选项"选区（1）

（6）在SQL语句列表框中，单击需要查看的数据库拖库检测的相关SQL语句在"操作"列中的"详情"超链接,如图 5-41 所示。

序号	SQL语句	客户端IP	数据库IP	数据库用户	风险等级	规则	操作类型	生成时间	操作
1	select tttttttttt1.SalesOrderID, tttttttttt...	192.168.0.223	192.168.0.78	root	高	全审计规则;数据库拖库检测	SELECT	2020/10/29 14:31:32 GMT+08:00	详情
2	select tttttttttt1.SalesOrderID, tttttttttt...	192.168.0.223	192.168.0.78	root	高	全审计规则;数据库拖库检测	SELECT	2020/10/29 14:31:32 GMT+08:00	详情

图 5-41 单击"详情"超链接(1)

(7)弹出"详情"对话框,查看数据库拖库检测的相关 SQL 语句的详细信息,如图 5-42 所示,相关参数及其说明如表 5-11 所示。

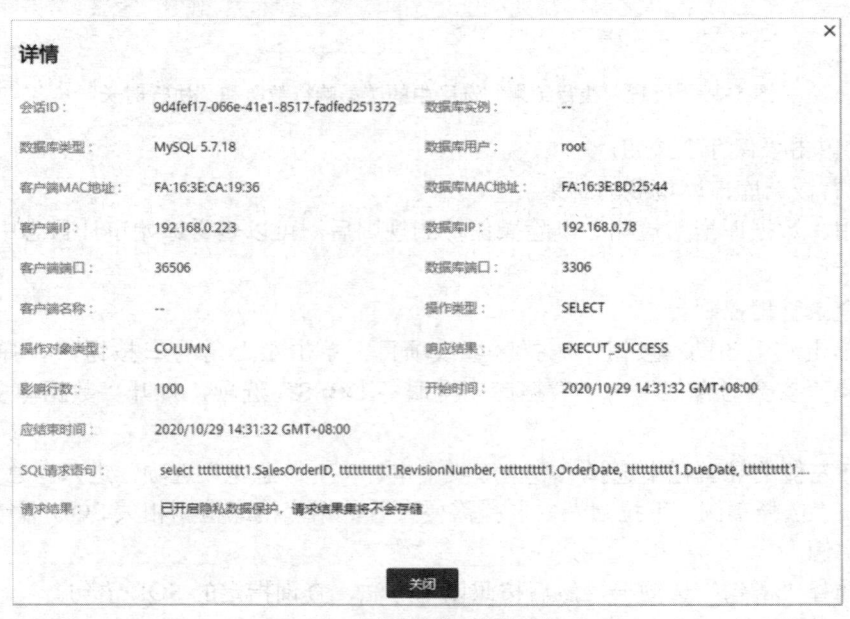

图 5-42 "详情"对话框(1)

表 5-11 "详情"对话框中的相关参数及其说明(1)

参数	说明
会话 ID	SQL 语句的 ID,由系统自动生成
数据库实例	SQL 语句所在的数据库实例
数据库类型	执行 SQL 语句的数据库的类型
数据库用户	执行 SQL 语句的数据库用户
客户端 MAC 地址	执行 SQL 语句的客户端的 MAC 地址
数据库 MAC 地址	执行 SQL 语句的数据库的 MAC 地址
客户端 IP	执行 SQL 语句的客户端的 IP 地址
数据库 IP	执行 SQL 语句的数据库的 IP 地址
客户端端口	执行 SQL 语句的客户端的端口
数据库端口	执行 SQL 语句的数据库的端口
客户端名称	执行 SQL 语句的客户端的名称
操作类型	SQL 语句的操作类型
操作对象类型	SQL 语句的操作对象类型
响应结果	SQL 语句的响应结果

续表

参数	说明
影响行数	SQL 语句的影响行数
开始时间	SQL 语句开始执行的时间
应结束时间	SQL 语句结束执行的时间
SQL 请求语句	SQL 语句的名称
请求结果	SQL 语句请求执行的结果

4)"数据库拖库检测"风险操作检测规则的相关操作

在"数据库安全服务"页面左侧的导航栏中选择"数据库安全审计"→"审计规则"选项,进入"审计规则"界面,选择"风险操作"选项卡,可以设置"数据库拖库检测"风险操作检测规则的优先级,还可以启用、禁用、编辑、删除"数据库拖库检测"风险操作检测规则,如图 5-43 所示。

图 5-43 "数据库拖库检测"风险操作检测规则的相关操作

- 设置优先级:在风险操作检测规则列表框中,单击"数据库拖库检测"风险操作检测规则在"操作"列中的"设置优先级"超链接,在弹出的对话框中选择所需的优先级,该值越小,优先级越高,单击"确定"按钮,完成优先级设置。
- 启用:在风险操作检测规则列表框中,单击"数据库拖库检测"风险操作检测规则在"操作"列中的"启用"超链接,数据库安全审计会对相应的风险操作进行审计。同时,"启用"超链接变为"禁用"超链接。
- 禁用:在风险操作检测规则列表框中,单击"数据库拖库检测"风险操作检测规则在"操作"列中的"禁用"超链接,在弹出的对话框中单击"确定"按钮,可以禁用该风险操作检测规则。同时,"禁用"超链接变为"启用"超链接。在禁用"数据库拖库检测"风险操作检测规则后,数据库安全审计就不会对相应的风险操作进行审计了。
- 编辑:在风险操作检测规则列表框中,单击"数据库拖库检测"风险操作检测规则在"操作"列中的"编辑"超链接,进入"编辑风险操作"界面,即可对"数据库拖库检测"风险操作检测规则进行修改。
- 删除:在风险操作检测规则列表框中,单击"数据库拖库检测"风险操作检测规则在"操作"列中的"删除"超链接,在弹出的对话框中单击"确定"按钮,可以删除该风险操作检测规则。在删除"数据库拖库检测"风险操作检测规则后,如果需要对相应的风险操作进行安全审计,则需要重新添加该风险操作检测规则。

2. 数据库慢 SQL 检测

1）操作场景

数据库安全审计默认提供一项名为"数据库慢 SQL 检测"的风险操作检测规则，用于检测原始审计日志中响应时间超过 1 秒的 SQL 语句。

通过数据库慢 SQL 检测，可以获取执行耗费时长、影响行数，以及执行 SQL 语句的数据库信息，并且根据实际需求对慢 SQL 进行优化。

数据库安全审计支持对以下 SQL 语句进行检测。

- 数据定义（DDL）：CREATE TABLE、CREATE TABLESPACE、DROP TABLE、DROP TABLESPACE。
- 数据操作（DML）：INSERT、UPDATE、DELETE、SELECT、SELECT FOR UPDATE。
- 数据控制（DCL）：CREATE USER、DROP USER、GRANT。

2）查看数据库慢 SQL 检测的结果

在启用"数据库慢 SQL 检测"风险操作检测规则后，用户可以查看执行效率低的 SQL 语句及其详细信息。

（1）登录管理控制台。

（2）单击左上角的 按钮，选择区域或项目。单击左上角的 ≡ 按钮，在弹出的导航面板中选择"安全与合规"→"数据库安全服务 DBSS"选项，打开"数据库安全服务"页面。

（3）在左侧的导航栏中选择"数据库安全审计"→"总览"选项，进入"总览"界面。

（4）在"选择实例"下拉列表中选择需要配置数据库慢 SQL 语句信息的数据库安全审计实例。

（5）选择"语句"选项卡，然后按照以下方法，查询指定的 SQL 语句。

步骤 1：配置"时间"选区中的相关参数（包括"全部""近 30 分钟""近 1 小时""近 24 小时""近 7 天""近 30 天"等），或者单击 按钮，选择开始时间和结束时间，单击"提交"按钮，即可以列表的形式显示该时间段的 SQL 语句。

步骤 2：配置"风险等级"选区中的相关参数（"数据库慢 SQL 检测"风险操作检测规则的"风险等级"默认为"低"），单击"提交"按钮，即可以列表的形式显示该级别的 SQL 语句。

步骤 3：单击"高级选项"后的 ∨ 按钮，展开"高级选项"选区，如图 5-44 所示，配置该选区中的相关参数，单击"提交"按钮，即可以列表的形式显示相应的 SQL 语句。

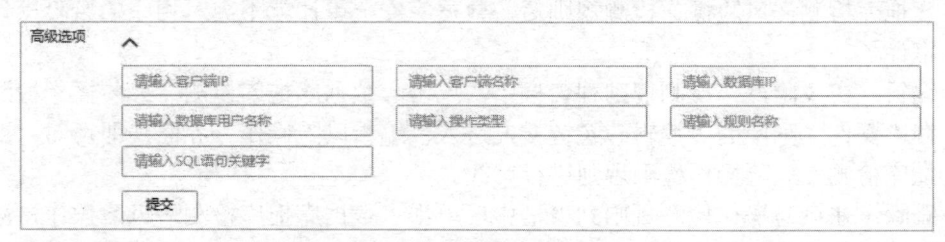

图 5-44 展开"高级选项"选区（2）

（6）在 SQL 语句列表框中，单击需要查看详情的慢 SQL 语句在"操作"列中的"详情"超链接,如图 5-45 所示。

序号	SQL语句	客户端IP	数据库IP	数据库用户	风险等级	规则	操作类型	生成时间	操作
1	SELECT * FROM Information_schema:C...	10.159.19.246	192.168.0.177	root	低	全审计规则;数据库慢SQL检测	SELECT	2020/11/05 16:11:42 GMT+08:00	详情

图 5-45　单击"详情"超链接(2)

(7)弹出"详情"对话框,查看慢 SQL 语句的详细信息,如图 5-46 所示,相关参数及其说明如表 5-12 所示。

图 5-46　"详情"对话框(2)

表 5-12　"详情"对话框中的相关参数及其说明(2)

参数	说明
会话 ID	SQL 语句的 ID,由系统自动生成
数据库实例	SQL 语句所在的数据库实例
数据库类型	执行 SQL 语句的数据库的类型
数据库用户	执行 SQL 语句的数据库用户
客户端 MAC 地址	执行 SQL 语句的客户端的 MAC 地址
数据库 MAC 地址	执行 SQL 语句的数据库的 MAC 地址
客户端 IP	执行 SQL 语句的客户端的 IP 地址
数据库 IP	执行 SQL 语句的数据库的 IP 地址
客户端端口	执行 SQL 语句的客户端的端口
数据库端口	执行 SQL 语句的数据库的端口
客户端名称	执行 SQL 语句的客户端的名称
操作类型	SQL 语句的操作类型
操作对象类型	SQL 语句的操作对象类型
响应结果	SQL 语句的响应结果

续表

参数	说明
影响行数	SQL 语句的影响行数
开始时间	SQL 语句开始执行的时间
应结束时间	SQL 语句结束执行的时间
SQL 请求语句	SQL 语句的名称
请求结果	SQL 语句请求执行的结果

3)"数据库慢 SQL 检测"风险操作检测规则的相关操作

在"数据库安全服务"页面左侧的导航栏中选择"数据库安全审计"→"审计规则"选项,进入"审计规则"界面,选择"风险操作"选项卡,可以设置"数据库慢 SQL 检测"风险操作检测规则的优先级,还可以启用、禁用、编辑、删除"数据库慢 SQL 检测"风险操作检测规则,如图 5-47 所示。

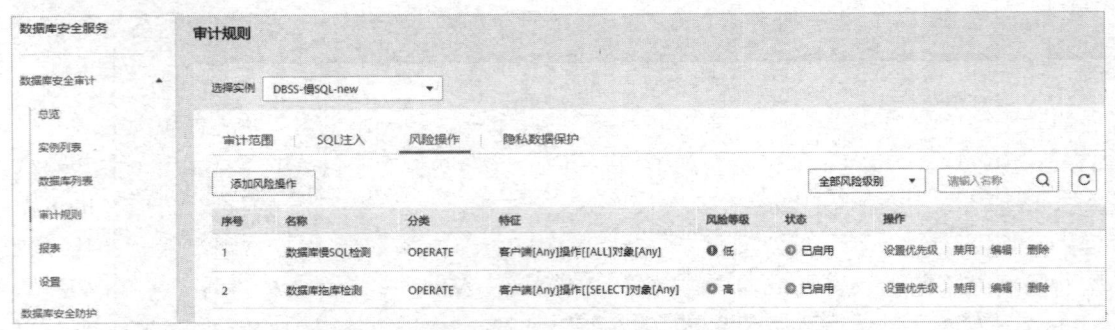

图 5-47 "数据库慢 SQL 检测"风险操作检测规则的相关操作

- 设置优先级:在风险操作检测规则列表框中,单击"数据库慢 SQL 检测"风险操作检测规则在"操作"列中的"设置优先级"超链接,在弹出的对话框中选择所需的优先级,该值越小,优先级越高,单击"确定"按钮,完成优先级设置。
- 启用:在风险操作检测规则列表框中,单击"数据库慢 SQL 检测"风险操作检测规则在"操作"列中的"启用"超链接,数据库安全审计会对相应的风险操作进行审计。同时,"启用"超链接变为"禁用"超链接。
- 禁用:在风险操作检测规则列表框中,单击"数据库慢 SQL 检测"风险操作检测规则在"操作"列中的"禁用"超链接,在弹出的对话框中单击"确定"按钮,可以禁用该风险操作检测规则。同时,"禁用"超链接变为"启用"超链接。在禁用"数据库慢 SQL 检测"风险操作检测规则后,数据库安全审计就不会对相应的风险操作进行审计了。
- 编辑:在风险操作检测规则列表框中,单击"数据库慢 SQL 检测"风险操作检测规则在"操作"列中的"编辑"超链接,进入"编辑风险操作"界面,即可对"数据库慢 SQL 检测"风险操作检测规则进行修改。
- 删除:在风险操作检测规则列表框中,单击"数据库慢 SQL 检测"风险操作检测规则在"操作"列中的"删除"超链接,在弹出的对话框中单击"确定"按钮,可以删除该风险操作检测规则。在删除"数据库慢 SQL 检测"风险操作检测规则后,如果需要对相应的风险操作进行安全审计,则需要重新添加该风险操作检测规则。

3. 数据库脏表检测

1)操作场景

数据库安全审计可以增加一项名为"数据库脏表检测"的风险操作检测规则。用户可以预设无用的库、表或字段为"脏表",无风险程序不会访问用户自建的"脏表",从而检测访问"脏表"的恶意程序。

通过数据库脏表检测,可以帮助用户监控并识别访问"脏表"的SQL语句,从而及时发现数据安全风险。

2)前提条件

用户需要在待审计的实例中添加无用的数据库、表或字段,将其作为数据库脏表检测的对象。

3)配置数据库脏表检测

(1)登录管理控制台。

(2)单击左上角的 ◎ 按钮,选择区域或项目。单击左上角的 ≡ 按钮,在弹出的导航面板中选择"安全与合规"→"数据库安全服务DBSS"选项,打开"数据库安全服务"页面。

(3)在左侧的导航栏中选择"数据库安全审计"→"审计规则"选项,进入"审计规则"界面。

(4)在"选择实例"下拉列表中选择需要配置数据库脏表检测的数据库安全审计实例。

(5)选择"风险操作"选项卡,单击"添加风险操作"按钮,添加"数据库脏表检测"风险操作检测规则。

(6)在"基本信息"选区中,将"风险等级"配置为"高"。

(7)(可选配置)配置"客户端IP/IP段",如果不配置,那么系统默认检测所有客户端。

(8)在"操作类型"选区中勾选"操作"和"全部操作"复选框,如图5-48所示。

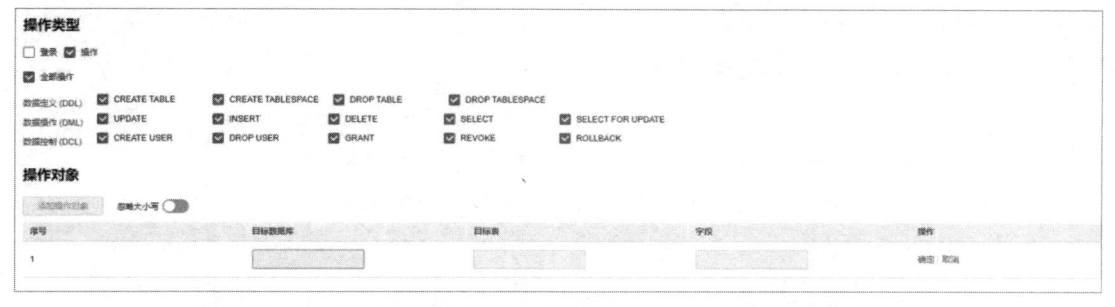

图5-48 在"操作类型"选区中勾选"操作"和"全部操作"复选框

(9)在"操作对象"选区中,添加无用的数据库、表和字段。

(10)单击"保存"按钮。

4)查看数据库脏表检测的结果

在启用"数据库脏表检测"风险操作检测规则后,用户可以查看原始审计日志中访问"脏表"的SQL语句。

(1)登录管理控制台。

(2)单击左上角的 ◎ 按钮,选择区域或项目。单击左上角的 ≡ 按钮,在弹出的导航面板中选择"安全与合规"→"数据库安全服务 DBSS"选项,打开"数据库安全服务"页面。

(3)在左侧的导航栏中选择"数据库安全审计"→"总览"选项,进入"总览"界面。

(4)在"选择实例"下拉列表中选择需要查看数据库脏表检测的相关 SQL 语句的数据库安全审计实例。

(5)选择"语句"选项卡,然后按照以下方法,查询指定的 SQL 语句。

步骤1:配置"时间"选区中的相关参数(包括"全部""近 30 分钟""近 1 小时""近 24 小时""近 7 天""近 30 天"等),或者单击 📅 按钮,选择开始时间和结束时间,单击"提交"按钮,即可以列表的形式显示该时间段的 SQL 语句。

步骤2:配置"风险等级"选区中的相关参数("数据库脏表检测"风险操作检测规则的"风险等级"默认为"高"),单击"提交"按钮,即可以列表的形式显示该级别的 SQL 语句。

步骤3:单击"高级选项"后的 ∨ 按钮,展开"高级选项"选区,如图 5-49 所示,配置该选区中的相关参数,单击"提交"按钮,即可以列表的形式显示相应的 SQL 语句。

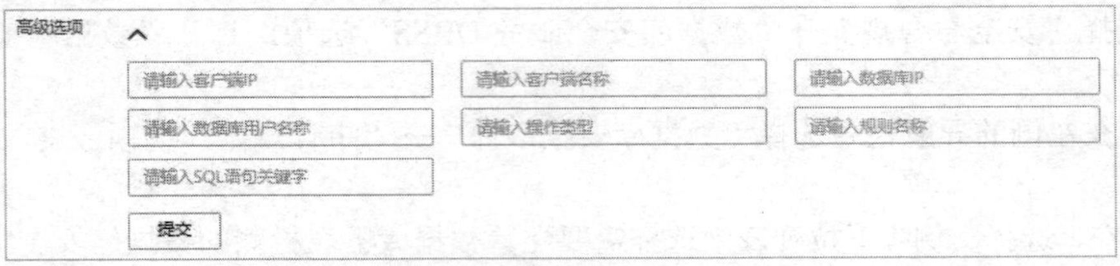

图 5-49 展开"高级选项"选区(3)

(6)在 SQL 语句列表框中,单击需要查看数据库脏表检测的相关 SQL 语句在"操作"列中的"详情"超链接,弹出"详情"对话框,查看数据库脏表检测的相关 SQL 语句的详细信息,如图 5-50 所示,相关参数及其说明如表 5-13 所示。

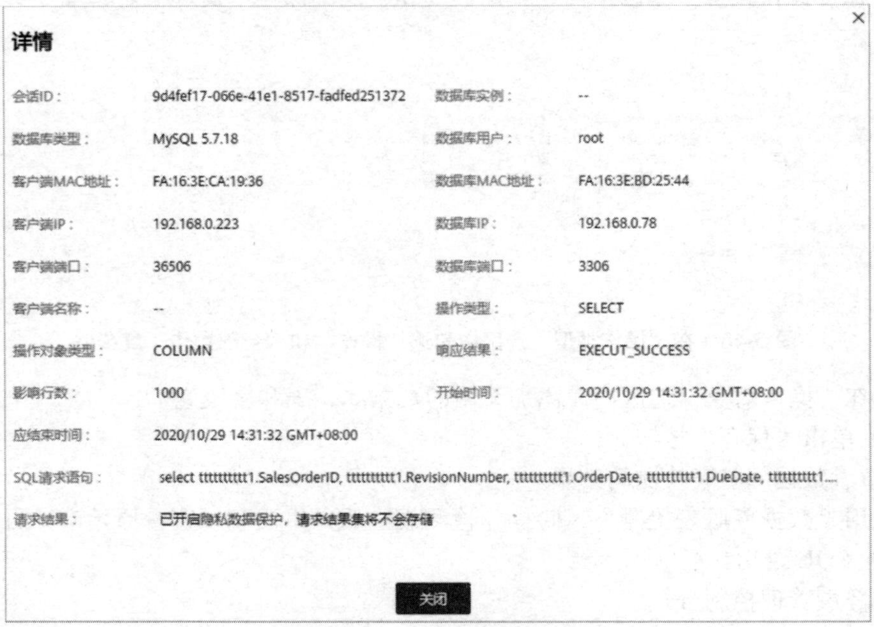

图 5-50 "详情"对话框(3)

表 5-13 "详情"对话框中的相关参数及其说明（3）

参数	说明
会话 ID	SQL 语句的 ID，由系统自动生成
数据库实例	SQL 语句所在的数据库实例
数据库类型	执行 SQL 语句的数据库的类型
数据库用户	执行 SQL 语句的数据库用户
客户端 MAC 地址	执行 SQL 语句的客户端的 MAC 地址
数据库 MAC 地址	执行 SQL 语句的数据库的 MAC 地址
客户端 IP	执行 SQL 语句的客户端的 IP 地址
数据库 IP	执行 SQL 语句的数据库的 IP 地址
客户端端口	执行 SQL 语句的客户端的端口
数据库端口	执行 SQL 语句的数据库的端口
客户端名称	执行 SQL 语句的客户端的名称
操作类型	SQL 语句的操作类型
操作对象类型	SQL 语句的操作对象类型
响应结果	SQL 语句的响应结果
影响行数	SQL 语句的影响行数
开始时间	SQL 语句开始执行的时间
应结束时间	SQL 语句结束执行的时间
SQL 请求语句	SQL 语句的名称
请求结果	SQL 语句请求执行的结果

5)"数据库脏表检测"风险操作检测规则的相关操作

在"数据库安全服务"页面左侧的导航栏中选择"数据库安全审计"→"审计规则"选项，进入"审计规则"界面，选择"风险操作"选项卡，可以设置"数据库脏表检测"风险操作检测规则的优先级，还可以启用、禁用、编辑、删除"数据库脏表检测"风险操作检测规则。

- 设置优先级：在风险操作检测规则列表框中，单击"数据库脏表检测"风险操作检测规则在"操作"列中的"设置优先级"超链接，在弹出的对话框中选择所需的优先级，该值越小，优先级越高，单击"确定"按钮，完成优先级设置。
- 启用：在风险操作检测规则列表框中，单击"数据库脏表检测"风险操作检测规则在"操作"列中的"启用"超链接，数据库安全审计会对相应的风险操作进行审计。同时，"启用"超链接变为"禁用"超链接。
- 禁用：在风险操作检测规则列表框中，单击"数据库脏表检测"风险操作检测规则在"操作"列中的"禁用"超链接，在弹出的对话框中单击"确定"按钮，可以禁用该风险操作检测规则。同时，"禁用"超链接变为"启用"超链接。在禁用"数据库脏表检测"风险操作检测规则后，数据库安全审计就不会对相应的风险操作进行审计了。
- 编辑：在风险操作检测规则列表框中，单击"数据库脏表检测"风险操作检测规则在"操作"列中的"编辑"超链接，进入"编辑风险操作"界面，即可对"数据库脏表检测"风险操作检测规则进行修改。
- 删除：在风险操作检测规则列表框中，单击"数据库脏表检测"风险操作检测规则在"操作"列中的"删除"超链接,在弹出的对话框中单击"确定"按钮,可以删除该风险操作检测规则。在删除"数据库脏表检测"风险操作检测规则后,如果需要对相应的风险操作进行安全审计,则需要重新添加该风险操作检测规则。

5.4.4 数据库审计配置

1. Oracle RAC 集群的审计配置最佳实践

在使用 Oracle RAC 集群的数据库安全审计功能时,RAC 集群中的每个节点都是一个独立的数据库,在进行审计配置时,需要为集群中的每个节点都安装 Agent,用于进行网络流量的转发。

1)配置说明

由于添加的实例数受购买的数据库安全审计版本限制,因此在进行审计配置前,需要确认已购买的数据库安全审计版本支持添加的最大实例数是否不少于 RAC 集群中的节点数。数据库安全审计的版本性能及规格说明如表 5-14 所示。

表 5-14 数据库安全审计的版本性能及规格说明

版本	支持的数据库实例	系统资源要求	性能参数
基础版	最多支持 3 个数据库实例	• CPU:4 核。 • 内存空间:16GB。 • 硬盘大小:500GB	• 吞吐量峰值:3000 条/秒。 • 入库速率:360 万条/时。 • 存储 4 亿条在线 SQL 语句。 • 存储 50 亿条归档 SQL 语句
专业版	最多支持 6 个数据库实例	• CPU:8 核。 • 内存空间:32GB。 • 硬盘大小:1000GB	• 吞吐量峰值:6000 条/秒。 • 入库速率:720 万条/时。 • 存储 6 亿条在线 SQL 语句。 • 存储 100 亿条归档 SQL 语句
高级版	最多支持 30 个数据库实例	• CPU:16 核。 • 内存空间:64GB。 • 硬盘大小:2000GB	• 吞吐量峰值:30000 条/秒。 • 入库速率:1080 万条/时。 • 存储 15 亿条在线 SQL 语句。 • 存储 600 亿条归档 SQL 语句

根据表 5-14 可知:
- 如果 RAC 集群中的节点数不超过 3 个,则购买基础版数据库安全审计即可满足需求。
- 如果 RAC 集群中的节点数不超过 6 个,则购买专业版数据库安全审计即可满足需求。
- 如果 RAC 集群中的节点数超过 6 个,则购买高级版数据库安全审计才可以满足需求。

2)配置流程

通过添加数据库和安装 Agent,即可完成 RAC 集群的审计配置,如图 5-51 所示。

3)前提条件
- 已购买数据库安全审计实例。
- 准备好集群内所有节点的 Public-IP 和 VIP 字段值。在本案例中,准备开启数据库安全审计功能的 Oracle RAC 集群中有 3 个节点,如图 5-52 所示。

4)操作步骤

(1)登录管理控制台。

第 5 章　数据库安全审计实践

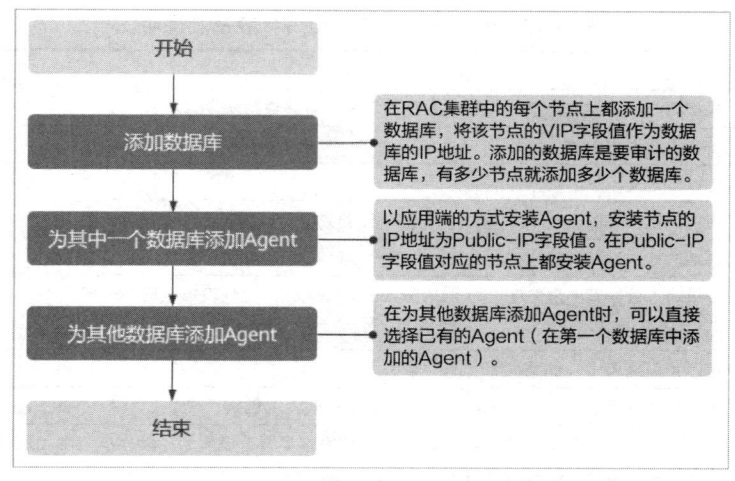

图 5-51　RAC 集群的审计配置

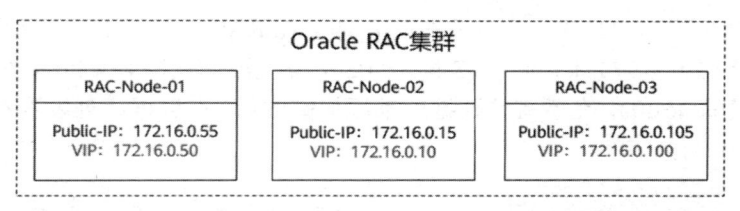

图 5-52　准备开启数据库安全审计功能的 Oracle RAC 集群中的 3 个节点

（2）单击左上角的 按钮，选择区域或项目。单击左上角的 按钮，在弹出的导航面板中选择"安全与合规"→"数据库安全服务 DBSS"选项，打开"数据库安全服务"页面。

（3）在左侧的导航栏中选择"数据库安全审计"→"数据库列表"选项，进入"数据库列表"界面。

（4）在"选择实例"下拉列表中选择需要添加数据库的数据库安全审计实例。

（5）在数据库列表框左上方单击"添加数据库"按钮。

（6）弹出"添加数据库"对话框，填写 RAC 集群数据库的信息，如图 5-53 所示。在本案例中，在 RAC 集群的 RAC-Node-01 节点上添加数据库 test01，该数据库的相关参数及其说明如表 5-15 所示。

图 5-53　"添加数据库"对话框

187

表 5-15 test01 数据库的相关参数及其说明

参数	说明	取值样例
数据库类别	添加的数据库类别，包括"RDS 数据库"和"自建数据库"选项	自建数据库
数据库类型	支持的数据库类型	ORACLE
数据库名称	可以自定义添加的数据库的名称	test01
IP 地址	添加的数据库的 IP 地址，填写预先准备好的集群节点的 VIP 字段值	172.16.0.50
端口	添加的数据库开放的端口，Oracle 数据库端口的默认值为 1 521	1521
数据库版本	如果将"数据库类型"设置为"ORACLE"，那么该下拉列表中包括"11g"、"12c"和"19c"选项	11g
实例名	可以指定需要审计的数据库实例的名称	—
选择字符集	支持的数据库字符集的编码格式，那么该下拉列表中包括"UTF-8"和"GBK"选项	UTF-8
操作系统	添加的数据库运行的操作系统，如果将"数据库类型"设置为"ORACLE"，那么该下拉列表中包括"LINUX64 和 WINDOWS64 选项	LINUX64

（7）在确认无误后，单击"确认"按钮，即可在 RAC-Node-01 节点上添加数据库。

（8）参考第（5）～（7）步，在 RAC-Node-02 节点上添加数据库 test02，在 RAC-Node-03 节点上添加数据库 test03。在所有的数据库都添加完成后，在数据库列表查看已添加的数据库，如图 5-54 所示。

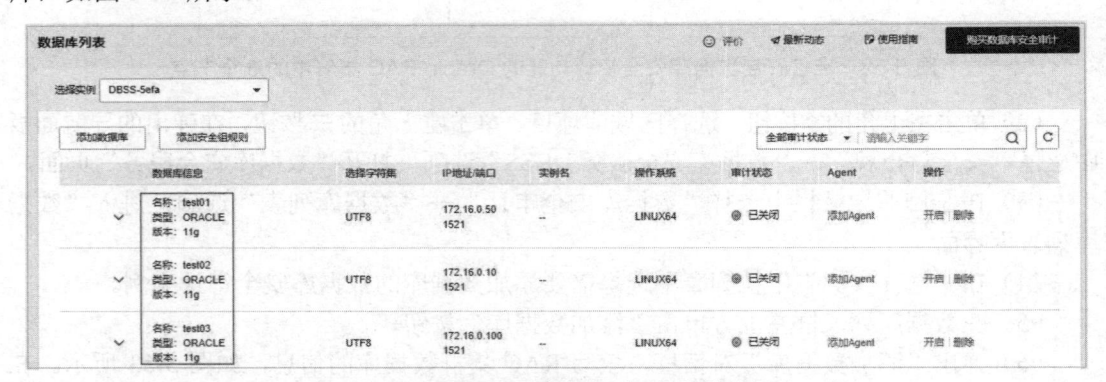

图 5-54 在数据库列表中查看已添加的数据库

（9）在数据库列表框中，单击数据库在 Agent 列中的"添加 Agent"超链接，可以为其添加 Agent，如图 5-55 所示。在本案例中，首先为 test01 数据库添加 Agent。

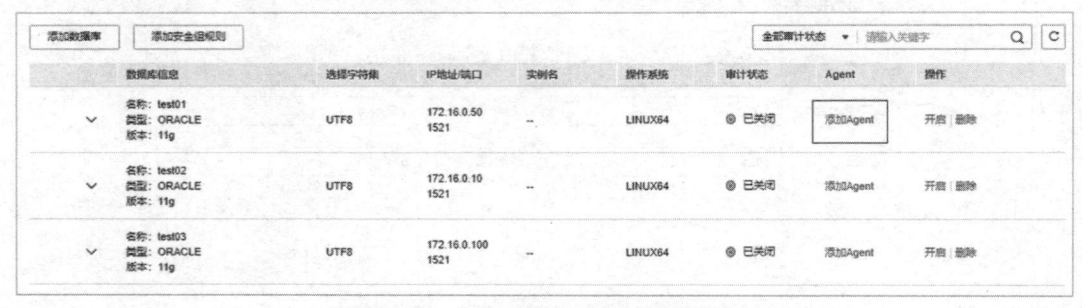

图 5-55 单击"添加 Agent"超链接

（10）弹出"添加 Agent"对话框，填写 Agent 的相关信息，如图 5-56 所示。在本案例中，首先添加 RAC-Node-01 节点上的 Agent，该 Agent 的相关参数及其说明如表 5-16 所示。

图 5-56 "添加 Agent"对话框（1）

表 5-16 首次添加 Agent 的相关参数及其说明

参数	说明	取值样例
添加方式	添加 Agent 的方式：选择已有 Agent、创建 Agent	创建 Agent
安装节点类型	在将"添加方式"设置为"创建 Agent"时，需要配置该参数	应用端
安装节点 IP	在将"安装节点类型"设置为"应用端"时，需要配置该参数。在配置 RAC 集群时，填写集群节点 Public-IP 字段的值	172.16.0.55
审计网卡名称	待审计的应用端节点的网卡名称，是可选参数。在将"安装节点类型"设置为"应用端"时，可以配置该参数	test-rac-01
CPU 阈值（%）	待审计的应用端节点的 CPU 阈值，默认值为 80，是可选参数。在将"安装节点类型"设置为"应用端"时，可以配置该参数	80
内存阈值（%）	待审计的应用端节点的内存阈值，默认值为 80，是可选参数。在将"安装节点类型"设置为"应用端"时，可以配置该参数	80
操作系统	待审计的应用端节点的操作系统，包括 LINUX64_X86 选项和 WINDOWS64_X86 选项，是可选参数。在将"安装节点类型"设置为"应用端"时，可以配置该参数	LINUX64_X86

（11）单击"确认"按钮，即可在 test01 数据库中添加 RAC-Node-01 节点上的 Agent。

（12）参考第（9）~（11）步，继续在 test01 数据库中添加 RAC-Node-02、RAC-Node-03 节点上的 Agent。在添加完成后，在数据库列表框中展开 test01 数据库，确认所有节点的 Agent 都添加完成，如图 5-57 所示。

（13）在数据库列表框中，单击 test02 数据库在 Agent 列中的"添加 Agent"超链接，为该数据库添加 Agent。

（14）弹出"添加 Agent"对话框，填写 Agent 的相关信息，如图 5-58 所示，相关参数说明如表 5-17 所示。在本案例中，为 test02 数据库添加 RAC-Node-01 节点上的 Agent。

说明：test02 数据库添加的 Agent 应该与 test01 数据库添加的 Agent 保持一致，因此可以直接选择 test01 数据库中已添加的 Agent。

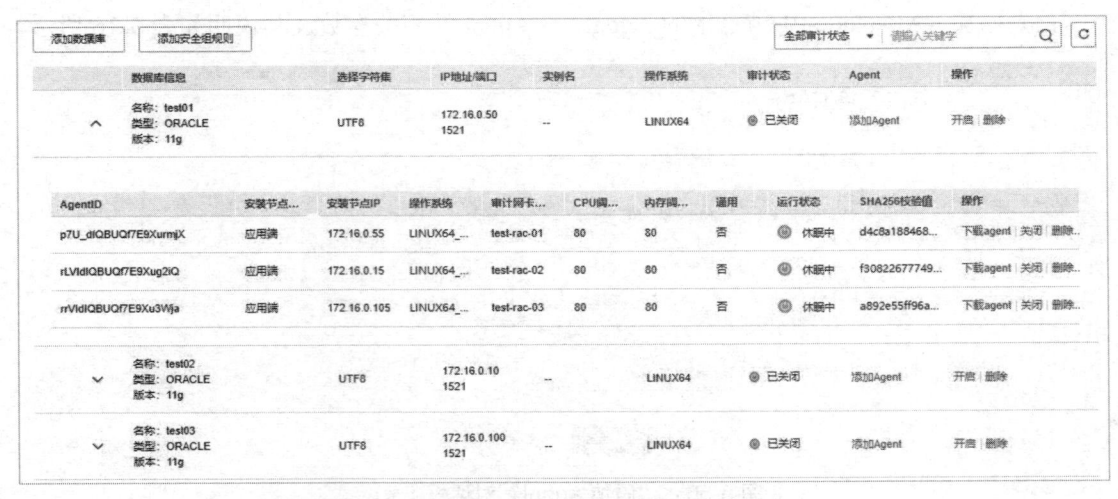

图 5-57 查看在 test01 数据库中添加的 Agent

图 5-58 "添加 Agent" 对话框（2）

表 5-17 添加已有 Agent 的相关参数及其说明

参数	说明	取值样例
添加方式	添加 Agent 的方式：选择已有 Agent、创建 Agent	选择已有 Agent
数据库名称	选择已添加 Agent 的数据库。示例：在集群的 test01 数据库中已添加 Agent，因此选择 test01 数据库	test01
AgentID	在选择的数据库中选择添加的 Agent ID。示例：在 test01 数据库中添加了 3 个 Agent，任意选择一个即可	p7U_dIQBUQf7E9XurmjX

（15）单击"确认"按钮，即可在 test02 数据库中添加 RAC-Node-01 节点上的 Agent。

（16）参考第（13）~（15）步，继续在 test02 数据库中添加 RAC-Node-02、RAC-Node-03 节点上的 Agent。在添加完成后，确认 test02 数据库与 test01 数据库中的 Agent 保持一致，如图 5-59 所示。

（17）参考第（13）~第（16）步，在 test03 数据库中添加 RAC-Node-01、RAC-Node-02、RAC-Node-03 节点上的 Agent。在添加完成后，确认 test01、test02、tes03 数据库中的 Agent 均保持一致，如图 5-60 所示。

图 5-59　确认 test02 数据库与 test01 数据库中的 Agent 保持一致

图 5-60　确认 test01、test02、test03 数据库中的 Agent 均保持一致

（18）在数据库和 Agent 配置完成后，可以继续完成添加安全组规则、下载及安装 Agent、开启审计等操作。

2. 数据库安全审计实例的规则配置最佳实践

建议开启风险告警功能，以便在数据库访问触发审计规则时，数据库安全审计实例可以及时将风险通知给用户。

1）场景一：核心资产数据库表的异常访问、告警

下面举例进行说明。某电商网站后台有多个微服务，分别为订单管理服务、用户管理服务、商品搜索服务等，各服务部署在不同的服务节点上，有不同的 IP 地址，相应的服务部署拓扑图如图 5-61 所示。

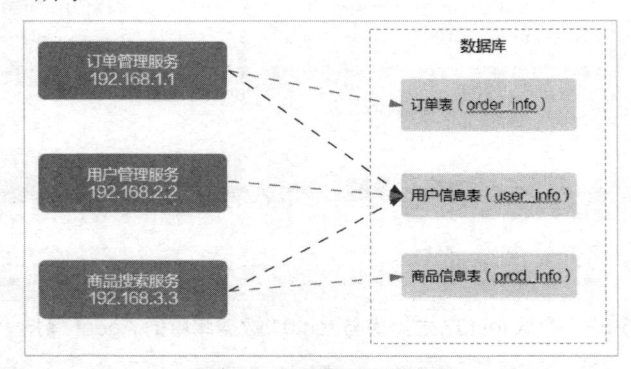

图 5-61　服务部署拓扑图

在图 5-61 中，虚线箭头为正常访问路径。如果订单管理服务和商品搜索服务两个节点被攻陷，攻击者从这两个节点访问数据库的用户信息表，意图窃取用户信息，则属于数据库的异常访问。

在数据库安全审计实例中，可以通过添加风险操作检测规则，检测数据库的异常访问情况，如图 5-62 所示。

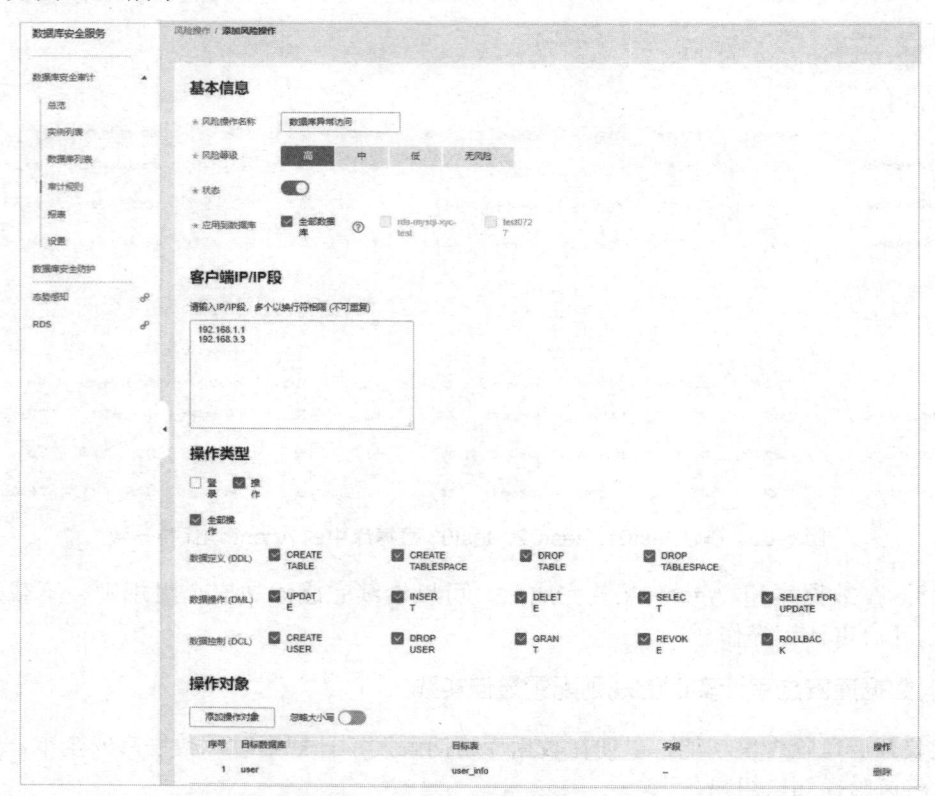

图 5-62　添加用于检测数据库异常访问情况的风险操作检测规则

在图 5-62 中添加的"数据库访问异常"风险操作检测规则中，从 192.168.1.1 或 192.168.3.3 上发起的所有针对 user_info 表的操作都是"高风险"操作。

在添加"数据库访问异常"风险操作检测规则后，所有异常访问和窃取 user_info 表的行为都会被审计，并且触发风险告警。

在设置"操作对象"时，单击"添加操作对象"按钮，填写"目标数据库"和"目标表"，单击"确认"超链接，如图 5-63 所示，即可完成操作对象的添加。

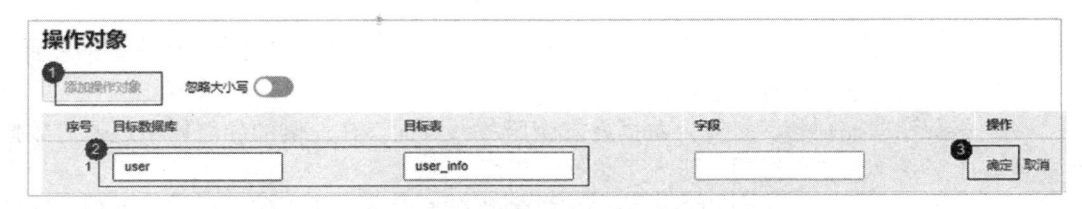

图 5-63　添加检测异常行为的目标表

2）场景二：利用数据库安全审计进行应用程序的 SQL 语句性能优化

下面举例进行说明。某应用程序在上线后发现，当用户执行某些操作时，总会出现界面长时间卡顿的现象。通过检测，发现后台应用程序在访问数据库时会出现好几秒的时延，但未定位到具体是哪些 SQL 语句导致。

此时可以利用数据库安全审计的"数据库慢 SQL 检测"风险操作检测规则进行辅助定位，帮助开发人员进行性能优化。

操作步骤如下。

（1）登录华为云控制台。

（2）单击左上角的 ♀ 按钮，选择区域或项目。单击左上角的 ≡ 按钮，在弹出的导航面板中选择"安全与合规"→"数据库安全服务 DBSS"选项，打开"数据库安全服务"页面。

（3）在左侧的导航栏中选择"数据库安全审计"→"审计规则"选项，进入"审计规则"界面，在"选择实例"下拉列表中选择需要配置"数据库慢 SQL 检测"风险操作检测规则的数据库安全审计实例，选择"风险操作"选项卡，如图 5-64 所示。

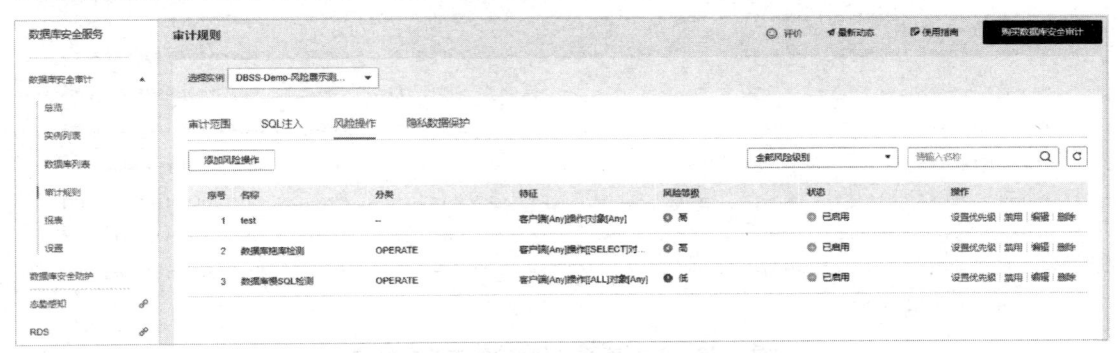

图 5-64　"审计规则"界面中的"风险操作"选项卡（1）

（4）在风险操作检测规则列表框中，单击"数据库慢 SQL 检测"风险操作检测规则在"操作"列中的"编辑"超链接，进入"编辑风险操作"界面，在底部的"执行结果"选区中，将"执行时长"设置为大于 1 000 毫秒，如图 5-65 所示。

| 鲲鹏云安全技术与应用

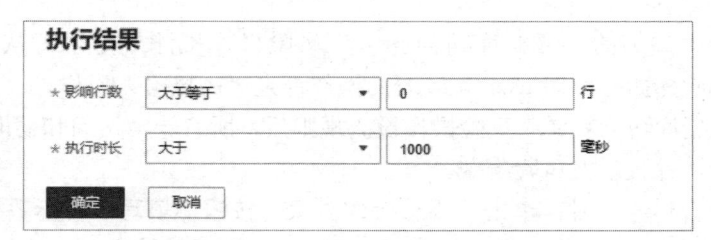

图 5-65 设置"执行时长"

(5) 单击"确定"按钮,完成"数据库慢 SQL 检测"风险操作安全审计规则的配置。
(6) 将该应用程序运行一段时间。
(7) 登录管理控制台,打开"数据库安全服务"页面,在左侧的导航栏中选择"数据库安全审计"→"总览"选项,进入"总览"界面。
(8) 在"选择实例"下拉列表中选择所需的数据库安全审计实例,选择"语句"选项卡,展开"高级选项"节点,在风险操作检测规则名称搜索框中填入"数据库慢 SQL 检测",单击"搜索"按钮,即可查看数据库慢 SQL 检测的相关结果,如图 5-66 所示。

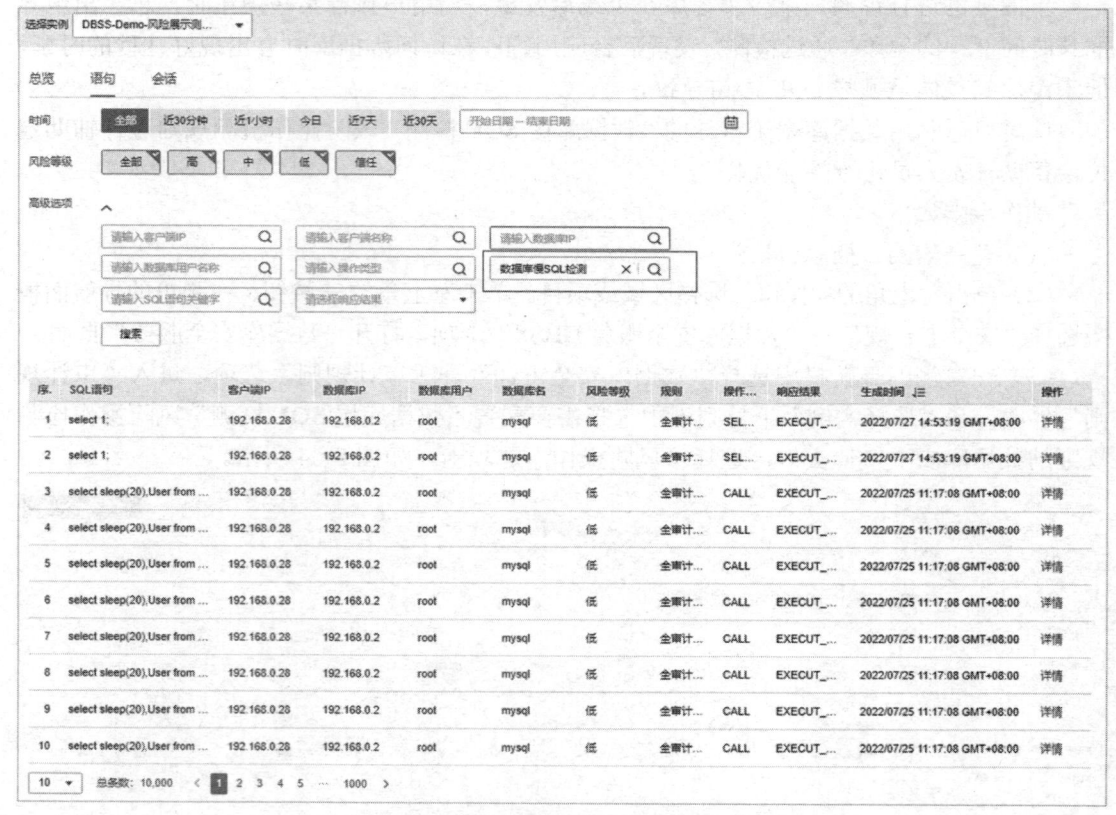

图 5-66 数据库慢 SQL 检索的相关结果

说明: 可以对数据库慢 SQL 检测结果进行分析,对可优化的 SQL 语句进行优化。如果需要进行多轮优化,则可以对"数据库慢 SQL 检测"风险操作检测规则中的"执行时长"参数进行修改,逐步缩短时间,直到达成性能提升的目标。

3）场景三：解决 SQL 注入风险的告警误报

DBSS 可以提供 SQL 注入检测功能，并且内置了一些 SQL 注入检测规则。用户也可以自行添加 SQL 注入检测规则。

下面举例进行说明。如果某些 SQL 语句触发了 SQL 注入检测规则，但是经过分析，发现该 SQL 语句并不是攻击语句，是应用程序生成的合法 SQL 语句，即发生了 SQL 注入误报，示例如图 5-67 所示。

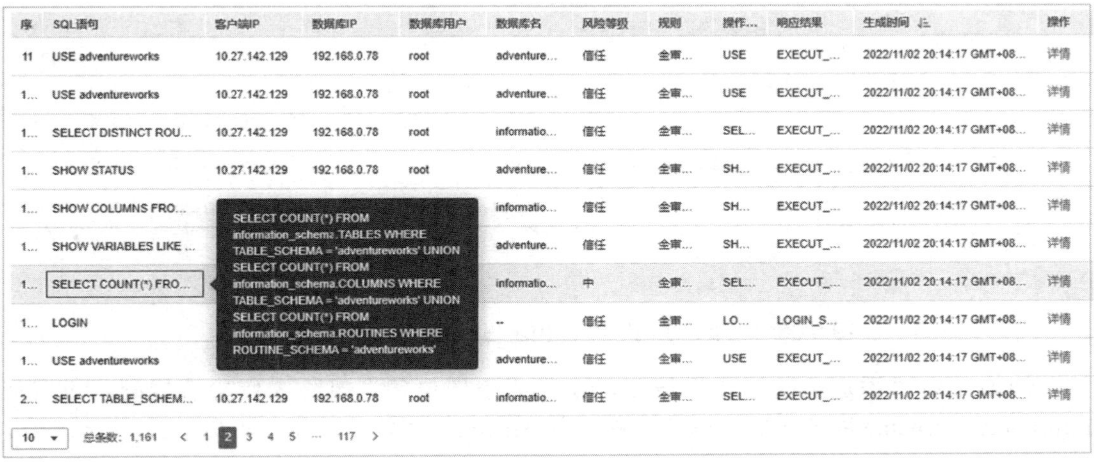

图 5-67　SQL 注入误报

为了避免数据库安全审计对误报的 SQL 语句进行持续告警，可以通过设置白名单解决该问题。

说明：风险操作检测规则的优先级高于 SQL 注入检测规则的优先级。

在图 5-67 中执行的 SQL 语句如下。

```
SELECT COUNT(*) FROM
information_schema.TABLES WHERE
TABLE_SCHEMA = 'adventureworks' UNION
SELECT COUNT(*) FROM
information_schema.COLUMNS WHERE
TABLE_SCHEMA = 'adventureworks' UNION
SELECT COUNT(*) FROM
information_schema.ROUTINES WHERE
ROUTINE_SCHEMA = 'adventureworks'
```

分析该 SQL 语句中的关键信息：该语句使用 SELECT 语句访问 information_schema 库的 TABLES 表。

配置操作如下。

（1）登录华为云控制台。

（2）单击左上角的 按钮，选择区域或项目。单击左上角的三按钮，在弹出的导航面板中选择"安全与合规"→"数据库安全服务 DBSS"选项，打开"数据库安全服务"页面。

（3）在左侧的导航栏中选择"数据库安全审计"→"审计规则"选项，进入"审计规则"界面，在"选择实例"下拉列表中选择所需的数据库安全审计实例，选择"风险操作"选项卡，如图 5-68 所示。

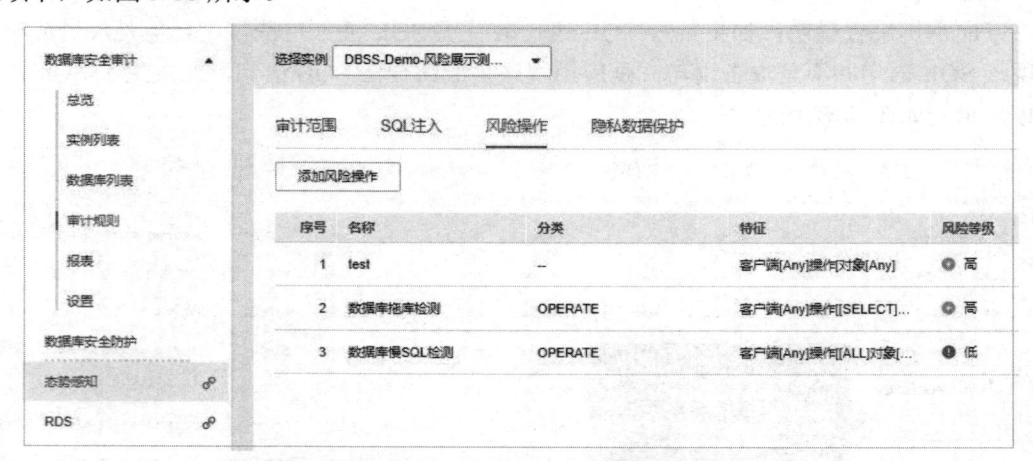

图 5-68　"审计规则"界面中的"风险操作"选项卡（2）

（4）单击"添加风险操作"按钮，添加"信任语句"风险操作检查规则，设置在 information_schema 库的 TABLES 表中执行的 SELECT 语句无风险，如图 5-69 所示。

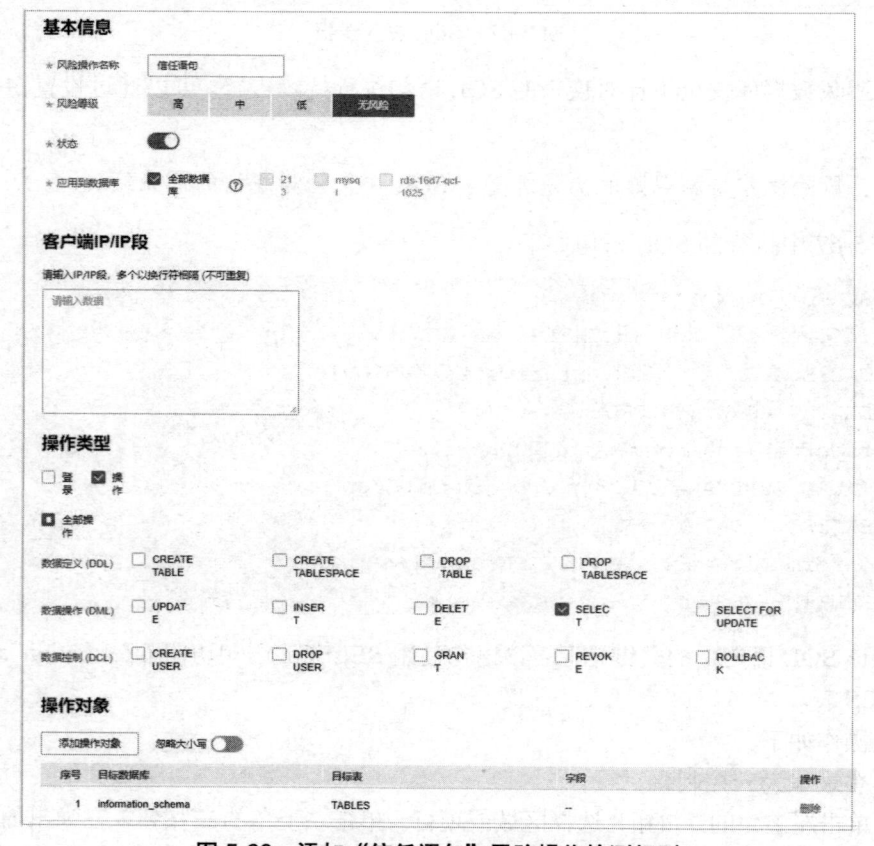

图 5-69　添加"信任语句"风险操作检测规则

（5）在设置"操作对象"时，单击"添加操作对象"按钮，填写"目标数据库"和"目标表"，单击"确定"超链接，如图 5-70 所示，即可完成 SQL 注入白名单操作对象的添加。

图 5-70　添加 SQL 注入白名单操作对象

（6）单击下方的"确认"按钮，"信任语句"风险操作检测规则添加成功。

（7）再次运行应用程序，在检测到该语句时，会优先触发"信任语句"风险操作检查规则，如果将其识别为无风险的 SQL 语句，则不会再次发出告警。

5.5　本章小结

本章主要介绍鲲鹏云系统中数据库安全审计的相关知识和应用。通过学习本章内容，读者可以深入了解鲲鹏云中的数据库安全审计技术，掌握数据库安全审计的配置和使用方法，保障云上数据库的安全。

5.6　本章练习

1．在华为云上购买数据库安全审计资源后，如何通过 IAM 对其进行权限管理？
2．如何在 Oracle RAC 集群中进行数据库安全审计配置？列出前提条件及配置流程。
3．数据库拖库检测和数据库慢 SQL 检测分别是什么？它们的操作场景和配置步骤是怎样的？

第 6 章

Web 应用防火墙服务实践

6.1 本章导读

Web 应用防火墙（Web Application Firewall，WAF）是一种用于保护 Web 应用程序的安全设备，其主要功能是检测和过滤 Web 应用程序中的恶意请求。WAF 可以检测 HTTP 请求和 HTTPS 请求的内容、参数、请求方法、头部信息等，从而识别和拦截各种攻击，如 SQL 注入、跨站脚本攻击、CC 攻击、跨站请求伪造、文件包含攻击等。WAF 可以分为软件型 WAF 和硬件型 WAF，软件型 WAF 一般以插件的形式集成于 Web 服务器中；硬件型 WAF 通常独立于 Web 服务器，作为独立的设备运行。WAF 的优点在于，不需要对 Web 应用程序进行任何修改，即可提供有效的安全保护；可以高度定制化，能够根据特定的应用程序进行优化。本章主要介绍 WAF 的防护原理、功能特性及安全防护实践。通过学习本章内容，读者可以深入了解鲲鹏云中常用的 WAF，掌握 WAF 的构建和管理方法，从而在日常工作中更熟练地确保云安全的落实。

1. 知识目标

- 了解 WAF 的防护原理。
- 了解 WAF 的功能特性。
- 了解 WAF 的个人数据保护机制。

2. 能力目标

- 能够熟练地配置 WAF 的基础防护。
- 能够熟练地配置 CC 攻击防护。
- 能够熟练地配置访问控制策略，保障源站安全。

3. 素养目标

- 培养以科学的思维方式审视专业问题的能力。
- 培养实际动手操作与团队合作的能力。

6.2 知识准备

6.2.1 WAF

WAF 可以对 HTTP 请求和 HTTPS 请求进行检测，从而识别并阻断 SQL 注入、跨站脚本攻击、网页木马上传、命令/代码注入、文件包含攻击、敏感文件访问、第三方应用程序漏洞攻击、CC 攻击、恶意爬虫扫描、跨站请求伪造等，保障 Web 服务的安全、稳定。

6.2.2 防护原理

在购买 WAF 后，在 WAF 管理控制台上添加网站并将其接入 WAF，即可启用 WAF。WAF 的防护原理如图 6-1 所示。在启用 WAF 后，网站上的所有访问请求都会先流转到 WAF，WAF 会检测、过滤恶意攻击流量，然后将正常流量返回给源站，从而确保源站安全、稳定、可用。

图 6-1　WAF 的防护原理

流量经 WAF 返回源站的过程称为回源，如图 6-2 所示。WAF 基于代理机制进行工作，它使用自身的回源 IP 地址代表客户端向源站服务器发送请求。当客户端通过 WAF 发送请求时，WAF 会拦截并处理这些请求，然后将其转发给源站服务器。这样，对客户端而言，所有目标服务器的 IP 地址都会显示为 WAF 的 IP 地址，有效地隐藏了真实的源站 IP 地址。

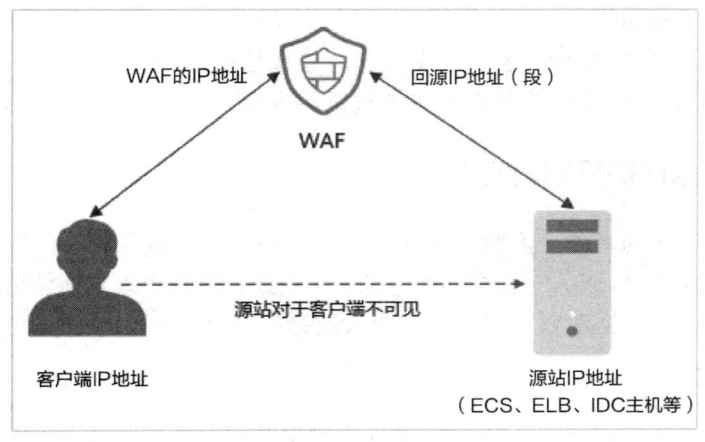

图 6-2　回源

6.2.3 功能特性

WAF 的功能特性如下。

- Web 基础防护：覆盖 OWASP（Open Web Application Security Project，开放式 Web 应用程序安全项目）TOP 10 中常见的安全威胁，通过预置丰富的信誉库，对恶意扫描器、网马等威胁进行检测和拦截。
- CC 攻击防护：根据业务需要，配置防护动作和返回页面内容，可以有效缓解 CC 攻击带来的业务影响。
- IPv6 防护：针对仍然使用 IPv4 协议栈的 Web 业务，WAF 支持 NAT64 机制。NAT64 是一种通过网络地址转换（NAT）形式促成 IPv6 与 IPv4 主机间通信的 IPv6 转换机制。也就是说，WAF 可以将 IPv4 源站转化为 IPv6 网站，将外部 IPv6 访问流量转化为内部的 IPv4 流量。
- 支持防护非标准端口：WAF 不仅支持标准的 80 端口、443 端口，还支持 188 个非标准端口。
- 精准访问防护：基于丰富的字段和逻辑，制定强大的精准访问控制策略。
- 扫描器爬虫防护：自定义扫描器与爬虫规则，用于阻断非授权的网页爬取行为，添加定制的恶意爬虫、扫描器特征，使爬虫防护更精准。
- 黑白名单设置：添加始终拦截的黑名单 IP 地址与始终放行的白名单 IP 地址，提高防护准确性。
- 地理位置访问控制：可以针对地理位置来源 IP 地址进行自定义访问控制。
- 网页防篡改：对网站的静态网页进行缓存配置，当用户访问时，给用户返回缓存的正常页面，并且随机检测网页是否被篡改。
- 网站反爬虫：动态分析网站业务模型，结合人机识别技术和数据风控手段，精准识别爬虫行为。
- 误报屏蔽：针对特定请求，忽略某些攻击检测规则，用于处理误报事件。
- 隐私屏蔽：避免在防护事件日志中出现用户名、密码等敏感信息。
- 防敏感信息泄露：防止在页面中泄露用户的敏感信息，如用户的身份证号码、手机号码、电子邮箱等。
- 告警通知：通过 WAF 服务对攻击日志进行通知设置。在开启告警通知功能后，WAF 会将记录和拦截的攻击日志通过邮箱发送给用户。

6.2.4 个人数据保护机制与安全

为了确保网站访问者的个人数据（如用户名、密码、手机号码等）不被未经过认证、授权的实体或个人获取，WAF 通过加密存储个人数据、控制个人数据访问权限、记录操作日志等方法防止个人数据泄露，保证用户个人数据的安全。

1. 收集范围

对于触发攻击告警的请求，WAF 在事件日志中会记录相关请求，收集和产生的个人数据如表 6-1 所示。

表 6-1 WAF 收集和产生的个人数据

类型	收集方式	是否可以修改	是否必需
请求源 IP	在攻击防护域名时，被 WAF 拦截或记录的攻击者的 IP 地址	否	是
URL	攻击的防护域名的 URL，被 WAF 拦截或记录的防护域名的 URL	否	是
HTTP/HTTPS Header 信息（包括 Cookie）	用户在配置 CC 攻击、精准访问防护规则时，在配置界面中输入的 Cookie 和 Header 信息	否	否，如果配置的 Cookie 和 Header 信息中不包含用户的个人信息，那么 WAF 记录的相关请求中不会收集和产生用户的个人数据
请求参数（Get、Post）	在防护日志中，WAF 记录的请求详情	否	否，如果请求参数中不包含用户的个人信息，那么 WAF 记录的相关请求中不会收集和产生用户的个人数据

2．存储方式

对敏感字段进行脱敏配置，其他字段在日志中采用明文保存。

3．访问权限控制

用户只能查看自己业务的相关日志。

6.3 任务分解

本章旨在让读者掌握鲲鹏云中常用的 Web 应用防火墙服务。在知识准备的基础上，我们可以将本章内容拆分为 4 个实操任务，具体的任务分解如表 6-2 所示。

表 6-2 任务分解

任务名称	任务目标	安排学时
配置反爬虫防护策略	启用 Robot 检测策略，启用网站反爬虫策略，启用 CC 攻击防护策略，结合人机识别技术和数据风控手段，精准识别爬虫行为	2 学时
配置 ECS/ELB 访问控制策略	配置访问控制策略，保障源站安全	2 学时
独享引擎实例升级最佳实践	将 WAF 独享引擎实例升级到最新版本，从而获取独享引擎实例的最新防护性能	2 学时
WAF 接入配置实践	限制单个 IP 地址、Cookie、Referer 访问者对用户网站上特定路径（URL）的访问频率	2 学时

6.4 安全防护实践

6.4.1 配置反爬虫防护策略

网络爬虫可以为网络信息收集与查询提供便利，但会对网络安全产生以下负面影响。

- 网络爬虫会根据特定策略尽可能多地爬取网站中的高价值信息，占用服务器带宽，增加服务器的负载。
- 恶意用户利用网络爬虫对 Web 服务发动 DoS 攻击，可能使 Web 服务的资源耗尽，而不能提供正常服务。
- 恶意用户利用网络爬虫抓取各种敏感信息，导致网站的核心数据被窃取，会损害企业的经济利益。

WAF 可以通过 Robot 检测（用于识别 User-Agent）、网站反爬虫（用于检查浏览器合法性）和 CC 攻击防护（用于限制访问频率）这 3 个反爬虫策略，全方位帮助用户解决业务网站遭受的爬虫问题。

1. 前提条件

域名已成功接入 WAF。

2. 启用 Robot 检测策略

在启用 Robot 检测策略后，WAF 可以检测和拦截恶意爬虫、扫描器、网马等威胁。

（1）登录管理控制台。

（2）单击管理控制台左上角的 按钮，选择区域或项目。

（3）单击左上角的 三 按钮，在弹出的导航面板中选择"安全与合规"→"Web 应用防火墙 WAF"选项，打开"Web 应用防火墙"页面。

（4）在左侧的导航栏中选择"网站设置"选项，进入"网站设置"界面。

（5）在域名列表框中，单击目标域名在"防护策略"列中的"已开启 N 项防护"超链接，进入"防护策略"界面。

（6）在"Web 基础防护"配置框中开启"状态"开关，如图 6-3 所示。

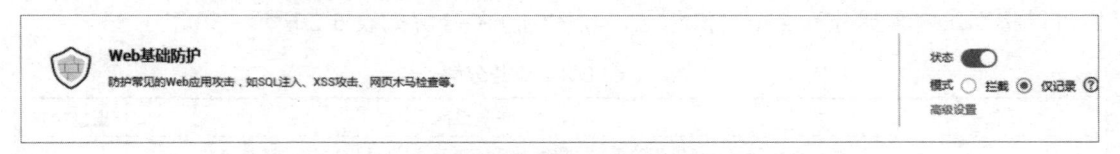

图 6-3 "Web 基础防护"配置框

（7）单击"高级设置"超链接，进入"防护配置"界面，开启"常规检测"和"webshell 检测"开关。

（8）在"网站反爬虫"配置框中，用户可以根据自己的需要开启"状态"开关，如图 6-4 所示，单击"BOT 设置"超链接，进入网站反爬虫规则配置界面。

图 6-4 "网站反爬虫"配置框（1）

（9）选择"特征反爬虫"选项卡，用户可以根据业务需求，开启合适的防护功能，如图 6-5 所示。

图6-5 "特征反爬虫"选项卡

WAF在检测到恶意爬虫、扫描器等对网站进行爬取时，会立即拦截并记录该事件。在"Web应用防火墙"页面左侧的导航栏中选择"防护事件"选项，进入"防护事件"界面，可以查看爬虫防护日志，如图6-6所示。

图6-6 爬虫防护日志

3. 启用网站反爬虫策略

在启用网站反爬虫策略后，WAF可以动态分析网站业务模型，结合人机识别技术和数据风控手段，精准识别爬虫行为。

（1）登录管理控制台。

（2）单击管理控制台左上角的 按钮，选择区域或项目。

（3）单击左上角的 ≡ 按钮，在弹出的导航面板中选择"安全与合规"→"Web应用防火墙WAF"选项，打开"Web应用防火墙"页面。

（4）在左侧的导航栏中选择"网站设置"选项，进入"网站设置"界面。

（5）在域名列表框中，单击目标域名在"防护策略"列中的"已开启 N 项防护"超链接，进入"防护策略"界面。

（6）在"网站反爬虫"配置框中，用户可以根据自己的需要开启"状态"开关，如图6-7所示，单击"BOT设置"超链接，进入网站反爬虫规则配置界面。

图6-7 "网站反爬虫"配置框（2）

（7）选择"JS脚本反爬虫"选项卡，用户可以根据业务需求，设置JS脚本反爬虫的状态。

JS脚本反爬虫默认处于关闭状态 ，单击JS脚本反爬虫的"状态"开关 ，在弹出的"警告"提示框中单击"确定"按钮，开启JS脚本反爬虫的开关，使其变为开启状态 。

说明：

JS脚本反爬虫依赖于浏览器的Cookie机制和JavaScript解析能力，如果客户端浏览器不支持Cookie，则无法使用该功能。

如果业务接入了 CDN 服务，则需要谨慎使用 JS 脚本反爬虫。因为 CDN 缓存机制的影响，JS 脚本反爬虫无法实现预期效果，并且可能导致页面访问异常。

（8）在"JS 脚本反爬虫"选项卡中，还可以设置 JS 脚本发爬虫的防护模式。

JS 脚本反爬虫的请求规则提供了两种防护模式，分别为防护所有请求和防护指定请求。

- 防护所有请求：防护除指定请求规则外的所有请求规则。将"防护模式"设置为"防护所有请求"，单击"添加排除请求规则"按钮，弹出"添加排除请求规则"对话框，在配置要排除的请求规则后，单击"确认"按钮，如图 6-8 所示。

图 6-8　"添加排除请求规则"对话框

- 防护指定请求：只防护指定的请求规则。将"防护模式"设置为"防护指定请求"，单击"添加请求规则"按钮，弹出"添加请求规则"对话框，在配置请求规则后，单击"确认"按钮，如图 6-9 所示。

图 6-9　"添加请求规则"对话框

根据业务配置 JS 脚本反爬虫规则，相关参数及其说明如表 6-3 所示。

表 6-3　JS 脚本反爬虫的请求规则的相关参数及其说明

参数	说明	取值样例
规则名称	自定义的请求规则名称	waf
规则描述	可选参数，设置该请求规则的备注信息	—
生效时间	在创建后生效	立即生效
条件列表	条件列表中的参数说明如下。 • 字段：在下拉列表中选择需要防护的字段，当前仅支持"路径"字段和"User Agent"字段。 • 逻辑：在"逻辑"下拉列表中选择需要的逻辑关系。 • 内容：输入或选择条件匹配的内容	路径包含/admin/
优先级	设置请求规则匹配的优先级。如果设置了多条请求规则，那么多条请求规则之间有先后匹配顺序，也就是说，访问请求会根据用户设定的优先级依次进行匹配，该值越小，请求规则的优先级越高，请求规则越优先匹配	5

在启用网站反爬虫策略后，非浏览器的访问将不能获取业务页面。

4. 启用 CC 攻击防护策略

启用 CC 攻击防护策略，限制单个 IP、Cookie、Referer 访问者对网站上特定路径（URL）的访问频率，缓解 CC 攻击对业务的影响。

（1）登录管理控制台。

（2）单击管理控制台左上角的 ⊙ 按钮，选择区域或项目。

（3）单击左上角的 ≡ 按钮，在弹出的导航面板中选择"安全与合规"→"Web 应用防火墙 WAF"选项，打开"Web 应用防火墙"页面。

（4）在左侧的导航栏中选择"网站设置"选项，进入"网站设置"界面。

（5）在域名列表框中，单击目标域名在"防护策略"列中的"已开启 N 项防护"超链接，进入"防护策略"界面。

（6）在"CC 攻击防护"配置框中，开启"状态"开关 ●，如图 6-10 所示。

图 6-10　"CC 攻击防护"配置框

（7）在"CC 攻击防护"配置框的左上角单击"添加规则"按钮，弹出"添加 CC 防护规则"对话框，以 IP 限速和人机验证为例，添加 IP 限速规则，如图 6-11 所示。

在规则添加成功后，如果用户的访问操作超过限制，则需要输入验证码才能继续访问，如图 6-12 所示。

图 6-11 "添加 CC 防护规则"对话框

图 6-12 输入验证码

6.4.2 配置 ECS/ELB 访问控制策略

网站在接入 WAF 后，可以通过设置源站服务器的访问控制策略，只放行 WAF 回源 IP 网段，防止黑客在获取源站 IP 地址后绕过 WAF 直接攻击源站。

前面介绍了源站服务器部署在华为云 ECS 或华为云 ELB 上时，如何判断源站存在泄露风险，以及如何配置访问控制策略，保护源站安全。

说明：网站在接入 WAF 后，无论是否配置源站保护功能（为源站服务器配置访问控制策略），都不影响正常业务流量的转发。如果没有配置源站保护功能，则可能导致攻击者在源站 IP 地址暴露的情况下绕过 WAF，直接攻击源站。如果在 ECS 前使用 NAT 网关进行转发，则需要设置 ECS 的入方向规则，在 ECS 的安全组中配置只允许放行 WAF 的回源 IP 网段，保证源站安全。

1. 操作须知

在配置源站保护功能前，要确保 ECS 或 ELB 实例上的所有网站域名都已接入 WAF，保证网站能够被正常访问。

配置安全组防护存在一定的风险，应该避免出现以下问题。
- 网站设置了 Bypass 回源，但未取消安全组和网络 ACL 等配置，在这种情况下，可能会导致无法从公网访问源站。
- 当 WAF 有新增的回源 IP 网段时，如果源站已经配置了安全组防护，则可能导致频繁出现"5××"错误。

2. 如何判断源站是否存在泄露风险

可以在非华为云环境中直接使用 Telnet 工具连接源站公网 IP 地址的业务端口（或者直接在浏览器中输入访问 Web 应用的 IP 地址），查看是否成功建立连接。
- 如果可以建立连接，则表示源站存在泄露风险，黑客一旦获取源站公网 IP 地址，就可以绕过 WAF，直接访问源站。
- 如果无法建立连接，则表示当前不存在源站泄露风险。例如，测试是否能够与已接入 WAF 防护的源站 IP 地址对外开放的 443 端口成功建立连接，如果输出信息类似于图 6-13 所示的信息，则表示该端口可以连通，该源站存在泄露风险。

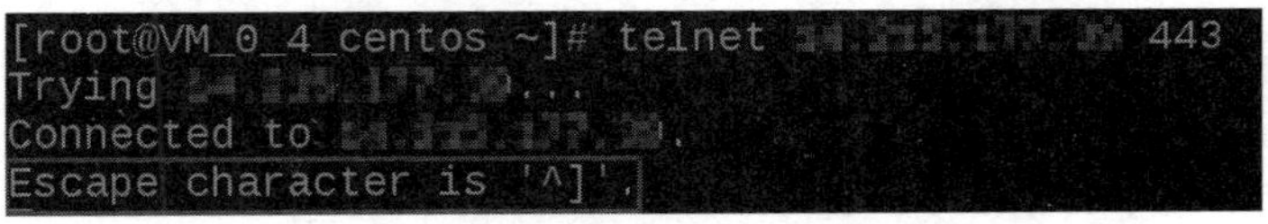

图 6-13　源站存在泄露风险

3. 获取 WAF 的回源 IP 地址

回源 IP 地址是 WAF 通过代理客户端请求服务器时用的源站 IP 地址。在服务器看来，在接入 WAF 后，所有源站 IP 地址都会变成 WAF 的回源 IP 地址，而真实的客户端地址会被加在 HTTP 头部的 XFF 字段中。

（1）登录管理控制台。
（2）单击左上角的 ◎ 按钮，选择区域或项目。
（3）单击左上角的 ≡ 按钮，在弹出的导航面板中选择"安全与合规"→"Web 应用防火墙 WAF"选项，打开"Web 应用防火墙"页面。
（4）在左侧的导航栏中选择"网站设置"选项，进入"网站设置"界面。
（5）单击"Web 应用防火墙的回源 IP 网段"超链接，如图 6-14 所示。

说明：WAF 的回源 IP 网段会定期更新，需要及时将更新后的回源 IP 网段添加至相应的安全组规则中，避免出现误拦截。

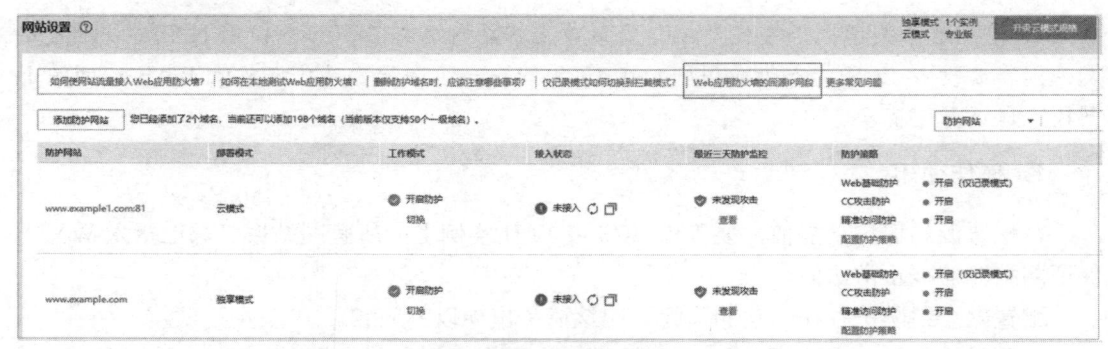

图 6-14　单击"Web 应用防火墙的回源 IP 网段"超链接

（6）弹出"Web 应用防火墙的回源 IP 网段"对话框，单击"复制 IP 段"按钮，如图 6-15 所示，复制所有的回源 IP 地址。

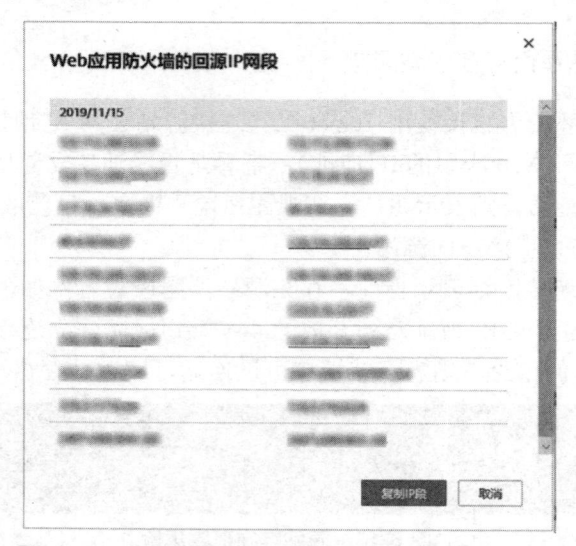

图 6-15　"Web 应用防火墙的回源 IP 网段"对话框

4．设置 ECS 的入方向规则

如果源站服务器直接部署在华为云的 ECS 上，则参考以下操作步骤为 ECS 安全组添加入方向规则，只放行 WAF 回源 IP 网段。

说明：确保 WAF 的所有回源 IP 网段都已通过源站 ECS 的安全组入方向规则设置了入方向的允许策略，否则可能导致网站访问异常。

（1）登录管理控制台。

（2）单击左上角的 按钮，选择区域或项目。

（3）单击左上角的 ≡ 按钮，在弹出的导航面板中选择"计算"→"弹性云服务器 ECS"选项，打开"云服务器控制台"页面，默认进入"弹性云服务器"界面。

（4）在 ECS 列表框中，单击目标 ECS 实例名称，进入 ECS 实例的详情界面。

（5）选择"安全组"选项卡，单击"更改安全组"按钮。

（6）单击安全组 ID，进入安全组基本信息界面。

（7）选择"入方向规则"选项卡，单击"添加规则"按钮，弹出"添加入方向规则"对话框，如图 6-16 所示，相关参数的配置说明如表 6-4 所示。

图 6-16　"添加入方向规则"对话框

表 6-4　"添加入方向规则"对话框中相关参数的配置说明

参数	配置说明
协议端口	应用安全组规则的协议和端口。在该下拉列表中选择"自定义 TCP"选项后，可以在下面的文本框中输入源站的端口
源地址	逐个添加前面复制的 WAF 所有的回源 IP 地址

（8）单击"确定"按钮，添加安全组的入方向规则。

在成功添加安全组的入方向规则后，安全组的入方向规则就会允许 WAF 的回源 IP 网段的所有入方向流量通过。

测试是否能够与已接入 WAF 防护的源站 IP 地址对应的业务端口成功建立连接，验证 ECS 的入方向规则是否生效，如果显示端口无法直接连通，但网站业务仍可正常访问，则表示 ECS 的入方向规则配置成功。

5. 设置 ELB 访问控制策略

如果源站服务器直接部署在华为云的 ELB 上，则可以参考以下操作步骤，设置访问控制（白名单）策略，只放行 WAF 的回源 IP 网段。

（1）登录管理控制台。

（2）单击左上角的 按钮，选择区域或项目。

（3）单击左上角的 ≡ 按钮，在弹出的导航面板中选择"网络"→"弹性负载均衡 ELB"选项，打开"网络控制台"页面，默认进入"弹性负载均衡"界面。

（4）在 ELB 列表框中，单击目标 ELB 的监听器名称，进入监听器的详情界面。

（5）在监听器列表框中，单击目标监听器在"访问控制"列中的"设置"超链接，如图 6-17 所示。

图 6-17　单击目标监听器在"访问控制"列中的"设置"超链接

（6）弹出"设置访问控制"对话框，将"访问控制"设置为"白名单"，如图 6-18 所示。

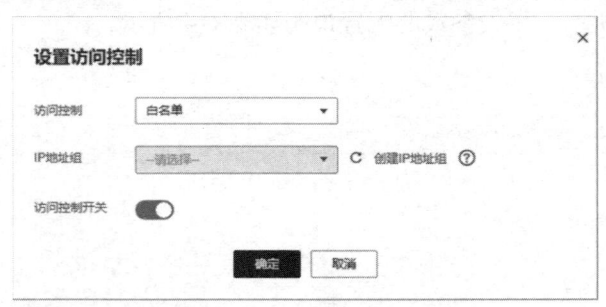

图 6-18 "设置访问控制"对话框

步骤 1：单击"创建 IP 地址组"超链接，将前面独享引擎实例的回源 IP 地址添加到"IP 地址组"下拉列表中。

步骤 2：在"IP 地址组"下拉列表中选择步骤 1 中创建的 IP 地址组。

（7）单击"确定"按钮，白名单访问控制策略添加完成。

测试是否能够与已接入 WAF 防护的源站 IP 地址对应的业务端口成功建立连接，验证 ELB 的访问控制策略是否生效。如果显示端口无法直接连通，但网站业务仍可正常访问，则表示 ELB 的访问控制策略配置成功。

6.4.3 独享引擎实例升级最佳实践

在以独享模式将防护网站部署到 WAF 上后，可以在 WAF 管理控制台上通过升级操作，将 WAF 的独享引擎实例升级为最新版本的引擎实例，从而获取独享引擎实例的新防护性能。为了提升业务的可靠性，可以参照以下操作步骤，完成独享引擎实例的升级操作。

说明： 对于对可靠性要求较高的业务，建议至少购买 2 个独享引擎实例将该业务架构部署为双活或多活高可靠架构。如果业务只部署单个引擎实例，那么在该引擎实例对应的 ECS 发生故障时，WAF 会不可用。

1. 前提条件

防护网站以独享模式接入 WAF。

2. 单个独享引擎实例的升级

如果业务只部署了一个独享引擎实例，则可以参照以下操作步骤，升级该引擎实例。

（1）购买 WAF 的独享模式实例。

- 新购买的独享引擎实例为最新版本的引擎实例。当引擎实例为最新版本的引擎实例时，"升级"按钮处于灰化状态。
- 对于新购买的独享引擎实例，确保其 VPC、子网、安全组等配置与原独享引擎实例的相关配置保持一致。在这些参数都一致的情况下，新独享引擎实例会自动同步原独享引擎实例的所有 WAF 防护配置。

（2）在原独享引擎实例所属 VPC 下的任意一台 ECS 上执行 curl 命令，验证业务是否正常。

- 验证 HTTP 业务是否正常的命令格式如下：

```
curl http://WAF独享引擎实例IP地址:业务端口 -H "host:业务域名" -H "User-Agent: Test"
```

- 验证 HTTPS 业务是否正常的命令格式如下：

```
curl https://WAF独享引擎实例IP地址:业务端口 -H "host:业务域名" -H "User-Agent: Test"
```

检查业务是否正常，如果业务正常，则执行下一步操作；如果业务异常，那么在排查故障后，再执行下一步操作。

说明：执行 curl 命令的主机需要满足以下条件。
- 网络通信正常。
- 已安装 curl 命令。采用 Windows 操作系统的主机需要手动安装 curl 命令，其他操作系统自带 curl 命令。

（3）将新购买的独享引擎实例添加到 ELB 的后端服务器上。

下面以添加共享型后端服务器为例，演示添加后端服务器操作步骤，具体如下。

步骤 1：单击左上角的三按钮，在弹出的导航面板中选择"安全与合规"→"Web 应用防火墙 WAF"选项，打开"Web 应用防火墙"页面。

步骤 2：在左侧的导航栏中选择"系统管理"→"独享引擎"选项，进入"独享引擎"界面。

步骤 3：在独享引擎实例列表框中，单击目标独享引擎实例在"操作"列中的"更多"→"添加到 ELB"超链接，如图 6-19 所示。

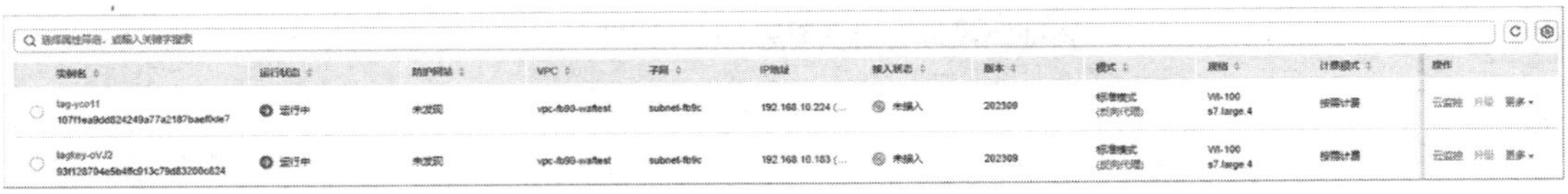

图 6-19 独享引擎实例列表框

步骤 4：进入"添加到 ELB"界面，选择原独享引擎实例配置的"ELB（负载均衡器）"、"ELB 监听器"和"后端服务器组"。

步骤 5：单击"确认"按钮，为独享引擎实例配置业务端口。需要将业务端口配置为原独享引擎实例实际监听的业务端口。

（4）在 ELB 管理控制台上，将原独享引擎实例的流量权重设置为 0。新的请求不会转发到权重为 0 的后端。

（5）在业务流量降下来后，删除原独享引擎实例。

说明：查看独享引擎实例的云监控信息，如果"新建连接数"的值较小，如小于 5，则说明业务流量已经降下来了。

步骤 1：进入"独享引擎"界面，如图 6-20 所示。

步骤 2：在独享引擎实例列表框中，单击目标独享引擎实例在"操作"列中的"删除"超链接。

步骤 3：在弹出的提示框中单击"确定"按钮。

在删除独享引擎实例后，该独享引擎实例上的资源会被释放且不可以恢复。

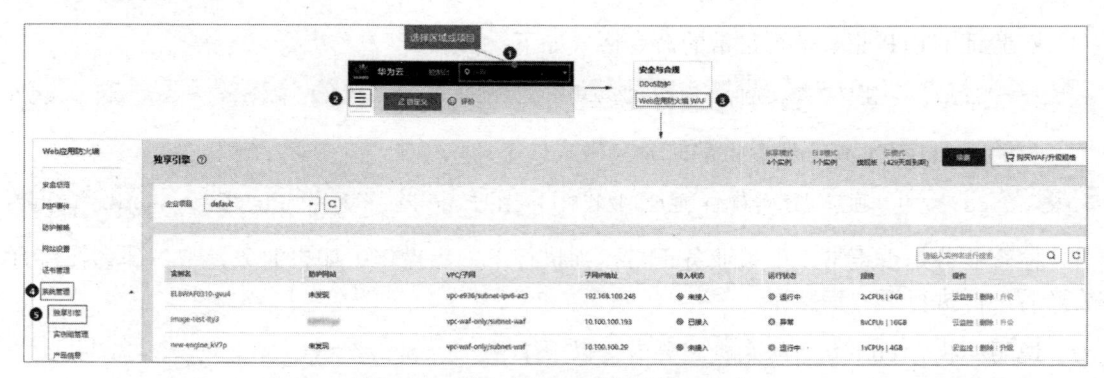

图6-20 进入"独享引擎"界面（1）

3. 多个独享引擎实例的升级

如果业务部署了多个独享引擎实例，则可以参照以下操作步骤，升级独享引擎实例。

（1）在 ELB 管理控制台上，记录任意一个独享引擎实例的流量权重，然后将该独享引擎实例的流量权重设置为 0。新的请求不会转发到权重为 0 的后端。

（2）在业务流量降下来后，升级独享引擎实例的版本。

说明：查看独享引擎实例的云监控信息，如果"新建连接数"的值较小，如小于 5，则说明业务流量已经降下来了。

步骤 1：进入"独享引擎"界面，如图 6-21 所示。

图6-21 进入"独享引擎"界面（2）

步骤 2：在独享引擎实例列表框中，单击目标独享引擎实例在"操作"列中的"升级"超链接。

步骤 3：弹出"你确认要升级以下实例吗？"对话框，如图 6-22 所示，在确认业务满足升级条件后，单击"确认"按钮，升级独享引擎实例的版本。升级大约需要 5 分钟。

（3）在独享引擎实例所属 VPC 下的任意一台 ECS 上执行 curl 命令，验证业务是否正常。

- 验证 HTTP 业务是否正常的命令格式如下：

```
curl http://WAF独享引擎实例IP地址:业务端口 -H "host:业务域名" -H "User-Agent:Test"
```

- 验证 HTTPS 业务是否正常的命令格式如下：

```
curl https://WAF独享引擎实例IP地址:业务端口 -H "host:业务域名" -H "User-Agent:Test"
```

图 6-22 "你确认要升级以下实例吗？"对话框

检查业务是否正常，如果业务正常，则执行下一步操作；如果业务异常，那么在排查故障后，再执行下一步操作。

说明：执行 curl 命令的主机需要满足以下条件。
- 网络通信正常。
- 已安装 curl 命令。采用 Windows 操作系统的主机需要手动安装 curl 命令，其他操作系统自带 curl 命令。

（4）在 ELB 管理控制台上，将引擎实例的流量权重从 0 调整为第（1）步中记录的原值。

（5）参照第（1）～（4）步，分别对其他独享引擎实例进行升级操作。

6.4.4 WAF 接入配置实践

1．准备阶段

将网站域名接入华为云 WAF，可以帮助网站防御常见的 Web 攻击和恶意 CC 攻击，避免网站遭到入侵，导致数据泄露，全面保障网站的安全性和可用性。

1）网站业务梳理

对网站和业务信息进行梳理，如表 6-5 所示。对业务及攻击情况进行梳理，如表 6-6 所示。根据表 6-5 和表 6-6 中的内容，可以了解当前的业务状况和具体数据，为后续配置 WAF 的防护策略提供依据。

表 6-5　网站和业务信息梳理

梳理项	说明
网站/应用程序业务每天的流量峰值情况，包括带宽、QPS	确认风险时间点，将其作为选择 WAF 实例的业务带宽和业务 QPS 规格的依据
业务的主要用户群体（如访问用户的主要来源地区）	确认非法攻击来源，后续可以使用地理位置访问控制功能屏蔽非法来源地区的用户

续表

梳理项	说明
业务是否采用 C/S 架构	如果业务采用 C/S 架构，则需要进一步明确是否有 App 客户端、Windows 客户端、Linux 客户端、代码回调或其他环境的客户端
源站部署的具体位置	确认购买哪种实例 Region
源站服务器的操作系统（如 Linux、Windows）和 Web 服务中间件（如 Apache、Nginx、IIS 等）	确认源站是否存在访问控制策略，避免源站误拦截 WAF 回源 IP 地址转发的流量
域名使用协议	确认 WAF 是否支持使用的通信协议
业务端口	确认需要防护的业务端口是否在 WAF 支持的端口范围内。 • 标准端口如下。 ➢ 80：HTTP 对外协议默认使用端口。 ➢ 443：HTTPS 对外协议默认使用端口。 • 非标准端口：除 80/443 外的端口
业务是否使用 TLS 1.0 或弱加密套件	确认业务使用的加密套件是否支持
业务在接入 WAF 前，是否已接入 DDoS 高防、CDN 等服务	在将业务接入 WAF 时，判断是否已使用代理，以及是否正确地进行域名解析
（针对 HTTPS 业务）客户端是否支持 SNI 标准	对于支持 HTTPS 协议的域名，在接入 WAF 后，客户端和服务端都需要支持 SNI 标准
业务交互过程	了解业务交互过程、业务处理逻辑，以便后续配置针对性的防护策略
活跃用户数量	便于后续在处理紧急攻击事件时，判断事件严重程度，并且采取风险较低的应急处理措施

表 6-6 业务及攻击情况梳理

梳理项	说明
业务类型及业务特征（如游戏、棋牌、网站、App 等业务）	便于在后续的攻击防护过程中分析攻击特征
单用户、单 IP 的入方向流量范围和连接情况	便于后续判断是否可以针对单个 IP 地址制定限速策略
用户群体属性	如个人用户、网吧用户、通过代理访问的用户
业务是否遭受过大流量攻击、攻击类型和最大的攻击流量峰值	判断是否需要增加 DDoS 防护服务，并且根据攻击流量峰值判断需要的 DDoS 防护规格
业务是否遭受过 CC 攻击和最大的 CC 攻击峰值 QPS	通过分析历史攻击特征，配置预防性策略
业务是否已完成压力测试	评估源站服务器的请求处理性能，以便后续判断是否因遭受攻击导致业务发生异常

2）准备工作
- 已经将域名信息（源站服务器的 IP、端口等信息）添加到 WAF 中了。
- 具有网站 DNS 域名解析管理员的账号，用于修改 DNS 解析记录，将网站流量切换至 WAF。
- 建议在接入网站业务前，完成压力测试。
- 检查网站业务是否已有信任的访问客户端（如监控系统、通过内部固定 IP 地址或 IP 地址段调用的 API、固定的程序客户端请求等）。在接入网站业务后，需要将这些信任的客户端的 IP 地址加入白名单。

2. 单独使用 WAF 配置指导

在将网站接入 WAF 前，DNS 服务器会直接将其解析到源站的 IP 地址。网站在接入 WAF 后，需要通过 DNS 服务器解析到 WAF 的 CNAME。这样，流量会先经过 WAF，再由 WAF 将流量转到源站，实现网站的流量检测和攻击拦截。下面介绍在通过 DNS 配置模式将网站接入 WAF 的过程中，如何在完成网站的基础配置后进行域名解析设置，确保业务的顺利接入和运行。

1）原理图

未使用代理配置原理图如图 6-23 所示。

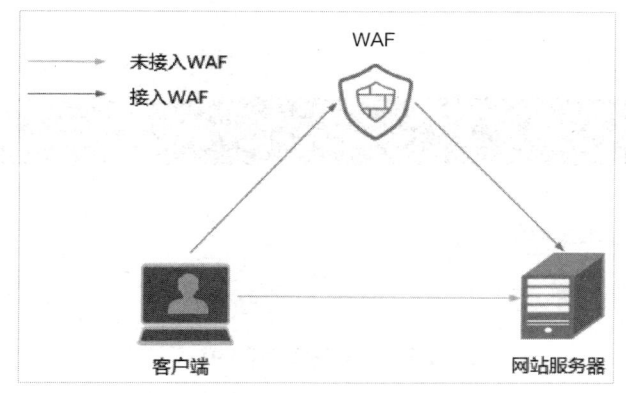

图 6-23　未使用代理配置原理图

2）前提条件

- 已有网站域名。
- 已购买 WAF。
- 已将网站信息（源站服务器的 IP 地址、端口等信息）添加到 WAF 中。
- 在域名的 DNS 服务商处有更新 DNS 记录的权限。
- （可选）放行 WAF 回源 IP 网段。源站服务器上已启用非华为云安全软件（如安全狗、云锁），需要在这些软件上放行 WAF 回源 IP 网段，防止由 WAF 转发到源站的正常业务流量被拦截。
- （可选）进行本地验证。先通过本地验证确保 WAF 转发规则配置正常后，再修改网站域名的 DNS 解析记录，防止因配置错误导致业务中断。

3）操作背景

在 2.4.3 节的"华为云的 DDoS 高防+WAF 联动防护"中，记录集中的域名主机记录的"类型"是"CNAME-将域名指向另外一个域名"。

4）CNAME 接入

下面以华为云云解析 DNS 为例，介绍修改域名 CNAME 解析记录的方法。如果域名的 DNS 解析服务器托管在华为云的云解析 DNS 上，则可以直接参照以下步骤进行操作；如果使用华为云以外的 DNS 服务，则可以参考以下步骤在域名的 DNS 服务器上进行类似的配置。

（1）获取 CNAME 值。

- 如果正在添加域名，那么在配置域名的基本信息后，单击 按钮，复制域名的

CNAME 值，如图 6-24 所示。

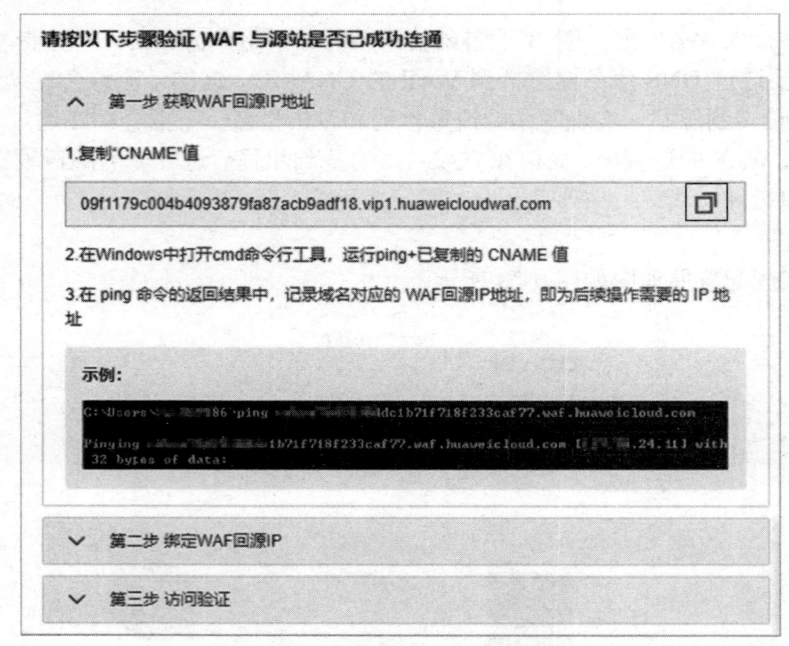

图 6-24 复制域名的 CNAME 值

- 如果已添加完域名，则可以参考以下操作步骤，获取域名的 CNAME 值。

步骤 1：登录管理控制台。

步骤 2：单击左上角的 按钮，选择区域或项目。

步骤 3：单击左上角的 按钮，选择"安全与合规"→"Web 应用防火墙 WAF"选项，打开"Web 应用防火墙"页面。

步骤 4：在左侧的导航栏中选择"网站设置"选项，进入"网站设置"界面。

步骤 5：在域名列表框中单击目标域名，进入域名的"基本信息"界面，如图 6-25 所示。

图 6-25 域名的"基本信息"界面

步骤 6：在 CNAME 信息行中单击 按钮，复制域名的 CNAME 值。

（2）域名解析。

步骤 1：单击左上角的 按钮，选择区域或项目，单击左上角的 按钮，选择"网络"→"云解析服务 DNS"选项，打开"云解析服务 DNS"页面。

步骤 2：在左侧的导航栏中选择"公网域名"选项，在右侧的域名列表框中单击目标域名在"操作"列中的"管理解析"超链接，如图 6-26 所示。

图 6-26 单击"管理解析"超链接

步骤 3：弹出"修改记录集"对话框，进行相应的修改，如图 6-27 所示。

图 6-27 "修改记录集"对话框

- 主机记录：在 WAF 中配置的域名。
- 类型：选择"CNAME-将域名指向另外一个域名"选项。
- 线路类型：选择"全网默认"选项。
- TTL（秒）：一般建议设置为 5 分钟，该值越大，表示域名解析记录的同步和更新越慢。
- 值：设置为第（1）步中复制的 CNAME 值。
- 其他参数采用默认设置。

步骤 4：单击"确定"按钮，完成域名解析的相关配置，等待域名解析记录生效。

（3）（可选）验证域名解析的相关配置。可以 Ping 网站域名验证域名解析记录是否生效。

说明：由于域名解析记录生效需要一定时间，因此，如果验证失败，则可以等待 5 分钟，再重新检查。

6.5 本章小结

本章主要介绍了 WAF 的相关知识。WAF 可以通过对 HTTP 请求和 HTTPS 请求进行检测和过滤，识别并阻断多种攻击行为，如 SQL 注入、跨站脚本攻击、CC 攻击、跨站请求伪造、文件包含攻击等，从而保护 Web 服务的安全稳定。使用 WAF，可以有效地降低 Web 应用程序被攻击的风险，确保网站的正常运营。WAF 具有多项功能特性，如 Web 基础防护、CC 攻击防护、IPv6 防护、精准访问防护、扫描器爬虫防护、黑白名单设置等，并且支持非标准端口防护和地理位置访问控制等功能。此外，WAF 还可以提供个人数据保护机制，通过加密存储、权限控制和日志操作等方式，保证用户个人数据的安全。总而言之，WAF 提供了多项功能特性和个人数据保护机制，可以确保网站正常运营，降低网站被攻击的风险。

6.6 本章练习

1. 简述 Web 基础防护和 CC 攻击防护的功能特性。
2. 在接入华为云 WAF 时，为什么需要进行网站业务梳理？
3. WAF 接入配置的准备工作有哪些？

第 7 章 漏洞管理服务实践

7.1 本章导读

漏洞管理服务是一种用于检测和评估系统中存在的漏洞的安全检测服务,它通过对系统进行全面扫描和分析,检测操作系统、应用程序和网络设备等的漏洞、错误配置和密码弱点等,并且生成详细的漏洞报告,帮助开发者及时采取措施修复这些漏洞,从而提高系统的安全性。漏洞管理服务具有漏洞检测、安全报告生成、自动化扫描、合规支持和可定制性等功能特性,适用于各种类型的信息系统环境。通过学习本章内容,读者可以了解漏洞管理服务的基本原理和工作流程,掌握漏洞管理服务的功能特性,了解漏洞管理服务的优势和价值,从而在日常工作中更熟练地确保云安全的落实。

1. 知识目标

- 掌握漏洞管理服务的架构和原理。
- 掌握漏洞管理服务的功能特性。
- 掌握漏洞管理服务的个人数据保护机制。

2. 能力目标

- 能够熟练地配置漏洞管理服务。
- 能够熟练地扫描具有复杂访问机制的网站漏洞。

3. 素养目标

- 培养以科学的思维方式审视专业问题的能力。
- 培养实际动手操作与团队合作的能力。

7.2 知识准备

7.2.1 漏洞管理服务

漏洞管理服务是针对网站、主机、移动应用程序、软件包、固件进行漏洞扫描的一种安全检测服务，目前可以提供通用漏洞检测、漏洞生命周期管理、自定义扫描等服务。在漏洞扫描成功后，会提供扫描报告详情，用于查看漏洞明细、修复建议等信息。

7.2.2 功能介绍

漏洞管理服务具有以下功能。

1. 网站扫描

采用网页爬虫的方式全面、深入地爬取网站 URL，基于多种具有不同能力的漏洞扫描插件，模拟用户的真实浏览场景，逐个深度分析网站细节，帮助用户发现网站潜在的安全隐患。此外，漏洞扫描服务内置了丰富的无害化扫描规则及扫描速率动态调整功能，可以有效避免用户的网站业务受到影响。

2. 主机扫描

在提供漏洞管理服务之前，首先需要获得用户的明确授权。这种授权可以是用户通过账号和密码进行的，用于确保只为具备正确凭证的用户授予访问权限。一旦获得授权，漏洞管理服务就能够自动对用户的主机操作系统、中间件及其他关键组件进行版本检测，用于识别存在的安全漏洞和配置问题。漏洞管理服务与官方漏洞库同步更新，以便使用最新的漏洞特征信息进行匹配和检测，从而帮助用户及时发现并解决潜在的安全隐患。

3. 移动应用程序安全检测

漏洞管理服务可以对安卓和鸿蒙操作系统中的应用程序进行深入的安全漏洞和隐私合规性检测。利用静态分析技术，结合先进的数据流静态污点跟踪方法，漏洞扫描服务可以全面地检测应用程序的权限管理、组件使用、网络通信等基础功能的安全问题。漏洞管理服务不仅可以识别潜在的安全漏洞，还可以提供详尽的漏洞信息和具体的修复建议，帮助开发者提升应用的安全性，确保用户数据的隐私性。

4. 二进制成分分析

漏洞管理服务可以对用户提供的二进制软件包、固件进行全面分析，通过解压缩功能，获取软件包、固件中的所有待分析文件，基于组件特征识别技术、静态检测技术及各种风险检测规则，获取被检测的相关对象的组件 BOM 清单和潜在风险清单，并且生成一份专业的分析报告。

7.2.3 功能特性

漏洞管理服务可以快速地检测出网站、主机、移动应用程序、软件包、固件中存在的漏洞，提供详细的漏洞分析报告，并且针对不同类型的漏洞提供专业、可靠的修复建议。

1. 网站漏洞扫描

- 具有 OWASP（Open Web Application Security Project，开放 Web 应用程序安全项目）TOP10 和 WASC（Web Application Security Consortium，Web 应用程序安全联盟）的漏洞检测能力，支持扫描的漏洞超过 22 种。
- 在云端自动更新扫描规则，在全网生效，及时涵盖最新发现的漏洞。
- 支持 HTTPS 扫描。

2. 一站式漏洞管理

- 在完成扫描任务后，可以通过短信通知用户。如果希望在完成扫描任务后收到短信通知，则需要购买专业版、高级版或企业版的漏洞管理服务。
- 提供漏洞修复建议。如果需要查看漏洞修复建议，则需要购买专业版、高级版或企业版的漏洞管理服务。
- 支持下载扫描报告，用户可以离线查看漏洞信息。如果需要下载扫描报告，则需要购买专业版、高级版或企业版的漏洞管理服务。
- 支持重新扫描。

3. 支持弱密码扫描

- 多场景可用：支持操作系统（通过 RDP 协议登录 Windows 操作系统，通过 SSH 协议登录 UNIX 操作系统、Linux 操作系统和安装了 SSH 服务的 Windows 操作系统）、数据库（如 MySQL、Redis）等常见中间件的弱口令扫描。
- 丰富的弱密码匹配库：具有丰富的弱密码匹配库，可以模拟黑客对各种场景进行弱口令扫描。

4. 支持端口扫描

扫描服务器端口的开放状态，可以检测出容易被黑客发现的入侵通道。

5. 自定义扫描

- 支持任务定时扫描。
- 支持 Web 2.0 高级爬虫扫描。
- 支持自定义 Header 扫描。
- 支持手动导入探索文件，用于进行被动扫描。

6. 主机漏洞扫描

- 支持深入扫描：通过配置验证信息，可以连接服务器，用于进行操作系统检测，以及多维度的漏洞、配置检测。
- 支持内网扫描：可以通过跳板机访问业务所在的服务器，从而适配不同企业的网络管理场景。
- 支持中间件扫描，具体如下。
  - 丰富的扫描场景：支持主流 Web 容器、前台开发框架、后台微服务技术栈的版本漏洞和配置合规扫描。
  - 有多种扫描方式：支持通过多种方式识别服务器的中间件及其版本，可以全方位地发现服务器的漏洞。

7. **二进制成分分析**

- 全方位风险检测：对软件包、固件进行全面分析，通过应用各类检测规则，发现被测对象在开源软件使用、信息泄露、安全配置、安全编译选项等方面存在的潜在风险。
- 支持各类应用：支持对桌面应用程序（Windows 操作系统、Linux 操作系统等中的应用程序）、移动应用程序（APK、IPA、Hap 等）、嵌入式系统固件等进行检测。
- 专业分析指导：提供全面、直观的风险汇总信息，并且针对不同的扫描告警提供专业的解决方案和修复建议。

8. **移动应用程序安全检测**

漏洞管理服务可以快速扫描移动应用程序，并且提供详细的检测报告，协助用户快速定位并修复问题。

- 全自动化测试：上传 Android、HarmonyOS 等操作系统的应用程序文件，提交扫描任务，即可自动输出详细、专业的测试报告。
- 详细的测试报告：可以提供问题代码行、修复建议、调用栈信息、违规问题场景截图、关联隐私策略片段等信息。该测试报告支持一键下载。
- 支持第三方 SDK 隐私声明解析：针对第三方 SDK 隐私声明，提供表格与外链两种展示方式。通过插桩的方式，获取应用程序隐私声明的 URL，即可提取并深度解析隐私声明内容。
- 支持 HarmonyOS 应用程序扫描：率先支持对 HarmonyOS 应用程序进行安全漏洞、隐私合规问题扫描。

7.2.4 个人数据保护机制

为了确保网站访问者的个人数据（如用户名、密码等）不被未经过认证、授权的实体或个人获取，漏洞管理服务通过加密存储个人数据、控制个人数据访问权限、记录操作日志等方法防止个人数据泄露，保证个人数据的安全。

1. **漏洞管理服务收集和产生的个人数据**

漏洞管理服务收集和产生的个人数据如表 7-1 所示。

表 7-1　漏洞管理服务收集和产生的个人数据

类型	收集方式	是否可以修改	是否必需
域名、IP 地址	在添加域名时，由用户在界面中输入	是	是
用户名（网站登录）	在设置账号、密码、登录方式时，由用户在界面中输入	是	否

续表

类型	收集方式	是否可以修改	是否必需
密码（网站登录）	在设置账号、密码、登录方式时，由用户在界面中输入	是	否
Cookie 值	在设置 Cookie 登录方式时，由用户在界面中输入	是	否，Cookie 值中可能不包含用户的个人信息

2．存储方式

域名和 IP 地址采用明文存储方式，其他字段采用加密存储方式。

3．访问权限控制

用户只能查看自己业务的相关信息。

4．日志记录

对于用户个人数据的所有非查询类操作，如创建域名、删除域名等，漏洞管理服务都会将其记录到审计日志中，并且将其上传至 CTS 中。用户只可以查看自己的审计日志。

7.3 任务分解

本章旨在让读者掌握鲲鹏云中常用的漏洞管理服务。在知识准备的基础上，我们可以将本章内容拆分为 4 个实操任务，具体的任务分解如表 7-2 所示。

表 7-2 任务分解

任务名称	任务目标	安排学时
开通漏洞管理服务	使用漏洞监测、漏洞生命周期管理、自定义扫描等多项服务，生成扫描报告，并且查看漏洞明细、修复建议等信息	2 学时
网站漏洞扫描	确定要扫描的系统、应用程序或网络设备，配置扫描服务的规则和策略，生成详细的报告，给出相应的修复建议	2 学时
主机扫描	进行深入扫描、内网扫描和中间件扫描等，生成漏洞分析报告，给出相应的修复建议	2 学时
安全监测	对资产进行安全扫描和编辑操作	2 学时

7.4 安全防护实践

7.4.1 开通漏洞管理服务

1．操作场景

本任务主要介绍用户在首次使用漏洞管理服务时，应该如何购买专业版、高级版和企业版漏洞管理服务的扫描功能。

说明：

- 漏洞管理服务仅支持从专业版升级为高级版。对于专业版用户，如果需要将专业版漏洞管理服务的扫描配额包中的二级域名配额升级为一级域名配额，则可以直接将专业版漏洞管理服务升级为高级版漏洞管理服务。
- 不支持多个版本同时存在。对于已经购买了基础版和专业版漏洞管理服务的用户，华为云提供以下优惠政策：免费将基础版漏洞管理服务升级为专业版漏洞管理服务。版本到期时间由用户订单中到期时间最长的版本决定。
- 不支持从专业版或高级版漏洞管理服务直接升级为企业版漏洞管理服务。对于专业版或高级版用户，如果需要使用企业版漏洞管理服务，则可以直接购买。为了保证用户权益，在购买企业版漏洞管理服务后，可以提交工单，退订专业版或高级版漏洞管理服务。
- 在购买漏洞管理服务的扫描配额后，不支持直接修改扫描配额，仅支持升级扫描配额规格，因此需要谨慎操作。

2. 前提条件

已获取管理控制台的登录账号（具有 VSS Administrator 与 BSS Administrator 权限）与密码。

3. 购买步骤

（1）登录管理控制台。

（2）单击左上角的 ◎ 按钮，选择区域或项目。单击左上角的 ≡ 按钮，在弹出的导航面板中选择"开发与运维"→"漏洞管理服务 CodeArts Inspector"选项，打开"漏洞管理服务"页面，默认进入"总览"界面。

（3）单击右上角的"升级规格"按钮，进入漏洞管理服务购买界面。如果已经体验了基础版漏洞管理服务，则可以选择购买专业版、高级版和企业版漏洞管理服务的扫描功能。

（4）在漏洞管理服务购买界面，将"计费模式"设置为"包年/包月"，将"规格选择"设置为"专业版"，其他参数设置如图 7-1 所示；将"规格选择"设置为"高级版"，其他参数设置如图 7-2 所示；将"规格选择"设置为"企业版"，其他参数设置如图 7-3 所示。购买漏洞管理服务的关键参数及其说明如表 7-3 所示。

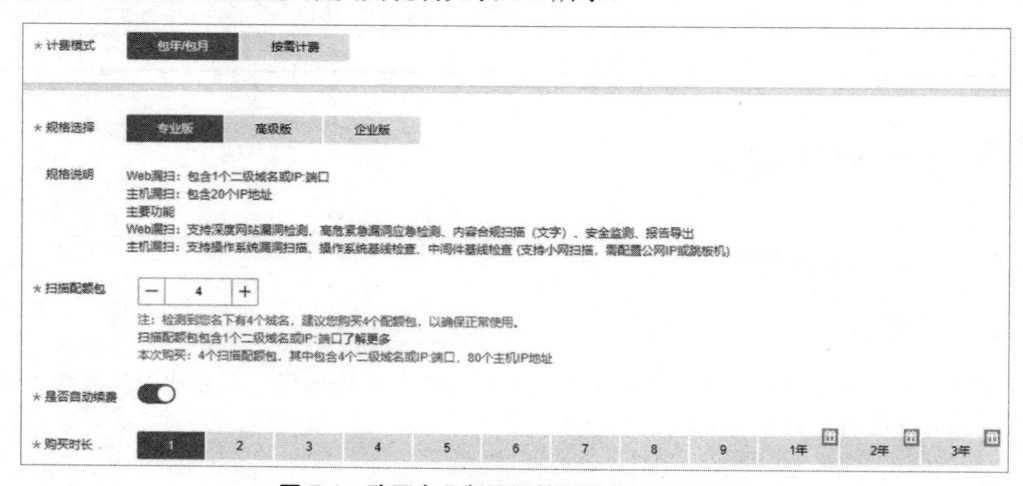

图 7-1 购买专业版漏洞管理服务的参数设置

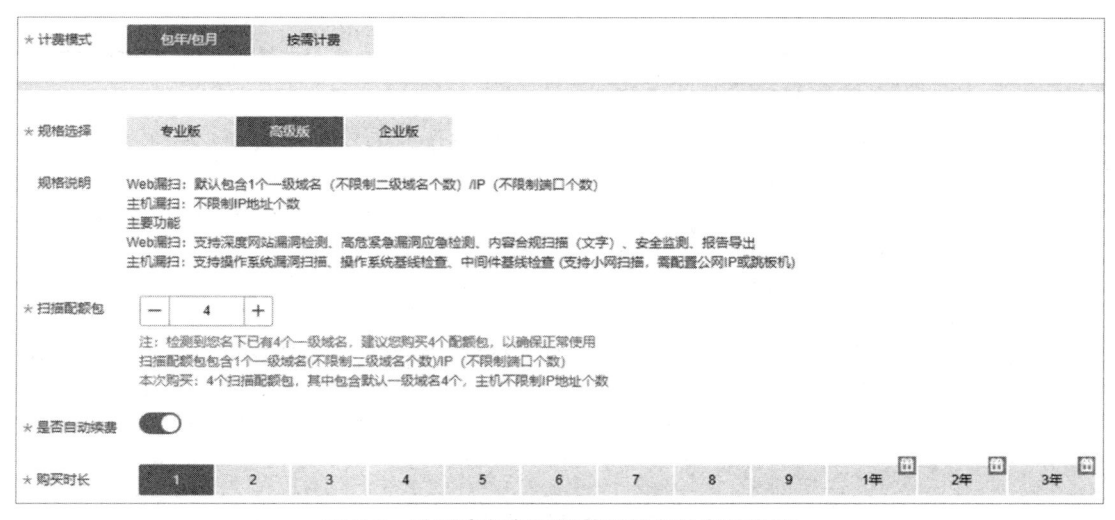

图 7-2 购买高级版漏洞管理服务的参数设置

图 7-3 购买企业版漏洞管理服务的参数设置

表 7-3 购买漏洞管理服务的关键参数及其说明

关键参数	说明
规格选择	漏洞管理服务提供了 4 种服务版本，分别是基础版、专业版、高级版和企业版。其中，基础版漏洞管理服务免费，部分功能按需计费；专业版、高级版和企业版漏洞管理服务需要收费
规格说明	对应版本支持的功能介绍
购买时长	• 专业版：支持 1~9 个月、1 年、2 年、3 年的购买时长。 • 高级版：支持 1~9 个月、1 年、2 年、3 年的购买时长。 • 企业版：支持 1 个月、3 个月、1 年的购买时长
扫描配额包	在将"规格选择"设置为"专业版"时，需要配置购买的域名扫描配额包数量，即"扫描配额包"参数的值。 • Web 漏扫：包含 1 个二级域名或 IP:端口，并且不限制公网 IP 地址支持的端口号。 • 主机漏扫：包含 20 个 IP 地址。 购买的域名扫描配额包的数量不能少于资产列表的网站数量。

225

续表

关键参数	说明
扫描配额包	说明： • 如果在购买专业版漏洞管理服务前使用过基础版漏洞管理服务，那么在购买专业版漏洞管理服务时，"扫描配额包"参数的值必须大于或等于当前资产列表中已添加的网站个数。 • 对于当前资产列表中的某个基础版域名，如果不想将其升级为专业版，那么在购买专业版漏洞管理服务前，需要将其删除。 • 如果需要将当前的基础版域名全部升级为专业版域名，那么"扫描配额包"参数的值应该等于当前资产列表中已添加的网站个数。 • 如果需要增加域名扫描配额包的数量，即增加扫描的网站个数，那么"扫描配额包"参数的值应该大于当前资产列表中已添加的网站个数，并且"扫描配额包"参数的值为用户期望的域名配额的数量。 • 在购买专业版漏洞管理服务后，默认将当前资产列表中的所有基础版域名都升级为专业版域名，采用专业版规格。 在将"规格选择"设置为"高级版"时，需要配置购买的域名扫描配额包数量，即"扫描配额包"参数的值。 • Web 漏扫：默认包含 1 个一级域名（不限制二级域名个数）或 IP 地址（不限制端口个数），并且不限制公网 IP 地址支持的端口号。 • 主机漏扫：不限制 IP 地址个数。 在将"规格选择"设置为"企业版"时，默认的域名扫描配额包的数量如下。 • Web 漏扫：默认包含 5 个一级域名（不限制二级域名个数）或 IP 地址（不限制端口个数），并且不限制公网 IP 支持的端口号。 • 主机漏扫：不限制 IP 地址个数。 如果默认的域名扫描配额包的数量不能满足要求，则可以通过配置"扫描配额包"参数的值，增加域名扫描配额包的数量

说明： 使用基础版漏洞管理服务的用户，可以继续使用基础版漏洞管理服务的功能，每个用户可以添加的域名个数不超过 5 个。如果用户需要增加专业版、高级版或企业版漏洞管理服务的域名扫描配额，那么购买的域名扫描配额包数量不能少于已购买的域名数量，到期时间不变。

将"计费模式"设置为"按需计费"，如图 7-4 所示。

- 在创建扫描任务时，关闭"是否将本次扫描升级为专业版规格"开关，在开始扫描后，默认享受单次基础版扫描服务。
- 在创建任务时，开启"是否将本次扫描升级为专业版规格"开关，在开始扫描后，享受单次专业版扫描服务。在开始扫描后，会进行一次性扣费，因此需要保证账户余额充足。
- 在基于基础版漏洞管理服务创建扫描任务时，每次最多扫描 20 台主机。在开始扫描后，会进行一次性扣费，因此需要保证账户余额充足。

参照以下操作步骤完成一次扫描任务。

步骤 1：单击"立即体验"按钮，进入"漏洞管理服务"页面的"资产列表"界面。

说明： 如果没有网站，则需要先添加网站，再在创建扫描任务的界面中进行单次按需购买。

步骤 2：在网站列表框中，单击目标网站在"操作"列中的"扫描"超链接，弹出"创建任务"对话框，相关参数设置如图 7-5 所示。

图 7-4 将"计费模式"设置为"按需计费"

图 7-5 "创建任务"对话框中的参数设置

打开"是否将本次扫描升级为专业版规格"开关，可以将本次扫描升级为专业版扫描。

在设置完成后，用户可以根据需要选择定时扫描或立即扫描，在弹出的"付费提醒"对话框中单击"同意并扫描"按钮。

说明：
- 在扫描任务成功后，扫描费用会从账户余额中扣取。在页面右上角单击"费用"按钮，进入费用中心，可以查看余额变动。漏洞管理服务默认每隔 1 小时统计一次按需扫描的次数，并且扣除相关费用。
- 用户在使用"按需计费"的方式进行扫描时，如果扫描任务失败，那么本次扫描不扣费。

（5）在参数设置完毕后，在页面右下角单击"立即购买"按钮。

说明： 如果对价格有疑问，则可以单击"了解计费详情"超链接了解产品价格。

（6）在确认订单详情无误并阅读《华为云漏洞管理服务声明》后，勾选"我已经阅读并同意《华为云漏洞管理服务声明》"复选框，单击"去支付"按钮。

如果订单填写有误，那么用户可以单击"上一页"按钮，返回漏洞管理服务购买界面，在修改配置信息后再继续购买。

（7）在"付款"界面中，选择付款方式并进行付款。

7.4.2 网站漏洞扫描

1. 添加网站

在开通漏洞管理服务后，需要先将网站资产以 IP 地址或域名的形式添加到漏洞管理服务中并完成网站认证，才能进行漏洞扫描。

1）前提条件

已获取管理控制台的登录账号与密码。

2）操作步骤

（1）登录管理控制台。

（2）单击左上角的 按钮，选择区域或项目。单击左上角的 ≡ 按钮，在弹出的导航面板中选择"开发与运维"→"漏洞管理服务 CodeArts Inspector"选项，打开"漏洞管理服务"页面。

（3）在左侧的导航栏中选择"资产列表"选项，进入"资产列表"界面，在"网站"选项卡中单击"新建网站"按钮，进入"新建网站"→"填写网站信息"界面。

（4）添加网站。

说明： 漏洞管理服务是通过公网访问域名或 IP 地址进行扫描的，因此需要确保该目标域名或 IP 地址可以通过公网正常访问。

添加单个网站的操作步骤如下。

步骤 1：单击左上角的"添加"按钮，可以添加单个网站，如图 7-6 所示，相关参数及其说明如表 7-4 所示。

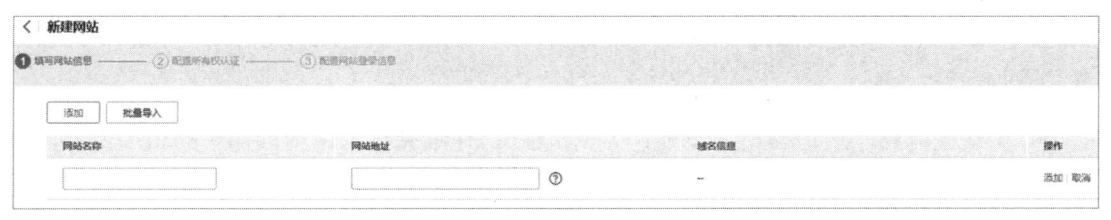

图 7-6 添加单个网站

表 7-4 添加单个网站的相关参数及其说明

参数	说明
网站名称	用户需要添加的网站名称
网站地址	用户需要添加的网站地址，其正确格式如下： http://域名或 IP 地址、https://域名或 IP 地址
域名信息	无须配置
操作	单击"添加"超链接，可以添加当前网站；单击"取消"超链接，可以取消添加当前网站

步骤 2：单击新增网站在"操作"列中的"添加"超链接，添加网站成功。

在网站添加成功后，系统会自动获取"网站地址"中的信息并生成"域名信息"。

批量导入网站的操作步骤如下。

步骤 1：单击"批量导入"按钮，弹出"批量添加网站"对话框，如图 7-7 所示。

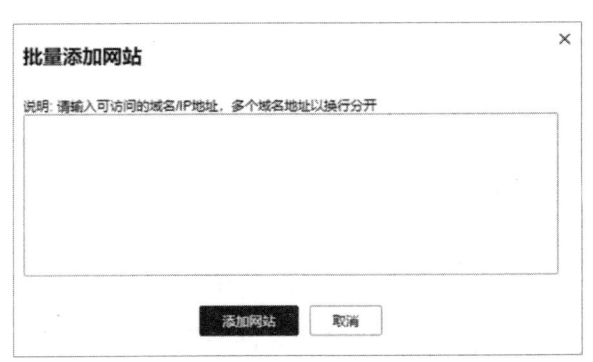

图 7-7 "批量添加网站"对话框

步骤 2：配置一个或多个网站地址。

网站地址格式：http://域名或 IP 地址、https://域名或 IP 地址。

多个网站地址之间通过换行分开。

步骤 3：单击"添加网站"按钮。

在网站添加成功后，系统会自动获取"网站地址"中的信息并生成"网站名称"和"域名信息"。

说明：在成功添加网站信息后，支持编辑和删除网站信息。

步骤4：单击"下一步"按钮，进入"新建网站"→"配置所有权认证"界面。

步骤5：选择认证类型。

说明：只有待认证网站的服务器搭建在华为云上，并且该服务器是当前登录账号的资产，才可以使用"一键认证"的方式进行快速网站认证，否则只能使用"免认证"的方式进行网站认证。

- 免认证：将"认证类型"设置为"免认证"，仔细阅读"使用须知"的相关内容，在确认符合条件后，勾选"我已阅读并了解上述使用要求"复选框，表示使用"免认证"的方式进行网站认证，如图7-8所示。

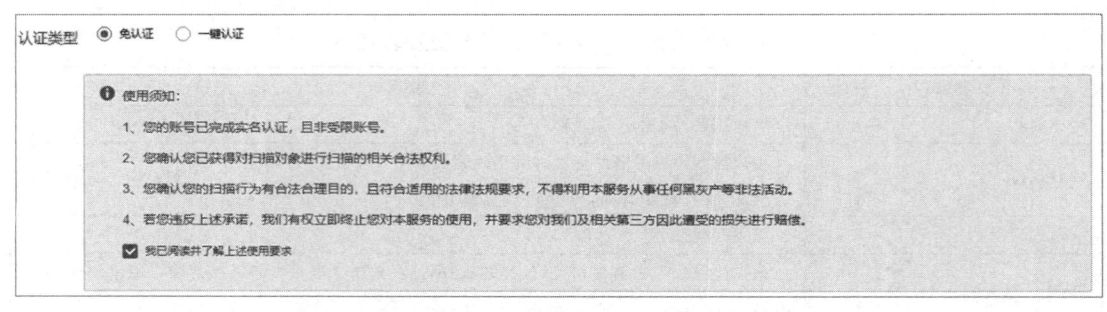

图7-8 使用"免认证"的方式进行网站认证

- 一键认证：将"认证类型"设置为"一键认证"，表示使用"一键认证"的方式进行网站认证，如图7-9所示。

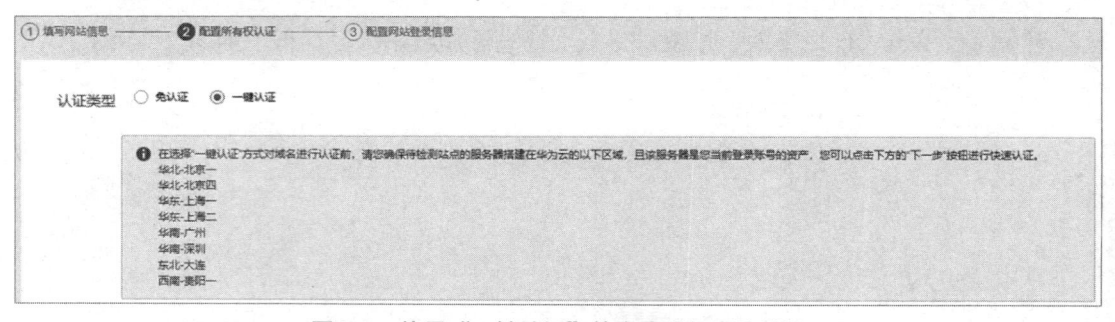

图7-9 使用"一键认证"的方式进行网站认证

步骤6：单击"下一步"按钮，进入"新建网站"→"配置网站登录信息"界面。

步骤7（可选）：配置网站登录信息。

如果网站中存在需要登录才能访问的网页，那么在配置网站登录信息后，漏洞管理服务才可以更好地为用户检测网站安全问题。

单击目标网站在"操作"列中的"配置网站登录信息"超链接，在界面右侧弹出"配置网站登录信息"对话框，如图7-10所示，相关参数及其说明如表7-5所示。

第 7 章　漏洞管理服务实践

图 7-10　"配置网站登录信息"对话框

表 7-5　"配置网站登录信息"对话框中的相关参数及其说明

选区	参数	说明	取值样例
Web 页面登录	登录页面	网站登录页面的地址	—
	用户名	登录网站的用户名	test
	密码	用户名的密码	—
	确认密码	再次输入用户名的密码	—
Cookie 登录：当配置的"Web 页面登录"无法成功登录业务系统时，可以尝试通过配置原始 Cookie 的方式进行扫描	cookie 值	输入登录网站的 Cookie 值。如果没有 Cookie，那么在"Header 登录"参数中，通过添加自定义 Header 的方式进行扫描	domain_tag
Header 登录	自定义 Header	配置 HTTP 请求头，最多可以添加 5 个自定义的 HTTP 请求头。当待扫描的网站需要在请求中附带特殊的 HTTP 请求头时，可以通过自定义 Header 进行设置。常见的 HTTP 请求头示例：带有 Token 或 Session 字样	—

231

续表

选区	参数	说明	取值样例
网站登录验证	验证登录网址	在登录成功后才能访问的网址，便于漏洞管理服务快速判断登录信息是否有效	—

说明：漏洞管理服务提供了3种登录方式，分别为"Web页面登录"、"Cookie登录"和"Header登录"，3种登录方式的开关都默认处于关闭状态。用户可以根据业务认证逻辑，开启所需登录方式的开关，采用对应的配置。

单击"确认"按钮，完成网站登录信息的配置。

步骤8：在阅读《华为云漏洞管理服务声明》后，勾选"我已经阅读并同意《华为云漏洞管理服务声明》"复选框。

步骤9：单击"确定"按钮，添加网站成功。

2. 网站登录设置

1）操作场景

本任务会指导用户通过漏洞管理服务进行网站登录设置。

如果网站页面需要登录才能访问，则必须进行网站登录设置，以便漏洞管理服务为用户发现更多安全问题。漏洞管理服务提供了3种登录方式，用户可以根据网站访问限制条件选择合适的登录方式。

- Web 页面登录。如果网站仅需要用户名和密码就可以登录、访问，则选择该登录方式。
- Cookie 登录。建议优先选择"Web页面登录"方式。如果发现使用"Web页面登录"的方式仅能扫描登录界面，无法成功扫描内部业务系统，则可以根据业务的实际认证方式，使用"Cookie登录"的方式进行扫描。
- Header 登录。建议优先选择"Web页面登录"方式。如果发现使用"Web页面登录"的方式仅能扫描登录界面，无法成功扫描内部业务系统，则可以根据业务的实际认证方式，使用"Header登录"的方式进行扫描。

2）前提条件

- 已获取管理控制台的登录账号与密码。
- 已添加网站。

3）操作步骤

（1）登录管理控制台。

（2）单击左上角的 ◎ 按钮，选择区域或项目。单击左上角的 ≡ 按钮，在弹出的导航面板中选择"开发与运维"→"漏洞管理服务 CodeArts Inspector"选项，打开"漏洞管理服务"页面。

（3）在左侧的导航栏中选择"资产列表"选项，进入"资产列表"界面，在"网站"选项卡的网站列表框中，单击目标网站在"操作"列中的"编辑"超链接，在界面右侧弹出"编辑网站"对话框。

（4）根据需要修改网站登录信息，如图7-11所示，相关参数及其说明如表7-6所示。

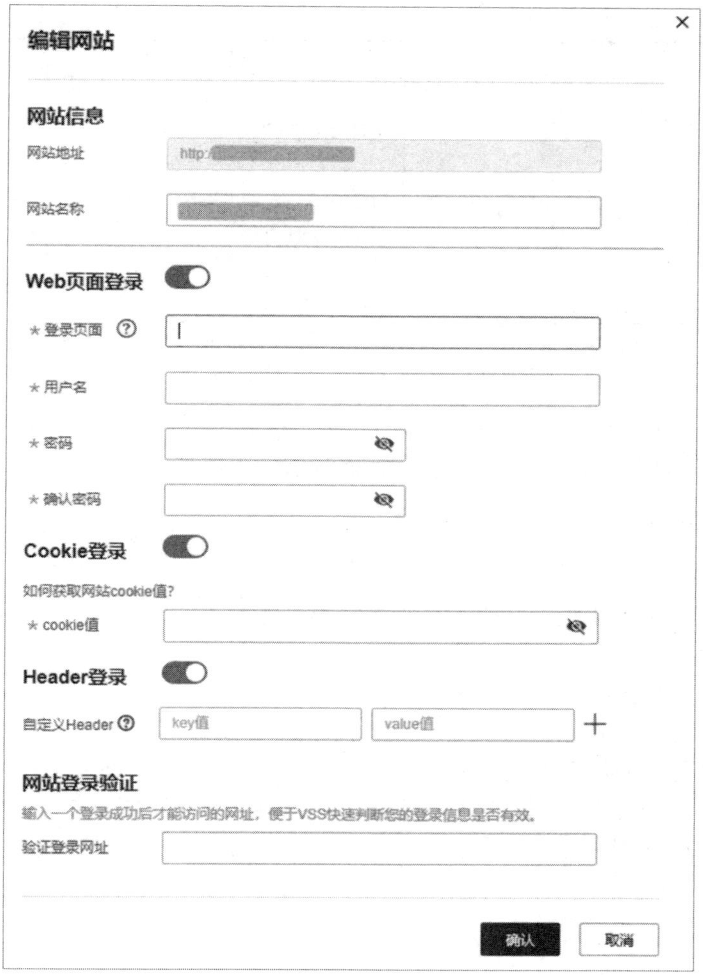

第 7 章 漏洞管理服务实践

图 7-11 "编辑网站"对话框

表 7-6 "编辑网站"对话框中的相关参数及其说明

选区	参数	说明	取值样例
网站信息	网站地址	漏洞管理服务不支持修改"网站地址",如果需要修改,那么先删除该网站,再重新创建新的网站	—
	网站名称	自定义的网站名称,可以修改	test
Web 页面登录	登录页面	网站登录页面的地址	—
	用户名	登录网站的用户名	test01
	密码	用户名的密码	—
	确认密码	再次输入用户名的密码	—
Cookie 登录:当配置的"Web 页面登录"无法成功登录业务系统时,可以尝试通过配置原始 Cookie 的方式进行扫描	cookie 值	输入登录网站的 Cookie 值。如果没有 Cookie,那么在"Header 登录"参数中,通过添加自定义 Header 的方式进行扫描	domain_tag

233

续表

选区	参数	说明	取值样例
Header 登录	自定义 Header	配置 HTTP 请求头，最多可以添加 5 个自定义的 HTTP 请求头。 当待扫描的网站需要在请求中附带特殊的 HTTP 请求头时，可以通过自定义 Header 进行设置。 常见的 HTTP 请求头示例：带有 Token 或 Session 字样	—
网站登录验证	验证登录网址	在登录成功后才能访问的网址，便于漏洞管理服务快速判断登录信息是否有效	—

（5）单击"确认"按钮，即可将网站登录信息设置成功。

3. 创建扫描任务

1）操作场景

本任务会指导用户通过漏洞管理服务创建扫描任务。

2）前提条件

- 已获取管理控制台的登录账号与密码。
- 已添加网站。
- 如果网站设置了防火墙或其他安全策略，则会导致漏洞管理服务的扫描 IP 地址被当成恶意攻击 IP 地址而被误拦截。因此，在使用漏洞管理服务前，需要将漏洞管理服务的扫描 IP 地址添加至网站访问的白名单中，具体如下。
- 119.3.232.114。
- 119.3.237.223。
- 124.70.102.147。
- 121.36.13.144。
- 124.70.109.117。
- 139.9.114.20。
- 119.3.176.1。

3）操作步骤

（1）登录管理控制台。

（2）单击左上角的 按钮，选择区域或项目。单击左上角的 三 按钮，在弹出的导航面板中选择"开发与运维"→"漏洞管理服务 CodeArts Inspector"选项，打开"漏洞管理服务"页面。

（3）在左侧的导航栏中选择"资产列表"选项，进入"资产列表"界面，在"网站"选项卡的网站列表框中，单击目标网站在"操作"列中的"扫描"超链接，在界面右侧弹出"创建任务"对话框。

说明：用户可以同时扫描多个网站。在网站列表框中勾选多个网站后，单击网站列表框左上方的"批量操作"下拉按钮，在弹出的下拉列表中选择"批量扫描"选项，在界面右侧弹出"创建任务"对话框。

（4）在"创建任务"对话框中，根据需要进行参数设置，如图 7-12 所示，相关参数及其说明如表 7-7 所示。

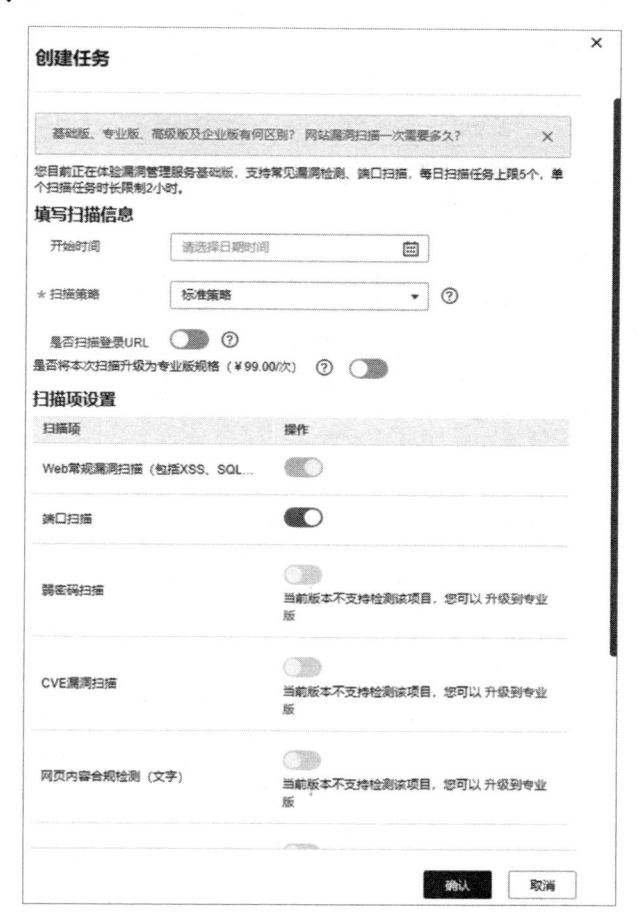

图 7-12 "创建任务"对话框

表 7-7 "创建任务"对话框中的相关参数及其说明

参数	说明
开始时间	可选参数，用于设置开始扫描的时间。如果不设置该参数，则默认立即扫描
扫描策略	提供 3 种扫描策略。 • 极速策略：扫描耗时最短，能检测到的漏洞相对较少。 • 标准策略：扫描耗时适中，能检测到的漏洞相对较多。 • 深度策略：扫描耗时最长，能检测到最深处的漏洞。 有些接口只能在登录后才能访问，建议用户配置对应接口的用户名和密码，以便漏洞管理服务进行深度扫描。 说明： • 极速策略：扫描的网站 URL 数量有限，并且漏洞管理服务会开启耗时较短的扫描插件进行扫描。 • 深度策略：扫描的网站 URL 数量不限，并且漏洞管理服务会开启所有的扫描插件，进行耗时较长的遍历扫描。 • 标准策略：扫描的网站 URL 数量和耗时都介于极速策略和深度策略之间

续表

参数	说明
手动探索文件	仅企业版（单个域名扫描）涉及该参数的配置。 单击"添加文件"按钮，可以添加需要扫描的探索文件。手动探索文件的大小不要超过30MB。 在使用手动探索文件时，不会启用自动爬虫，仅扫描探索文件中指定的URL
是否扫描登录URL	默认不扫描登录URL。在开启该开关前，需要先评估业务影响
是否将本次扫描升级为专业版规格	仅基础版涉及该参数的配置。 用户在开启该开关后，在扫描过程中会按需扣费。 • 将鼠标指针移动至②图标上，可以了解升级后的影响。 • 在启用该功能后，在进行扫描时，会自动升级为专业版漏洞管理服务，并且按需扣费；在关闭该功能后，在进行扫描时，不会升级为专业版漏洞管理服务
扫描项设置	设置漏洞管理服务支持的扫描功能，具体的扫描项及其说明如表7-8所示。 • ⬤：开启。 • ◯：关闭

表7-8 漏洞管理服务支持的扫描项及其说明

扫描项	说明
Web常规漏洞扫描（包括XSS、SQL注入等30多种常见漏洞）	对三十多种常见漏洞进行扫描，如对XSS、SQL注入等漏洞进行扫描。默认为开启状态，不支持将其关闭
端口扫描	扫描主机打开的所有端口
弱密码扫描	对网站的弱密码进行扫描
CVE漏洞扫描	CVE（Common Vulnerabilities and Exposures，公共漏洞和暴露）是公开披露的网络安全漏洞列表。漏洞管理服务可以快速更新漏洞规则，扫描最新的漏洞
网页内容合规检测（文字）	对网站文字的合规性进行检测
网页内容合规检测（图片）	对网站图片的合规性进行检测
网站挂马检测	挂马：将木马上传到网站上，使网站在运行时执行木马程序，导致网站被黑客控制。漏洞管理服务可以检测网站是否存在挂马
链接健康检测（死链、暗链、恶意外链）	对网站的链接地址进行健康检测，避免网站中出现死链、暗链、恶意外链

说明：
- 如果当前采用的为专业版漏洞管理服务，则不会提示升级。
- 基础版漏洞管理服务支持常见的漏洞检测、端口扫描功能。
- 专业版漏洞管理服务支持常见的漏洞检测、端口扫描、弱密码扫描功能。
- 高级版漏洞管理服务支持常见的漏洞检测、端口扫描、弱密码扫描功能。
- 企业版漏洞管理服务支持常见的网站漏洞扫描、基线合规检测、弱密码扫描、端口扫描、紧急漏洞扫描、周期性检测功能。

（5）在"创建任务"对话框中的参数设置完成后，单击"确认"按钮，进入扫描任务页面。

在创建扫描任务后，"扫描状态"为"排队中"，在满足运行条件后，"扫描状态"会转换为"进行中"。

说明： 当网站列表框中有"扫描状态"为"排队中"或"进行中"的任务时，可以单击网站列表框上方的"批量取消"按钮，在弹出的对话框中勾选需要取消扫描操作的网站，进行批量取消。

4）后续处理

在扫描任务完成后，可以查看网站扫描详情并下载网站扫描报告。

4．查看网站扫描详情

本任务会指导用户通过漏洞管理服务查看网站扫描详情，如查看扫描项总览、业务风险列表、漏洞列表、端口列表、站点结构。

1）前提条件
- 已获取管理控制台的登录账号与密码。
- 已添加网站。
- 已执行扫描任务。

2）操作步骤

（1）登录管理控制台。

（2）单击左上角的 ⊙ 按钮，选择区域或项目。单击左上角的 ≡ 按钮，在弹出的导航面板中选择"开发与运维"→"漏洞管理服务 CodeArts Inspector"选项，打开"漏洞管理服务"页面。

（3）在左侧的导航栏中选择"资产列表"选项，进入"资产列表"界面，在"网站"选项卡中，网站列表框中的相关参数及其说明如表 7-9 所示。

表 7-9　网站列表框中的相关参数及其说明

参数	说明
网站名称	网站的名称
网站地址	网站的地址
登录认证	根据网站配置的登录方式自动生成，取值如下。 • Web 登录。 • Cookie 认证。 • Header 认证。 如果未配置登录方式，则显示"--"
扫描状态	网站的扫描状态，取值如下。 • 全部状态。 • 进行中。 • 已完成。 • 已取消。 • 排队中。 • 已失败。 • 未扫描
安全等级	网站的安全等级，取值如下。 • 全部等级。 • 安全。 • 低危。 • 中危。 • 高危。 • 未知
上一次扫描时间	网站最近一次扫描任务的时间

（4）单击目标网站在"安全等级"列中的"查看报告"超链接，进入"报告详情"界面，如图 7-13 所示。

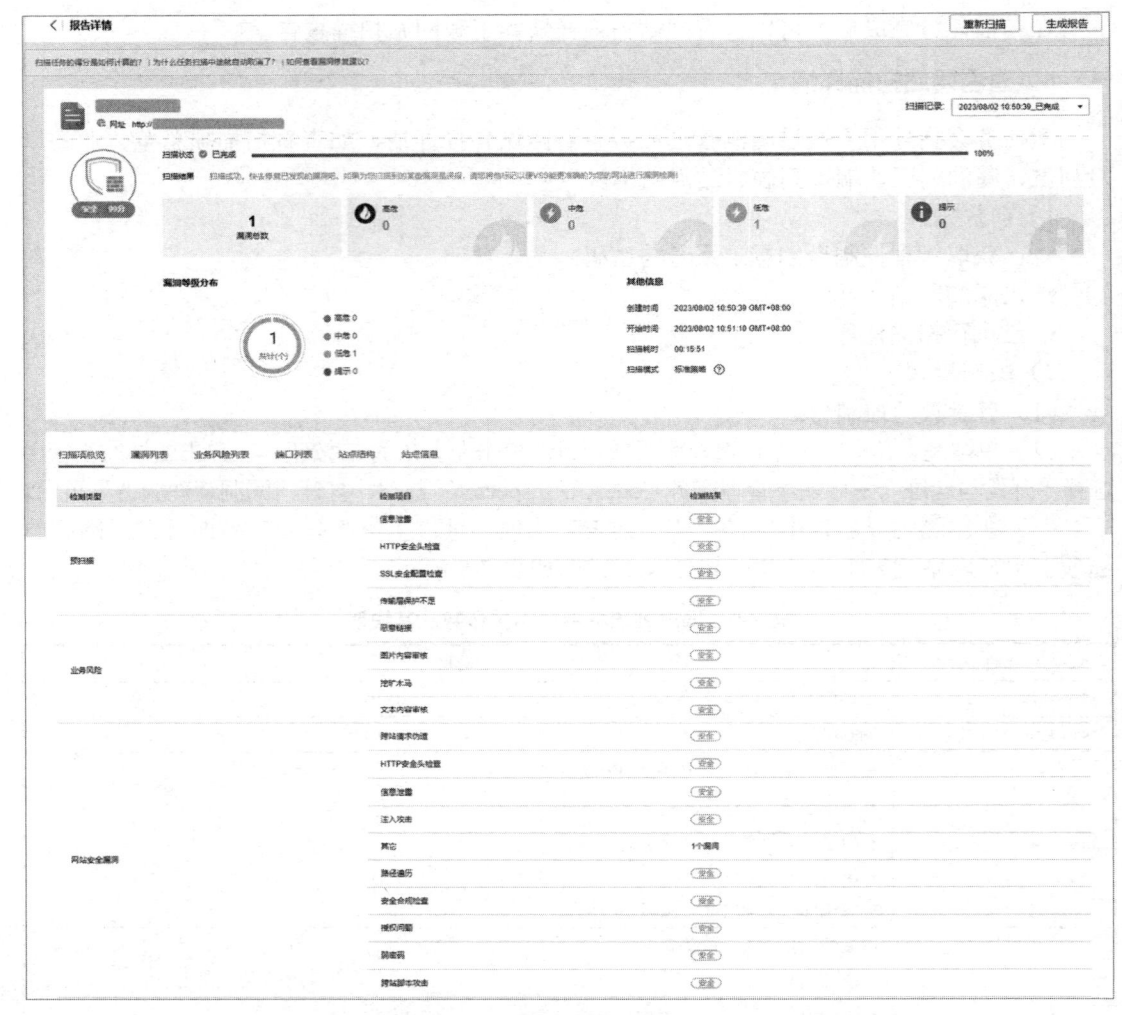

图 7-13　"报告详情"界面（1）

说明：

在"报告详情"界面中，默认显示最近一次的扫描情况，如果需要查看其他时间的扫描情况，那么在"扫描记录"下拉列表中选择扫描时间点。

扫描报告只会保留最近 10 次的记录，之前的历史数据会保留一年，如果需要获取，则可以联系华为云技术支持工程师处理。

单击右上角的"重新扫描"按钮，可以重新执行扫描任务。

在完成扫描任务后，单击右上角的"生成报告"按钮，可以生成相应的网站扫描报告。

（5）选择"扫描项总览"选项卡，查看目标网站的扫描项检测结果，如图 7-14 所示。

（6）选择"漏洞列表"选项卡，查看目标网站的漏洞信息，如图 7-15 所示。

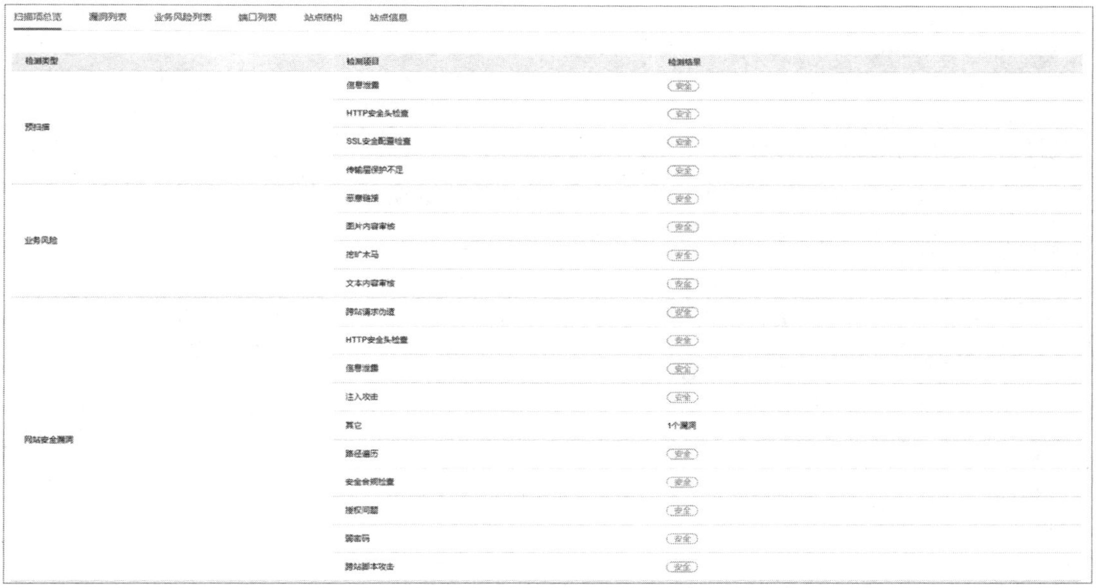

图 7-14 "扫描项总览"选项卡

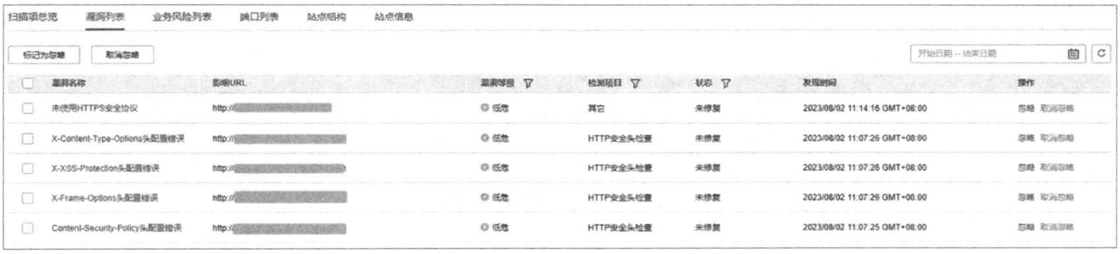

图 7-15 "漏洞列表"选项卡

说明：

单击漏洞名称，可以查看相应漏洞的"漏洞详情"、"漏洞简介"和"修复建议"。

如果确认扫描出的漏洞不会对网站造成危害，则可以单击该漏洞在"操作"列中的"忽略"超链接，忽略该漏洞。后续在执行扫描任务时会扫描出被忽略的漏洞，但扫描结果不会统计这些漏洞。例如，对 2 个低危漏洞执行了"忽略"操作，再次执行扫描任务，扫描结果显示的低危漏洞个数会减少 2 个。

勾选多个漏洞，单击漏洞列表框左上方的"标记为忽略"按钮，可以批量忽略多个漏洞。

如果需要恢复已忽略的漏洞，则可以单击该漏洞在"操作"列中的"取消忽略"超链接，即可在扫描结果中显示该漏洞。

勾选多个已忽略的漏洞，单击漏洞列表框左上方的"取消忽略"按钮，可以批量恢复已忽略的漏洞。

（7）选择"业务风险列表"选项卡，查看目标网站的业务风险信息，如图 7-16 所示。
（8）选择"端口列表"选项卡，查看目标网站的端口信息，如图 7-17 所示。
（9）选择"站点结构"选项卡，查看目标网站的站点结构信息，如图 7-18 所示。

风险类型	风险数量	风险内容	影响URL	发现时间
恶意链接	1		http://	2023/07/25 09:43:45 GMT+08:00
挖矿木马	1		http://	2023/07/25 09:43:55 GMT+08:00

图 7-16 "业务风险列表"选项卡

端口	状态	协议	服务
22	打开	TCP	OpenSSH 7.4
30000	打开	TCP	ndmps
30001	打开	TCP	Apache httpd 2.4.49
30002	打开	TCP	Apache httpd 2.4.38
30003	打开	TCP	rtsp
30004	打开	TCP	Nagios NSCA
30005	打开	TCP	Apache httpd 2.4.6
30006	打开	TCP	Oracle WebLogic Server 10.3.6.0
30010	打开	TCP	Oracle WebLogic admin httpd 12.2.1.3
30011	打开	TCP	Oracle WebLogic admin httpd 12.2.1.3

图 7-17 "端口列表"选项卡

漏洞详情
漏洞ID：fd7a8866608ebf8b4b305249a7aeacf2
漏洞类型：X-Frame-Options头配置错误
漏洞描述：响应头缺少或者配置了不安全X-Frame-Options属性，可能导致点击劫持问题
漏洞级别：低危

图 7-18 "站点结构"选项卡

说明："站点结构"选项卡中显示的是目标网站漏洞的具体站点位置，如果暂未扫描出漏洞，那么"站点结构"选项卡中无数据显示。

（10）选择"站点信息"选项卡，查看目标网站的站点信息，如图 7-19 所示。

3）后续处理

在修复网站漏洞后，在"报告详情"界面右侧单击"重新扫描"按钮，重新扫描网站，然后在"报告详情"界面中查看该漏洞是否已经被修复。

图 7-19 "站点信息"选项卡

5. 生成并下载网站漏洞扫描报告

1）操作场景

在完成网站扫描任务后，可以生成并下载网站漏洞扫描报告。网站漏洞扫描报告目前只支持 PDF 格式。

2）前提条件

已成功完成网站扫描任务，即目标网站的"扫描状态"为"已完成"。

3）操作步骤

（1）登录管理控制台。

（2）单击左上角的 ◎ 按钮，选择区域或项目。单击左上角的 ≡ 按钮，在弹出的导航面板中选择"开发与运维"→"漏洞管理服务 CodeArts Inspector"选项，打开"漏洞管理服务"页面。

（3）在左侧的导航栏中选择"资产列表"选项，进入"资产列表"界面，在"网站"选项卡的网站列表框中单击目标网站在"安全等级"列中的"查看报告"超链接，进入"报告详情"界面，如图 7-20 所示。

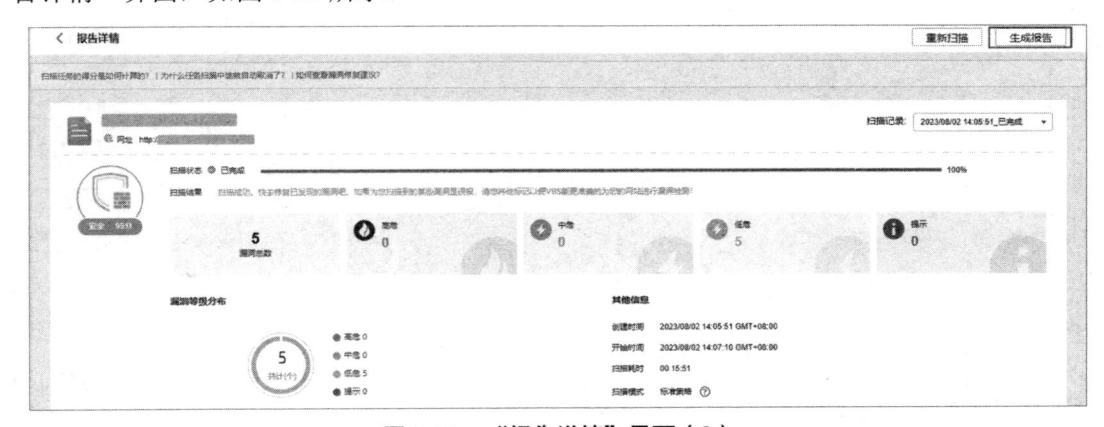

图 7-20 "报告详情"界面（2）

（4）单击右上角的"生成报告"按钮，弹出"生成报告配置"对话框。

说明：只有专业版及更高版本的漏洞管理服务才支持下载网站漏洞扫描报告。生成的网站漏洞扫描报告会在 24 小时后过期。在网站漏洞扫描报告过期后，如果需要下载网站漏洞扫描报告，则可以再次单击"生成报告"按钮，重新生成网站漏洞扫描报告。

（5）（可选）修改"报告名称"。

（6）单击"确定"按钮，弹出一个提示框，提示用户前往"报告中心"界面下载扫描报告。

（7）单击"确定"按钮，进入"报告中心"界面。

（8）在报告列表框中，单击生成的扫描报告在"操作"列中的"下载"超链接，可以将扫描报告下载到本地。

说明：漏洞管理服务支持生成并下载英文版的网站漏洞扫描报告。将控制台语言切换为英文，如图 7-21 所示，然后按照上述指导进行英文版扫描报告的生成和下载即可。

图 7-21　将控制台语言切换为英文

4）网站漏洞扫描报告模板说明

在下载网站漏洞扫描报告后，可以根据扫描结果，对漏洞进行修复。网站漏洞扫描报告模板的相关说明如下。

- 概览：查看目标网站的扫描漏洞数，如图 7-22 所示。
- 漏洞分析概览：统计漏洞的类型及分布情况，如图 7-23 所示。

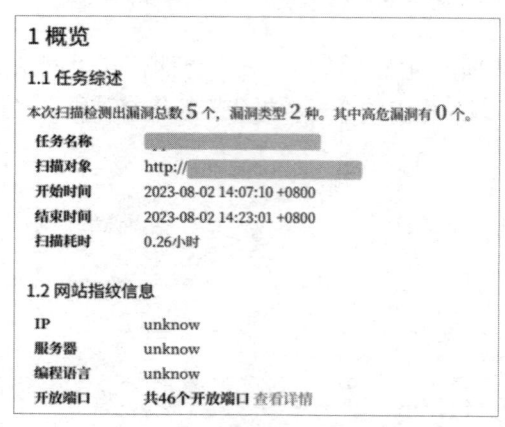

图 7-22　概览

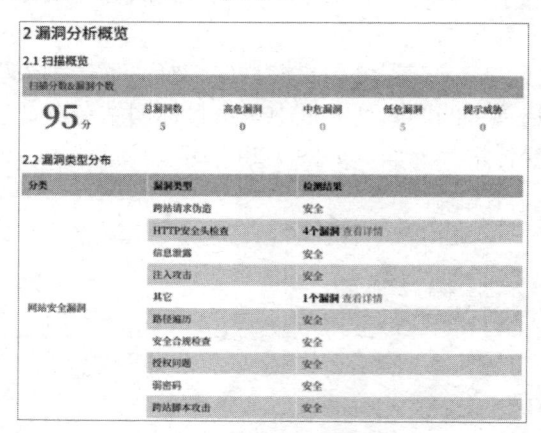

图 7-23　漏洞分析概览

- 端口列表：查看目标网站的所有端口信息，如图 7-24 所示。
- 漏洞列表：查看漏洞的详细信息和修复建议，如图 7-25 所示。用户可以根据漏洞的修复建议修复漏洞。

3 端口列表

端口	状态	协议	服务
22	Open	TCP	OpenSSH 7.4
30,000	Open	TCP	ndmps
30,001	Open	TCP	Apache httpd 2.4.49
30,002	Open	TCP	Apache httpd 2.4.38
30,003	Open	TCP	rtsp
30,004	Open	TCP	Nagios NSCA
30,005	Open	TCP	Apache httpd 2.4.6
30,006	Open	TCP	Oracle WebLogic Server 10.3.6.0
30,010	Open	TCP	Oracle WebLogic admin httpd 12.2.1.3
30,011	Open	TCP	Oracle WebLogic admin httpd 12.2.1.3

图 7-24　端口列表

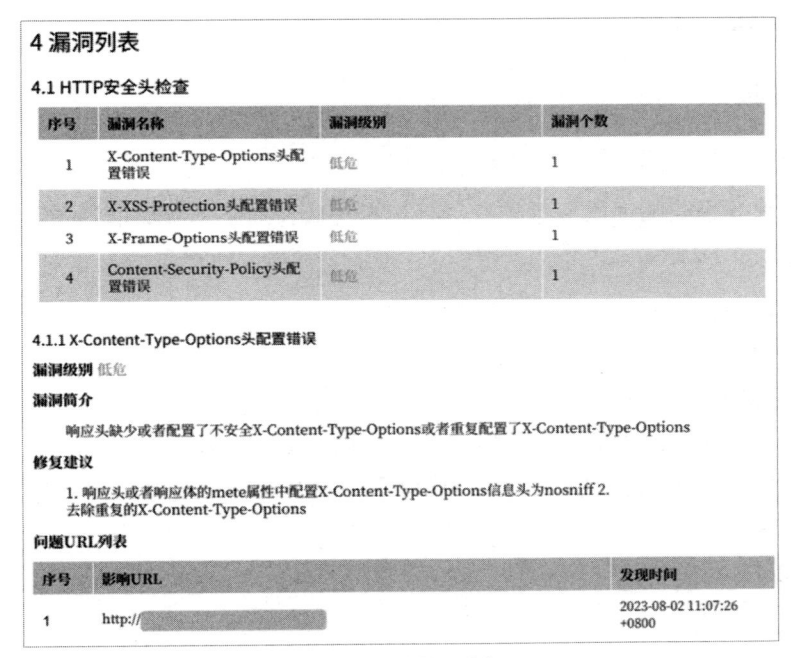

4 漏洞列表

4.1 HTTP安全头检查

序号	漏洞名称	漏洞级别	漏洞个数
1	X-Content-Type-Options头配置错误	低危	1
2	X-XSS-Protection头配置错误	低危	1
3	X-Frame-Options头配置错误	低危	1
4	Content-Security-Policy头配置错误	低危	1

4.1.1 X-Content-Type-Options头配置错误

漏洞级别 低危

漏洞简介

响应头缺少或者配置了不安全X-Content-Type-Options或者重复配置了X-Content-Type-Options

修复建议

1. 响应头或者响应体的mete属性中配置X-Content-Type-Options信息头为nosniff 2. 去除重复的X-Content-Type-Options

问题URL列表

序号	影响URL	发现时间
1	http://	2023-08-02 11:07:26 +0800

图 7-25　漏洞列表

6. 删除网站

1）操作场景

本任务会指导用户通过漏洞管理服务删除网站。

说明：在删除域名后，该资产的历史扫描数据会被删除，并且不可以恢复。

2）前提条件

- 已获取管理控制台的登录账号与密码。
- 已添加网站。

3）操作步骤

（1）登录管理控制台。

（2）单击左上角的 ◎ 按钮，选择区域或项目。单击左上角的 ≡ 按钮，在弹出的导航面板中选择"开发与运维"→"漏洞管理服务 CodeArts Inspector"选项，打开"漏洞管理服务"页面。

（3）在左侧的导航栏中选择"资产列表"选项，进入"资产列表"界面，选择"网站"选项卡，在网站列表框中，单击目标网站在"操作"列中的"删除"超链接。

说明： 用户可以同时删除多个网站。在勾选多个网站后，单击网站列表框左上方的"批量删除"按钮，在弹出的确认对话框中单击"确认"按钮，即可批量删除网站。

（4）在弹出的确认对话框中单击"确认"按钮，如果在页面右上角弹出"域名删除成功"对话框，则表示网站删除成功。

7.4.3 主机扫描

1. 添加主机

本任务会指导用户通过漏洞管理服务添加主机。

说明： 基础版漏洞管理服务不支持主机扫描功能，如果基础版漏洞管理服务的用户要使用该功能，则可以通过以下方式实现。

- 购买专业版、高级版或企业版漏洞管理服务。
- 按需计费，每次最多可以扫描 20 台主机。

1）操作场景

漏洞管理服务支持添加 Linux 主机和 Windows 主机。

- Linux 主机扫描支持主机扫描、基线检测、等保合规检测功能。
- Windows 主机扫描目前仅支持主机扫描功能。

2）前提条件

已获取管理控制台的登录账号与密码。

3）操作步骤

（1）登录管理控制台。

（2）单击左上角的 ◎ 按钮，选择区域或项目。单击左上角的 ≡ 按钮，在弹出的导航面板中选择"开发与运维"→"漏洞管理服务 CodeArts Inspector"选项，打开"漏洞管理服务"页面。

（3）在左侧的导航栏中选择"资产列表"选项，进入"资产列表"界面，选择"主机"选项卡。

（4）单击"新建主机"按钮，进入"新建主机"界面。

（5）添加主机。

添加单个主机的操作步骤如下。

单击"添加主机"按钮，可以添加单个主机，如图 7-26 所示，相关参数及其说明如表 7-10 所示。

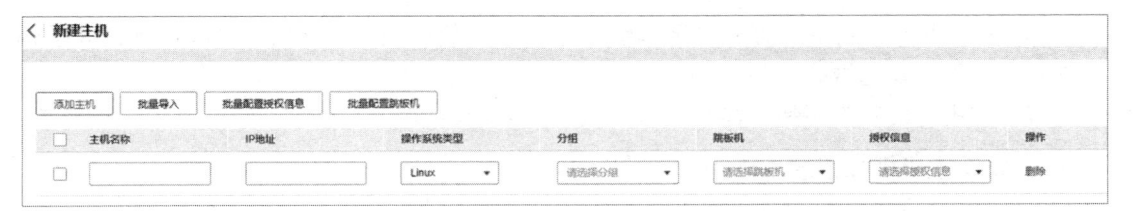

图 7-26 添加单个主机

表 7-10 添加单个主机的相关参数及其说明

参数	说明
主机名称	用户需要添加的主机名称，是必填参数
IP 地址	用户需要添加的主机的公网 IP 地址，是必填参数
操作系统类型	主机的操作系统，支持 Linux 操作系统和 Windows 操作系统
分组	主机所在的分组。用户可以根据实际情况在下拉列表中选择已有分组或新建分组。新建分组的步骤如下。 （1）在"分组"下拉列表中选择"新建分组"选项，弹出"新增主机组"对话框。 （2）设置"主机组名称"。主机组名称不能与已有的重复。 （3）单击"确认"按钮
跳板机	主机的跳板机。可以在"跳板机"下拉列表中选择已有跳板机，或者选择"跳板机管理"选项，编辑或创建跳板机。 Windows 主机暂不支持跳板机。 支持勾选多个主机，批量配置跳板机
授权信息	主机的授权信息，是必填参数。可以在"授权信息"下拉列表中选择已有授权信息，或者选择"授权信息管理"选项，编辑或创建授权信息。 支持勾选多个主机，批量配置授权信息
操作	单击"删除"超链接，可以删除主机信息

批量添加主机的操作步骤如下。

步骤 1：单击"批量导入"按钮，弹出"批量添加主机"对话框，如图 7-27 所示。

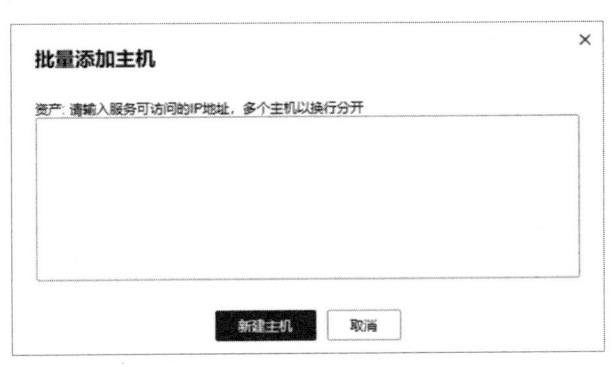

图 7-27 "批量添加主机"对话框

步骤 2：配置 IP 地址。多个 IP 地址之间通过换行分开。

步骤 3：单击"新建主机"按钮。新建主机的"主机名称"会根据输入的 IP 地址自动生成，可以修改。

（6）在主机信息配置完成后，阅读界面下方的"使用须知"并勾选"我已阅读并了解上述使用要求"复选框。

（7）单击"确定"按钮，添加主机完成。

2. 编辑主机授权信息

1）编辑 Linux 主机授权信息

① 操作场景

本任务会指导用户通过漏洞管理服务对已添加的 Linux 主机授权信息进行编辑。

② 前提条件

- 已获取管理控制台的登录账号与密码。
- 已添加 Linux 主机。

③ 操作步骤

（1）登录管理控制台。

（2）单击左上角的 ◎ 按钮，选择区域或项目。单击左上角的 ≡ 按钮，在弹出的导航面板中选择"开发与运维"→"漏洞管理服务 CodeArts Inspector"选项，打开"漏洞管理服务"页面。

（3）在左侧的导航栏中选择"资产列表"选项，进入"资产列表"界面，选择"主机"选项卡。

（4）在主机列表框中，单击目标 Linux 主机在"操作"列中的"编辑"超链接，在界面右侧弹出"编辑主机"对话框。

（5）在"授权信息"选区的"选择 SSH 授权"下拉列表中选择"授权信息管理"选项，即可显示相应的授权信息管理选项。

- 将"SSH 授权登录"设置为"创建 SSH 授权"，如图 7-28 所示，相关参数及其说明如表 7-11 所示。

图 7-28 将"SSH 授权登录"设置为"创建 SSH 授权"

表 7-11 将"SSH 授权登录"设置为"创建 SSH 授权"后的相关参数及其说明

参数	说明
SSH 授权别称	自定义的 SSH 授权名称
登录端口	SSH 授权登录的端口号。需要确保安全组已添加该端口,以便主机可以通过该端口访问漏洞管理服务
选择登录方式	SSH 授权的登录方式,取值范围如下。 • 密码登录。 • 密钥登录
Root 权限是否加固	在打开该开关后,不可以使用 root 用户直接登录,只能先使用普通用户登录,再切换为 root 用户
sudo 用户名	默认为 root,不可以修改
选择加密密钥	为了保证主机的登录密码或密钥安全,必须使用加密密钥,避免主机的登录密码或密钥因明文存储而泄露。 可以在"选择加密密钥"下拉列表中选择已有的加密密钥,如果没有可选的加密密钥,则可以选择"创建密钥"选项,创建漏洞管理服务专用的默认密钥。 说明:可以在数据加密服务的以下区域内创建密钥。 • 华北-北京四。 • 华南-广州。 • 华东-上海一。 • 华东二。 • 西南-贵阳一
sudo 密码	只有在将"选择登录方式"设置为"密码登录"时,才显示该参数。 设置 sudo 用户对应的密码,为了账号安全,该密码会加密存储
私钥	只有在将"选择登录方式"设置为"密钥登录"时,才显示该参数
私钥密码	只有在将"选择登录方式"设置为"密钥登录"时,才显示该参数。 设置私钥用户对应的密码,为了账号安全,该密码会被加密存储
普通用户名	只有在打开"Root 权限是否加固"开关时,才显示该参数
普通用户密码	只有在打开"Root 权限是否加固"开关,并且将"选择登录方式"设置为"密码登录"时,才显示该参数。 设置普通用户对应的密码,为了账号安全,该密码会被加密存储

在阅读《华为云漏洞管理服务声明》后,勾选"我已经阅读并同意《华为云漏洞管理服务声明》"复选框,单击"确认"按钮,完成 Linux 主机授权信息的创建。

- 将"SSH 授权登录"设置为"编辑 SSH 授权",如图 7-29 所示,相关参数及其说明可以参考表 7-11 中的内容。

(6) 单击"确认"按钮,完成对 Linux 主机授权信息的编辑。

(7) 单击"确认"按钮,编辑 Linux 主机授权信息成功。

④ 相关操作

在为 Linux 主机授权后,可以取消授权。在取消授权后,就不能完全扫描出 Linux 主机中的安全风险了。

2) 编辑 Windows 主机授权信息

① 操作场景

本任务会指导用户通过漏洞管理服务对已添加的 Windows 主机授权信息进行编辑。

247

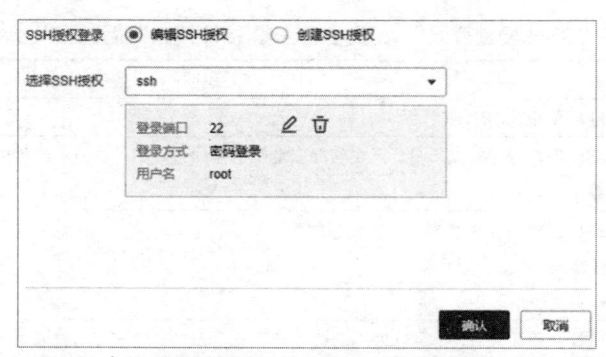

图 7-29 将"SSH 授权登录"设置为"编辑 SSH 授权"

② 前提条件
- 已获取管理控制台的登录账号与密码。
- 登录用户只支持使用 Administrator 用户。
- 已添加 Windows 主机。

③ 操作步骤

(1)登录管理控制台。

(2)单击左上角的 ⊙ 按钮,选择区域或项目。单击左上角的 ≡ 按钮,在弹出的导航面板中选择"开发与运维"→"漏洞管理服务 CodeArts Inspector"选项,打开"漏洞管理服务"页面。

(3)在左侧的导航栏中选择"资产列表"选项,进入"资产列表"界面,选择"主机"选项卡。

(4)在主机列表框中,单击目标 Windows 主机在"操作"列中的"编辑"超链接,在界面右侧弹出"编辑主机"对话框。

(5)在"授权信息"选区的"选择 Windows 授权"下拉列表中选择"授权信息管理"选项,即可显示相应的授权信息管理选项。

- 将"Windows 授权登录"设置为"创建 Windows 授权",如图 7-30 所示,相关参数及其说明如表 7-12 所示。

图 7-30 将"Windows 授权登录"设置为"创建 Windows 授权"

表 7-12 将"Windows 授权登录"设置为"创建 Windows 授权"后的相关参数及其说明

参数	说明
Windows 授权别称	自定义的 Windows 授权名称
sudo 用户名	默认为 Administrator
密码	Windows 操作系统的登录密码
账号域	查看该 Windows 操作系统的账号域并填写到此处。该参数可以为空
选择加密密钥	为了保证主机的登录密码或密钥安全，必须使用加密密钥，避免主机的登录密码或密钥因明文存储而泄露 可以在"选择加密密钥"下拉列表中选择已有的加密密钥，如果没有可选的加密密钥，则可以选择"创建密钥"选项，创建漏洞管理服务专用的默认密钥。 说明：可以在数据加密服务的以下区域内创建密钥。 • 华北-北京四。 • 华南-广州。 • 华东二

在阅读《华为云漏洞管理服务声明》后，勾选"我已经阅读并同意《华为云漏洞管理服务声明》"复选框，单击"确认"按钮，完成 Windows 主机授权信息的创建。

- 将"Windows 授权登录"设置为"编辑 Windows 授权"，如图 7-31 所示，相关参数及其说明可以参考表 7-12 中的内容。

图 7-31 将"Windows 授权登录"设置为"编辑 Windows 授权"

（6）单击"确认"按钮，完成对 Windows 主机授权信息的编辑。
（7）单击"确认"按钮，编辑 Windows 主机授权信息成功。

④ 相关操作

在为 Windows 主机授权后，可以取消授权。在取消授权后，就不能完全扫描出 Windows 主机中的安全风险了。

3．开启主机扫描功能

1）操作场景

本任务会指导用户通过漏洞管理服务开启主机扫描功能。在开启主机扫描功能后，漏洞管理服务会对主机进行漏洞扫描与基线检测。

2）前提条件
- 已获取管理控制台的登录账号与密码。
- 已添加主机。

3）开启主机扫描功能（专业版、高级版和企业版漏洞管理服务）

（1）登录管理控制台。

（2）单击左上角的 ◎ 按钮，选择区域或项目。单击左上角的 ≡ 按钮，在弹出的导航面板中选择"开发与运维"→"漏洞管理服务 CodeArts Inspector"选项，打开"漏洞管理服务"页面。

（3）在左侧的导航栏中选择"资产列表"选项，进入"资产列表"界面，选择"主机"选项卡。

（4）在主机列表框中，单击目标主机在"操作"列中的"扫描"超链接，如图 7-32 所示。

图 7-32 单击"扫描"超链接

说明：勾选需要扫描的多台主机，单击主机列表框左上方的"批量操作"下拉按钮，在弹出的下拉列表中选择"批量扫描"选项，可以对勾选的多台主机进行批量扫描。

- 当"主机连接状态"为"未知"时，需要先单击目标主机在"操作"列中的"互通性"超链接进行测试。
- 当"主机连接状态"为"IP 不可达"或登录失败"时，在单击"扫描"超链接后，会弹出主机连接状态确定提示框，根据提示选择是否继续扫描。

（5）在弹出的对话框中单击"确认"按钮，即可对所选主机进行扫描。

说明：当主机列表框中有"扫描状态"为"排队中"或"进行中"的任务时，可以单击主机列表框左上方的"批量操作"下拉按钮，在弹出的下拉列表中选择"批量取消"选项，在弹出的对话框中勾选需要取消扫描操作的主机，从而批量取消扫描操作。

4）开启主机扫描功能（基础版漏洞管理服务）

基础版漏洞管理服务不支持主机扫描功能，如果基础版漏洞管理服务的用户要使用该功能，则可以通过以下方式实现。

- 购买专业版、高级版或企业版漏洞管理服务。
- 按需计费，每次最多可以扫描 20 台主机。

参照以下操作步骤，可以按需购买主机扫描功能。

（1）登录管理控制台。

（2）单击左上角的 ◎ 按钮，选择区域或项目。单击左上角的 ≡ 按钮，在弹出的导航面板中选择"开发与运维"→"漏洞管理服务 CodeArts Inspector"选项，打开"漏洞管理服务"页面。

（3）在左侧的导航栏中选择"资产列表"选项，进入"资产列表"界面，选择"主机"选项卡。

（4）在主机列表框中，单击目标主机在"操作"列中的"扫描"超链接。

说明： 勾选需要扫描的多台主机，单击主机列表框左上方的"批量操作"下拉按钮，在弹出的下拉列表中选择"批量扫描"选项，可以对勾选的多台主机进行批量扫描。

- 当"主机连接状态"为"未知"时，需要先单击目标主机在"操作"列中的"互通性"超链接进行测试。
- 当"主机连接状态"为"IP不可达"或"登录失败"时，在单击"扫描"超链接后，会弹出主机连接状态确定提示框，根据提示选择是否继续扫描。

（5）在界面右侧弹出"创建任务"对话框，如图7-33所示，单击"确认"按钮。

图 7-33　"创建任务"对话框

（6）弹出"开启主机扫描"对话框，如图7-34所示，勾选"我已了解并同意支付该笔费用"复选框，单击"同意并扫描"按钮。

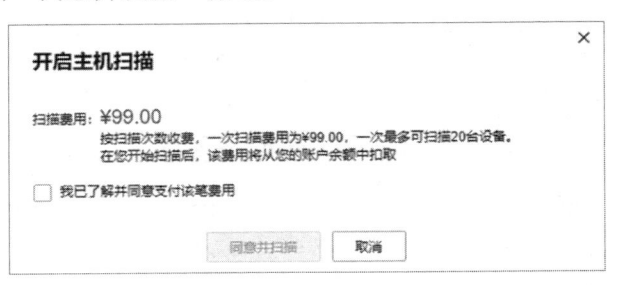

图 7-34　"开启主机扫描"对话框

说明：

- 在扫描任务成功后，该费用会从账户余额中扣取。在页面右上角单击"费用"按钮，进入费用中心，可以查看余额变动。漏洞管理服务默认每隔1小时统计一次按需扫描的次数，并且扣除相关费用。
- 用户在使用"按需计费"的方式进行扫描时，如果扫描任务失败，那么本次扫描不扣费。
- 当主机列表框中有"扫描状态"为"排队中"或"进行中"的任务时，可以单击主机列表框左上方的"批量操作"下拉按钮，在弹出的下拉列表中选择"批量取消"选项，在弹出的对话框中勾选需要取消扫描操作的主机，可以批量取消扫描操作。

4. 查看主机扫描详情

1）操作场景

本任务会指导用户通过漏洞管理服务查看主机扫描详情。

说明：
- Linux 主机扫描支持主机扫描、基线检测、等保合规检测功能。
- Windows 主机扫描目前仅支持主机扫描功能。

2）前提条件
- 已获取管理控制台的登录账号与密码。
- 主机扫描任务已完成。

3）操作步骤

（1）登录管理控制台。

（2）单击左上角的 ⊙ 按钮，选择区域或项目。单击左上角的 ≡ 按钮，在弹出的导航面板中选择"开发与运维"→"漏洞管理服务 CodeArts Inspector"选项，打开"漏洞管理服务"页面。

（3）在左侧的导航栏中选择"资产列表"选项，进入"资产列表"界面，选择"主机"选项卡。

（4）在主机列表框中查看主机信息，相关参数及其说明如表7-13所示。

表7-13 主机列表框中的相关参数及其说明

参数	说明
主机名称	主机的名称
IP 地址	主机的 IP 地址
授权信息	Linux 主机授权信息和 Windows 主机授权信息
操作系统	主机的操作系统，包含 Linux 操作系统和 Windows 操作系统。该参数默认不显示，单击主机列表框右上方的 ⊙ 按钮，在弹出的下拉列表中勾选该选项，即可在主机列表框中显示该参数
跳板机	主机的跳板机
分组	主机所在的分组。单击主机列表框左上方的"批量操作"下拉按钮，在弹出的下拉列表中选择"更换分组"选项，可以更换主机所在的分组
主机连接状态	主机的连接状态，取值如下。 • 全部状态。 • 连接成功。 • IP 不可达。 • 登录失败。 • 未知

续表

参数	说明
扫描状态	主机的扫描状态，取值如下。 • 全部状态。 • 进行中。 • 已完成。 • 已取消。 • 排队中。 • 已失败。 • 未扫描
安全等级	主机的安全等级，取值如下。 • 全部等级。 • 安全。 • 低危。 • 中危。 • 高危。 • 未知
上一次扫描时间	主机最近一次扫描任务的时间
操作	• 单击"扫描"超链接，可以开启主机扫描功能。 • 单击"编辑"超链接，可以编辑主机授权信息。 • 单击"互通性"超链接，可以测试待扫描的主机与扫描环境之间的连通性是否正常。 • 单击"删除"超链接，可以删除当前的主机实例

（5）单击目标主机在"安全等级"列中的"查看报告"超链接，进入"报告详情"界面，如图 7-35 所示。

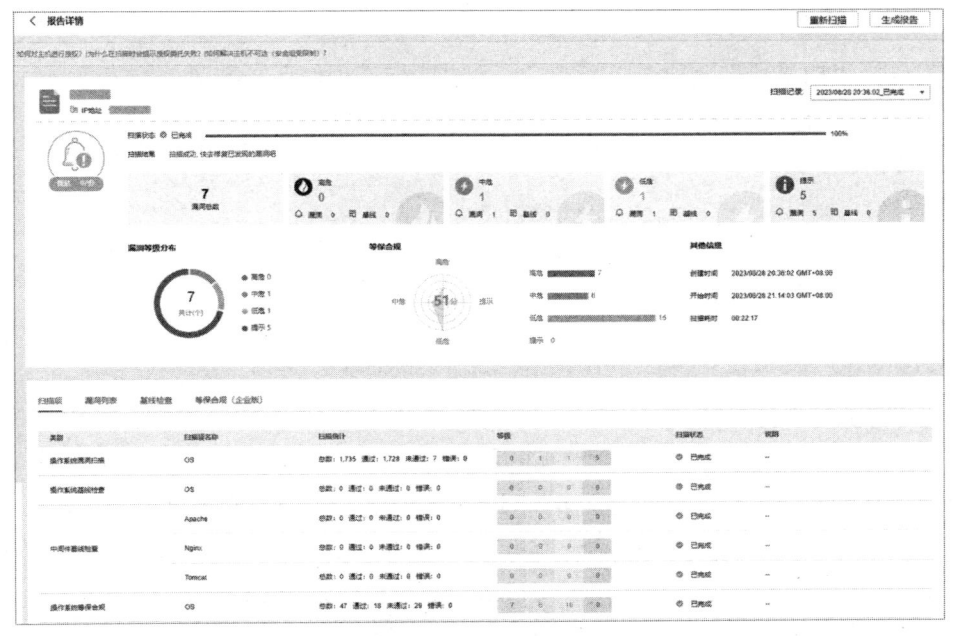

图 7-35　"报告详情"界面

“报告详情”界面中会显示扫描任务的基本信息，具体如下。

- IP 地址：目标主机的 IP 地址。
- 得分：在创建任务后，初始得分是 100 分。在任务扫描完成后，会根据扫描出的漏洞个数和漏洞级别扣除相应的分数，如果存在提示漏洞或没有漏洞，则不扣分。
- 漏洞总数：高危、中危、低危和提示漏洞的总数。
- 漏洞等级分布：以环形图的形式展示漏洞等级分布。漏洞等级包括高危、中危、低危和提示。
- 等保合规：提供本地化、系统化、专业化的等保测评服务，提供一站式的安全产品及服务，帮助测评整改，提升安全防护能力，快速满足国家实行的网络安全等级保护制度。Windows 主机扫描功能暂不支持此项检测。“等保合规”功能的漏洞数和分数会单独展示。

说明：仅企业版漏洞管理服务的用户可以查看“等保合规”功能的检测结果。

- 其他信息：包括创建时间、开始时间及扫描耗时。
- 扫描结果：扫描任务的执行结果，有“扫描成功”和“扫描失败”两种结果。

说明：

在“报告详情”界面中，默认显示最近一次的扫描情况，如果需要查看其他时间的扫描情况，则可以在“扫描记录”下拉列表中选择扫描时间。

扫描报告只会保留最近 10 次的记录，之前的历史数据会保留一年，如果需要获取，则可以联系华为云技术支持工程师进行处理。

单击右上角的“重新扫描”按钮，可以重新执行扫描任务。

在扫描任务成功完成后，单击右上角的“生成报告”按钮，可以生成相应的主机扫描报告。

（6）选择“扫描项”选项卡，查看目标主机的扫描项信息，如图 7-36 所示。

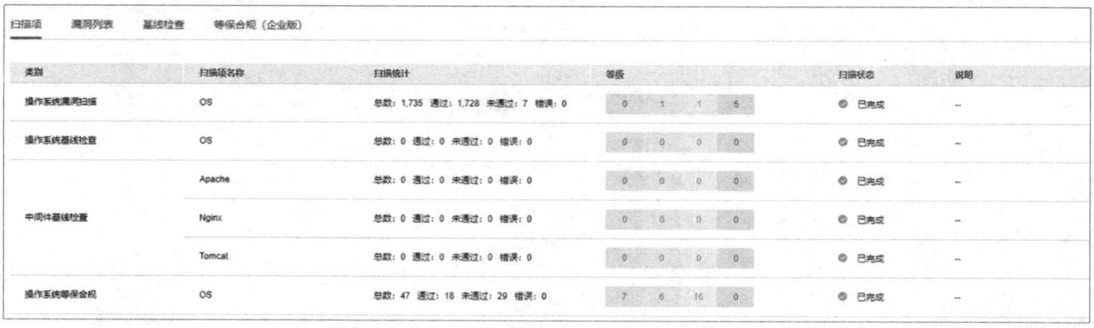
扫描项　漏洞列表　基线检查　等保合规（企业版）

类别	扫描项名称	扫描统计	等级				扫描状态	说明
操作系统漏洞扫描	OS	总数：1,735 通过：1,728 未通过：7 错误：0	0	1	1	5	已完成	--
操作系统基线检查	OS	总数：0 通过：0 未通过：0 错误：0	0	0	0	0	已完成	--
中间件基线检查	Apache	总数：0 通过：0 未通过：0 错误：0	0	0	0	0	已完成	--
	Nginx	总数：0 通过：0 未通过：0 错误：0	0	0	0	0	已完成	--
	Tomcat	总数：0 通过：0 未通过：0 错误：0	0	0	0	0	已完成	--
操作系统等保合规	OS	总数：47 通过：18 未通过：29 错误：0	7	6	16	0	已完成	--

图 7-36 “扫描项”选项卡

（7）选择“漏洞列表”选项卡，查看目标主机的漏洞信息，如图 7-37 所示。

说明：

如果确认扫描出的漏洞不会对主机造成危害，则可以单击该漏洞在“操作”列中的“忽略”超链接，忽略该漏洞。在漏洞被忽略后，相应的漏洞统计结果也会发生变化，在扫描报告中也不会出现该漏洞，并且在后续的扫描任务中，漏洞忽略的结果会被继承。

单击漏洞名称，进入"漏洞详情"界面，可以根据修复建议修复漏洞。

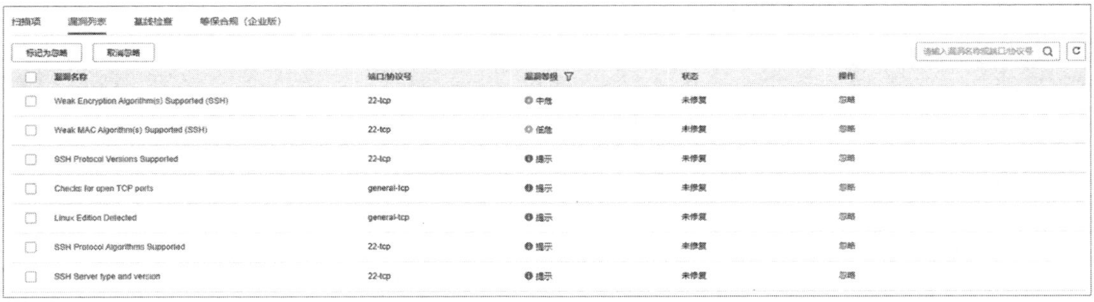

图 7-37 "漏洞列表"选项卡

（8）选择"基线检查"选项卡，查看主机扫描的基线检查信息，如图 7-38 所示。

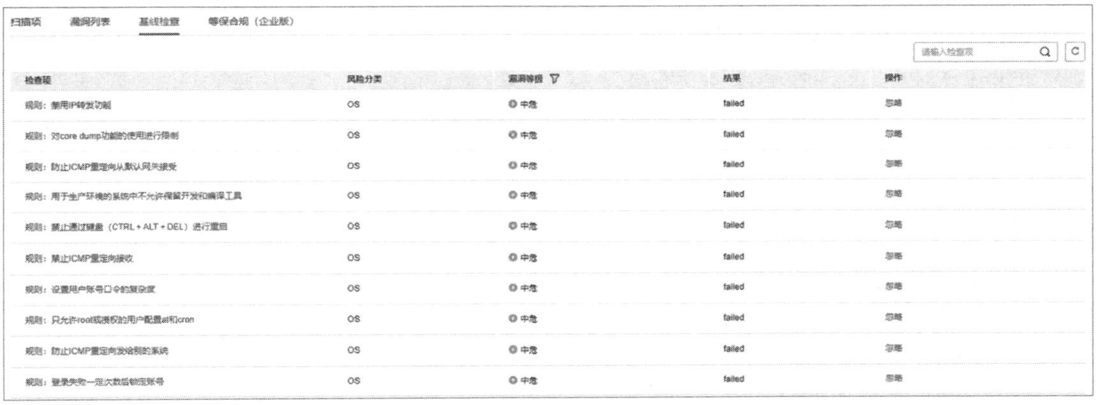

图 7-38 "基线检查"选项卡

说明：

如果确认扫描出的检查项不会对主机造成危害，则可以单击该检查项在"操作"列中的"忽略"超链接，忽略该检查项。在检查项被忽略后，相应的检查项统计结果也会发生变化，在扫描报告中也不会出现该检查项，并且在后续的扫描任务中，检查项忽略的结果会被继承。

Windows 主机扫描功能暂不支持基线检查扫描。

（9）选择"等保合规（企业版）"选项卡，查看目标主机的等保合规检测信息，如图 7-39 所示。

说明：

如果确认扫描出的检查项不会对主机造成危害，则可以单击该检查项在"操作"列中的"忽略"超链接，忽略该检查项。在检查项被忽略后，相应的检查项统计结果也会发生变化，在扫描报告中也不会出现该检查项，并且在后续的扫描任务中，检查项忽略的结果会被继承。

目前只有企业版漏洞管理服务支持等保合规检测功能，如果需要对主机进行等保合规检测，则需要购买企业版漏洞管理服务。

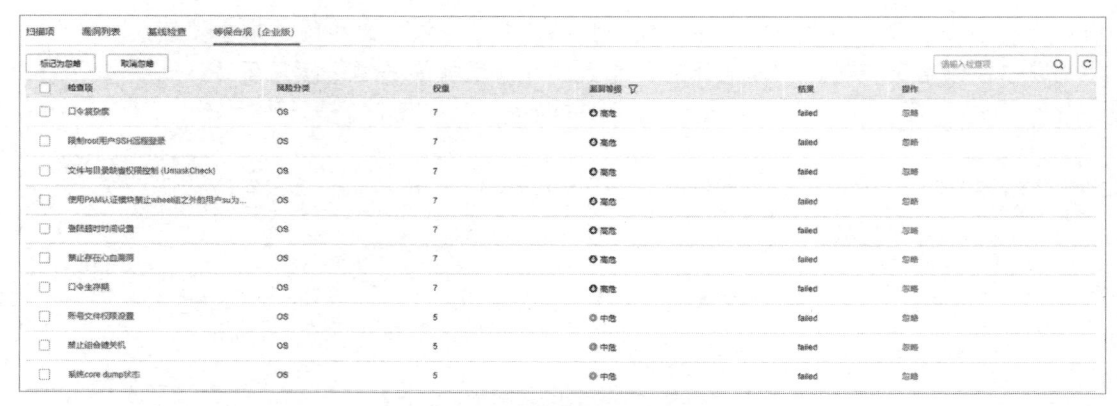

图 7-39 "等保合规"选项卡

4）相关操作

在创建扫描任务后，初始得分是 100 分。在完成扫描任务后，根据扫描出的漏洞级别扣除相应的分数。

主机扫描得分的计算方法参考如下。

主机评分=100 分–高危漏洞数×3 分/个–中危漏洞数×2 分/个–低危漏洞数×1 分/个（每类漏洞最多计算 20 个）

说明： 得分越高，表示漏洞数量越少，主机越安全。如果得分偏低，则需要根据实际情况对漏洞进行忽略，或者根据修复建议修复漏洞。在修复漏洞后，建议重新扫描一次，并且查看修复效果。

5. 生成并下载主机漏洞扫描报告和等保合规配置报告

1）操作场景

在完成主机扫描任务后，可以生成并下载主机漏洞扫描报告和等保合规配置报告，报告目前支持 PDF 格式和 Excel 格式。

说明： 目前只有企业版漏洞管理服务支持等保合规检测功能，如果需要下载等保合规配置报告，则需要购买企业版漏洞管理服务。

2）前提条件

已成功完成主机扫描任务，即目标主机的"扫描状态"为"已完成"。

3）操作步骤

（1）登录管理控制台。

（2）单击左上角 按钮，选择区域或项目。单击左上角 ≡ 按钮，在弹出的导航面板中选择"开发与运维"→"漏洞管理服务 CodeArts Inspector"选项，打开"漏洞管理服务"页面。

（3）在左侧的导航栏中选择"资产列表"选项，进入"资产列表"界面，选择"主机"选项卡。

（4）选中目标主机，单击"生成报告"按钮，弹出"生成报告配置"对话框，如图 7-40 所示。

第 7 章　漏洞管理服务实践

图 7-40　"生成报告配置"对话框

（5）设置"报告名称"和"报告类型"。"报告名称"是自动生成的，可以修改。

（6）单击"确定"按钮，弹出一个提示框，提示用户前往"报告中心"界面下载扫描报告。

（7）单击"确定"按钮，进入"报告中心"界面。

（8）在报告列表框中，单击生成的扫描报告在"操作"列中的"下载"超链接，可以将扫描报告下载到本地。

说明：

在目标主机的"安全等级"列中单击"查看报告"超链接，进入"报告详情"界面，该界面也支持生成扫描报告。

支持生成并下载英文版的主机漏洞扫描报告。将控制台语言切换为英文，如图 7-41 所示，然后按照上述指导进行英文版扫描报告的生成和下载即可。

图 7-41　将控制台语言切换为英文

4）主机漏洞扫描报告模板说明

在下载主机漏洞扫描报告后，可以根据扫描结果对漏洞进行修复。主机漏洞扫描报告模板的相关说明如下。

- 主机概览：查看目标主机的基本信息，如图 7-42 所示。

图 7-42　主机概览

- 扫描信息概览：查看目标主机的扫描总览信息，如图 7-43 所示。
- 漏洞信息：查看漏洞的详细信息和修复建议，如图 7-44 所示。用户可以根据漏洞的修复建议修复漏洞。

257

2 扫描信息概览

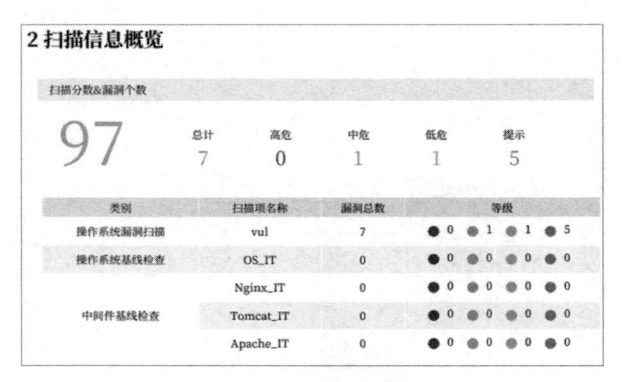

扫描分数&漏洞个数

97

	总计	高危	中危	低危	提示
	7	0	1	1	5

类别	扫描项名称	漏洞总数	等级
操作系统漏洞扫描	vul	7	● 0 ● 1 ● 1 ● 5
操作系统基线检查	OS_IT	0	● 0 ● 0 ● 0 ● 0
中间件基线检查	Nginx_IT	0	● 0 ● 0 ● 0 ● 0
	Tomcat_IT	0	● 0 ● 0 ● 0 ● 0
	Apache_IT	0	● 0 ● 0 ● 0 ● 0

图 7-43　扫描信息概览

3 漏洞信息

3.1 漏洞概览

漏洞统计

总计	高危	中危	低危	提示
7	0	1	1	5

远程扫描

端口	协议	漏洞
22	tcp	Weak Encryption Algorithm(s) Supported (SSH)
22	tcp	Weak MAC Algorithm(s) Supported (SSH)
22	tcp	SSH Server type and version
22	tcp	SSH Protocol Algorithms Supported
22	tcp	SSH Protocol Versions Supported

其他

漏洞
● Checks for open TCP ports
● Linux Edition Detected

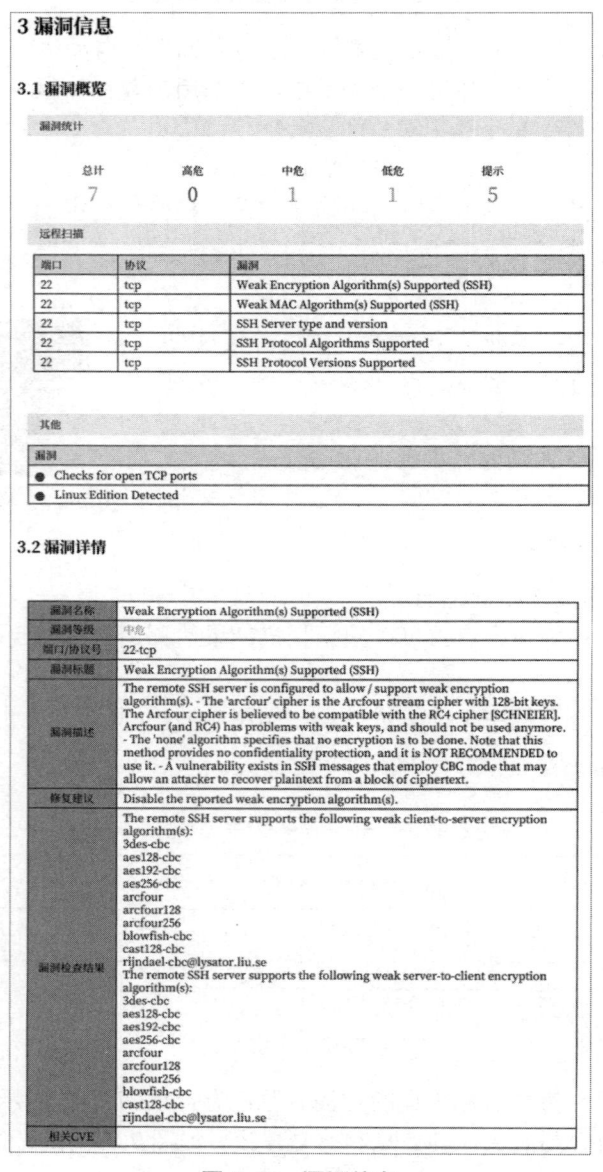

3.2 漏洞详情

漏洞名称	Weak Encryption Algorithm(s) Supported (SSH)
漏洞等级	中危
端口/协议号	22-tcp
漏洞标题	Weak Encryption Algorithm(s) Supported (SSH)
漏洞描述	The remote SSH server is configured to allow / support weak encryption algorithm(s). - The 'arcfour' cipher is the Arcfour stream cipher with 128-bit keys. The Arcfour cipher is believed to be compatible with the RC4 cipher [SCHNEIER]. Arcfour (and RC4) has problems with weak keys, and should not be used anymore. - The 'none' algorithm specifies that no encryption is to be done. Note that this method provides no confidentiality protection, and it is NOT RECOMMENDED to use it. - A vulnerability exists in SSH messages that employ CBC mode that may allow an attacker to recover plaintext from a block of ciphertext.
修复建议	Disable the reported weak encryption algorithm(s).
漏洞检查结果	The remote SSH server supports the following weak client-to-server encryption algorithm(s): 3des-cbc aes128-cbc aes192-cbc aes256-cbc arcfour arcfour128 arcfour256 blowfish-cbc cast128-cbc rijndael-cbc@lysator.liu.se The remote SSH server supports the following weak server-to-client encryption algorithm(s): 3des-cbc aes128-cbc aes192-cbc aes256-cbc arcfour arcfour128 arcfour256 blowfish-cbc cast128-cbc rijndael-cbc@lysator.liu.se
相关CVE	

图 7-44　漏洞信息

- 基线检查信息：查看基线检查的详细信息和修复建议，如图 7-45 所示。用户可以根据基线检查的修复建议修复基线漏洞。

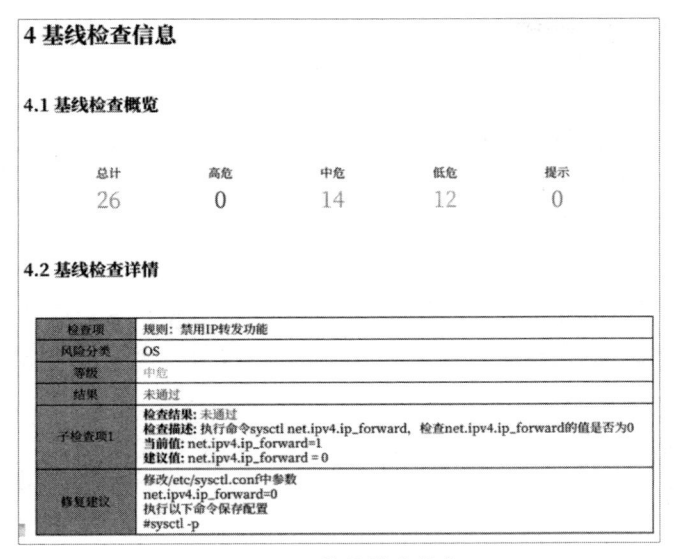

图 7-45　基线检查信息

说明：当"基线检查"选项卡中无数据显示时，不会在报告中体现基线检查信息。

5）等保合规配置报告模板说明

在下载等保合规配置报告后，可以根据扫描结果，对漏洞进行修复。等保合规配置报告模板的相关说明如下。

- 概览：查看等保合规配置报告的概览信息，如图 7-46 所示。

图 7-46　概览

- 等保合规检查详情：查看等保合规检查的详细信息，如图 7-47 所示。用户可以根据等保合规漏洞的修复建议修复等保合规漏洞。

图 7-47　等保合规检查详情

259

7.4.4 安全监测

1. 新增安全监测任务

1）操作场景

漏洞管理服务支持网站扫描功能。网站是用户的资产，用户可以在"安全监测"界面中对资产进行安全扫描与编辑操作。

本任务会指导用户通过漏洞管理服务新增安全监测任务。在新增安全监测任务后，系统会自动开启安全监测功能。

说明：基础版漏洞管理服务不支持安全监测功能。基础版漏洞管理服务的用户需要购买专业版、高级版或企业版的漏洞管理服务，才可以使用安全监测功能。

2）前提条件
- 已获取管理控制台的登录账号与密码。
- 已添加网站。

3）操作步骤

（1）登录管理控制台。

（2）单击左上角的 ◎ 按钮，选择区域或项目。单击左上角的 ≡ 按钮，在弹出的导航面板中选择"开发与运维"→"漏洞管理服务 CodeArts Inspector"选项，打开"漏洞管理服务"页面。

（3）在左侧的导航栏中选择"安全监测"选项，进入"安全监测"界面，单击"新增监测任务"按钮，进入"新增监测任务"界面。

（4）在"新增监测任务"界面中设置新增的安全监测任务的相关信息，如图 7-48[①]所示，相关参数及其说明如表 7-14 所示。

图 7-48 设置新增的安全监测任务的相关信息

[①] 本书截图中"登陆"的正确写法都应该为"登录"。

表 7-14　新增的安全监测任务的相关参数及其说明

参数	说明
任务名称	用户自定义的任务名称
目标网址	待扫描的网站地址或 IP 地址
扫描周期	在下拉列表中选择任务扫描周期。 • 每天。 • 每三天。 • 每周。 • 每月
开始时间	设置安全监测任务的开始时间
扫描模式	提供 3 种扫描模式。 • 极速策略：扫描耗时最短，能检测到的漏洞相对较少。 • 标准策略：扫描耗时适中，能检测到的漏洞相对较多。 • 深度策略：扫描耗时最长，能检测到深处的漏洞
是否扫描登录 URL	默认不扫描登录 URL，在开启扫描登录 URL 功能前，需要确保不会影响正常业务

（5）在新增的安全监测任务的相关信息设置完成后，单击"确认"按钮，即可添加安全监测任务。

说明：如果没有设置安全监测任务的开始时间，并且此时服务器没有被占用，那么创建的安全监测任务可以立即开始扫描，"扫描状态"为"进行中"；否则创建的安全监测任务会进入等待队列中进行等待，"扫描状态"为"排队中"。

2. 暂停安全监测任务

1）操作场景

本任务会指导用户通过漏洞管理服务暂停安全监测任务。

2）前提条件

• 已获取管理控制台的登录账号与密码。

• 已开启安全监测任务。

3）操作步骤

（1）登录管理控制台。

（2）单击左上角的 ◎ 按钮，选择区域或项目。单击左上角的 ≡ 按钮，在弹出的导航面板中选择"开发与运维"→"漏洞管理服务 CodeArts Inspector"选项，打开"漏洞管理服务"页面。

（3）在左侧的导航栏中选择"安全监测"选项，进入"安全监测"界面。

（4）在安全监测任务列表框中，单击目标安全监测任务在"操作"列中的"暂停监测"超链接，在弹出的对话框中单击"确认"按钮，即可暂停目标安全监测任务。

说明：如果用户需要再次开启目标安全监测任务，则可以单击目标安全监测任务在"操作"列中的"开启监测"超链接，再次开启目标安全监测任务。

3. 编辑安全监测任务

1）操作场景

本任务会指导用户通过漏洞管理服务编辑安全监测任务。

2）前提条件
- 已获取管理控制台的登录账号与密码。
- 已创建安全监测任务。

3）操作步骤

（1）登录管理控制台。

（2）单击左上角的 ⊙ 按钮，选择区域或项目。单击左上角的 ≡ 按钮，在弹出的导航面板中选择"开发与运维"→"漏洞管理服务 CodeArts Inspector"选项，打开"漏洞管理服务"页面。

（3）在左侧的导航栏中选择"安全监测"选项，进入"安全监测"界面。

（4）在安全监测任务列表框中，单击目标安全监测任务在"操作"列中的"编辑任务"超链接，在进入的界面中，可以重新编辑安全监测任务的相关信息，如图 7-49 所示。

图 7-49　重新编辑安全监测任务的相关信息

4．删除安全监测任务

1）操作场景

本任务会指导用户通过漏洞管理服务删除已创建的安全监测任务。

2）前提条件
- 已获取管理控制台的登录账号与密码。
- 已创建安全监测任务。

3）操作步骤

（1）登录管理控制台。

（2）单击左上角的 ⊙ 按钮，选择区域或项目。单击左上角的 ≡ 按钮，在弹出的导航面板中选择"开发与运维"→"漏洞管理服务 CodeArts Inspector"选项，打开"漏洞管理服务"页面。

（3）在左侧的导航栏中选择"安全监测"选项，进入"安全监测"界面。

（4）在安全监测任务列表框中，单击目标安全监测任务在"操作"列中的"删除任务"超链接，在弹出的对话框中单击"确认"按钮，即可将该安全监测任务删除。

5．查看安全监测任务列表

1）操作场景

本任务会指导用户通过漏洞管理服务查看安全监测任务列表。

2）前提条件
- 已获取管理控制台的登录账号与密码。
- 已新增安全监测任务。

3）操作步骤

（1）登录管理控制台。

（2）单击左上角的 按钮，选择区域或项目。单击左上角的 ≡ 按钮，在弹出的导航面板中选择"开发与运维"→"漏洞管理服务 CodeArts Inspector"选项，打开"漏洞管理服务"页面。

（3）在左侧的导航栏中选择"安全监测"选项，进入"安全监测"界面，可以看到安全监测任务列表框，如图 7-50 所示，相关参数及其说明如表 7-15 所示。

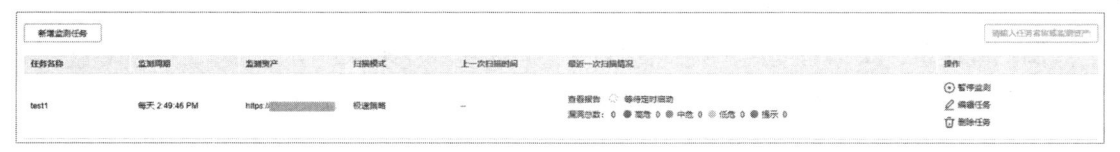

图 7-50 安全监测任务列表框

表 7-15 安全监测任务列表框中的相关参数及其说明

参数	说明
任务名称	在创建安全监测任务时，用户自定义的任务名称
监测周期	安全监测任务开始执行的周期。 • 每天。 • 每三天。 • 每周。 • 每月
监测资产	创建安全监测任务时填写的目标网址
扫描模式	扫描模式有 3 种，分别为"极速策略"模式、"标准策略"模式和"深度策略"模式，建议选择"深度策略"模式
上一次扫描时间	最近一次扫描的时间
最近一次扫描情况	最近一次扫描任务的信息，包括得分和各等级的漏洞数量。单击数量或"查看报告"超链接，进入"扫描详情"界面，可以查看任务扫描详情
操作	• 单击"暂停监测"超链接，可以暂停当前的安全监测任务。 • 单击"编辑任务"超链接，可以编辑当前安全监测任务的相关信息。 • 单击"删除任务"超链接，可以删除当前的安全监测任务。

6．查看安全监测任务详情

1）操作场景

本任务会指导用户通过漏洞管理服务查看安全监测任务详情。

2）前提条件
- 已获取管理控制台的登录账号与密码。
- 已开启资产的安全监测任务。

3）操作步骤

（1）登录管理控制台。

（2）单击左上角的 ⊙ 按钮，选择区域或项目。单击左上角的 ≡ 按钮，在弹出的导航面板中选择"开发与运维"→"漏洞管理服务 CodeArts Inspector"选项，打开"漏洞管理服务"页面。

（3）在左侧的导航栏中选择"安全监测"选项，进入"安全监测"界面。

（4）在目标安全监测任务的"最近一次扫描情况"列中单击分数或"查看详情"超链接，进入"任务详情"界面，可以查看任务扫描详情。

7.5 本章小结

本章主要介绍了漏洞管理服务的相关知识。漏洞管理服务是一款功能齐全、易于使用的漏洞扫描服务，可以帮助用户发现潜在的安全隐患，并且提供专业、可靠的修复建议，从而提高网站、主机、移动应用程序、软件包、固件的安全性。

7.6 本章练习

1. 简述漏洞管理服务的主要功能及应用场景。
2. 简述漏洞管理服务的工作原理。
3. 简述如何进行具有复杂访问机制的网站漏洞扫描，并且列出相应的步骤。

第 8 章 云堡垒机实践

8.1 本章导读

云堡垒机（Cloud Bastion Host，CBH）是一种基于云计算技术的网络安全产品，主要用于提供高效、可靠的堡垒机管理和访问控制策略。它在当前的云计算环境中扮演着至关重要的角色，可以帮助企业有效地管理和控制管理员权限，减少内部威胁，降低安全风险。云堡垒机的核心功能包括访问控制、会话管理及日志审计等。利用这些功能，云堡垒机能够有效地保证关键系统和数据的安全，提高管理员的工作效率和管理水平。云堡垒机的应用场景非常广泛，不仅适用于金融、电信、医疗等行业，还适用于各种规模的企业。部署云堡垒机可以大幅度提高企业的网络安全防护能力，降低企业的安全风险，减少企业的财产损失。通过学习本章内容，读者可以更加深入地了解云堡垒机的相关知识。

1. 知识目标

- 了解云堡垒机的特点。
- 了解云堡垒机的功能特性。
- 了解云堡垒机的个人数据保护机制。

2. 能力目标

- 能够熟练地通过执行命令运行和维护数据库。
- 能够熟练地运用云堡垒机的各项功能。
- 能够熟练地进行跨云、跨 VPC、线上、线下统一运维的相关操作。

3. 素养目标

- 培养以科学的思维方式审视专业问题的能力。
- 培养实际动手操作与团队合作的能力。

8.2 知识准备

8.2.1 云堡垒机

云堡垒机是华为云的一款 4A 统一安全管控平台，可以为企业的账户（Account）、授权（Authorization）、认证（Authentication）和审计（Audit）提供集中的管理服务。

云堡垒机可以提供云计算安全管控的系统和组件，包含部门、用户、资源、策略、运维、审计等功能模块，集单点登录、统一资产管理、多终端访问协议、文件传输、会话协同等功能于一体。云堡垒机可以通过统一的运维登录入口，基于协议正向代理技术和远程访问隔离技术，实现对服务器、云主机、数据库、应用系统等云上资源的集中管理和运维审计。

云堡垒机主要有以下几个特点。

- 一个实例对应一个独立运行的系统，通过配置实例，部署系统后台运行的基本环境。独立管理系统环境，可以保证系统安全运行。
- 具有一个单点登录系统，提供统一的单点登录入口，可以轻松地集中管理大规模的云上资源，避免资源账户泄露风险，保障资源信息安全。
- 符合《中华人民共和国网络安全法》等法律法规，满足合规性审查要求。
- 满足《萨班斯-奥克斯利法案》和等级保护系列文件中的技术审计要求。
- 满足金融监管部门的技术审计要求。
- 满足各类法律法规对运维审计的要求。

8.2.2 功能特性

云堡垒机不仅拥有传统 4A 安全管控的基本功能特性，包括身份认证、账户管理、权限控制、操作审计四大功能，还具有高效运维、工单申请等特色功能。

1. 身份认证

云堡垒机采用多因子认证和远程认证技术，可以加强用户的身份认证管理。

- 引用多因子认证技术，包括手机短信、手机令牌、USB Key、动态令牌等认证方式，可以安全地认证登录用户的身份，降低用户账户、密码的风险。
- 对接第三方认证服务或平台，包括 AD（Active Directory，活动目录）域、RADIUS（Remote Authentication Dial-In User Service，远程认证拨入用户服务）、LDAP（Lightweight Directory Access Protocol，轻量级目录访问协议）、Microsoft Entra 域服务，支持远程认证用户身份，防止身份泄露。支持一键同步 AD 域服务器用户，从而复用原有的用户部署结构。

2. 账户管理

云堡垒机可以集中管理系统用户和资源的账户信息，对账户的全生命周期建立可视、可控、可管的运维体系。账户管理的功能特性及其说明如表 8-1 所示。

表 8-1 账户管理的功能特性及其说明

功能特性	说明
用户账户管理	对系统中用户账户的全生命周期进行管理。用户使用唯一的账户登录系统，可以解决共享账户、临时账户、滥用权限等问题。 • 批量导入：同步第三方服务器用户及批量导入用户，支持一键同步并导入已有用户的信息，无须重复创建用户。 • 用户组：将用户账户按属性分组管理，可以根据用户组为同类型的用户授予权限。 • 批量管理：支持批量管理用户账户，包括删除、启用、禁用、重置密码、修改用户基本配置等
资源账户管理	对资源账户进行集中管理，对资源账户的全生命周期进行管理，实现单点登录资源，可以使管理和运维无缝切换。 1. 资源类型 纳管的资源类型丰富，包括 Windows、Linux 等主机资源，MySQL、Oracle 等数据库资源，以及 Windows 应用程序资源。 • 支持 C/S 架构运维接入，可以配置 SSH、RDP、VNC、TELNET、FTP、SFTP、DB2、MySQL、Oracle、SCP、Rlogin 等协议类型的主机资源。 • 支持接入 B/S、C/S 架构应用系统资源，可以直接配置 Edge、Chrome、Oracle Tool 等浏览器和客户端 Windows 服务器应用资源。 2. 资源管理 • 批量导入：通过自动发现、同步云上资源，以及批量导入资源，支持一键同步并导入云上 ECS、RDS 等服务器上的资源。 • 账户组管理：资源账户按属性分组管理，可以根据账户组为同类型的资源账户授权。 • 密码自动代填：采用 AES_256 加密方式存储资源账户，通过密码自动代填技术加密共享账户，避免账户信息的泄露风险。 • 账户自动改密：通过设置改密策略，可以定时、定期修改账户和密码，确保资源的账户安全。 • 账户自动同步：通过设置账户同步策略，可以定时、定期核查并同步主机资源账户，包括拉取主机账户、统计异常系统资源账户，以及向主机推送系统新建、删除、修改的资源账户，确保资源账户具有健康的生命周期。 • 批量管理：支持批量管理资源信息和资源账户，包括删除资源、添加资源标签、修改资源信息、验证资源账户、删除资源账户等

3. 权限控制

云堡垒机可以集中管控用户访问系统和资源的权限，对系统和资源的访问权限进行细粒度设置，从而保障系统管理安全和资源运维安全。权限控制的功能特性及其说明如表 8-2 所示。

表 8-2 权限控制的功能特性及其说明

功能特性	说明
系统访问权限	从单个用户账户的属性出发，控制用户登录和访问系统的权限。 • 用户角色：通过为用户账户分配不同的角色，授予用户访问系统不同模块的权限，对系统用户身份进行分权。系统支持自定义角色。在自定义角色时，可以自行添加系统模块，实现角色的多样化模式。 • 组织部门：为用户划分部门，采用部门组织树形结构，不限制部门层级，可以根据部门对用户进行分层级管理。 • 登录限制：通过设置用户登录限制，从登录有效期、登录时间、多因子认证、登录 IP 限制、登录 MAC 限制等维度，授予用户登录系统的权限

续表

功能特性	说明
资源访问权限	按照用户、用户组与资源账户、账户组之间的关系，建立用户对资源的控制权限。 • 访问控制：通过设置访问控制权限，从访问有效期、登录时间、IP 限制、上传、下载、文件传输、剪切板、显示水印等维度，授予用户访问资源的权限。 • 双人授权：设置双人或多人授权审核机制，需要授权人实时授权才能访问资源，可以保障敏感核心资源的安全。 • 命令拦截：设置命令控制策略或数据库控制策略，对服务器或数据库中的敏感、高危操作进行强制阻断、告警及二次复核，从而加强对关键操作的管控。 • 批量授权：采用用户组和账户组的形式，支持同时为多个用户授予多个资源的控制权限

4. 操作审计

云堡垒机可以基于用户身份系统的唯一标识，从用户登录系统开始，全程记录用户在系统中的操作，监控和审计用户对目标资源的所有操作，实现对安全事件的实时发现与预警。操作审计的功能特性及其说明如表 8-3 所示。

表 8-3 操作审计的功能特性及其说明

功能特性	说明
系统行为审计	记录系统操作，针对操作失误、恶意操作、越权操作等行为进行告警。 • 系统登录日志：详细记录登录系统的方式、登录用户、用户来源 IP 地址、登录时间等信息，支持一键导出所有的系统登录日志。 • 系统操作日志：全程记录用户在系统中的操作，覆盖所有系统操作事件，支持一键导出所有的系统操作日志。 • 系统报表：集中可视化呈现用户在系统中的操作统计信息，包括用户启用状态、用户登录方式、异常登录、会话控制等信息。支持一键导出系统报表，并且可以定期以邮件的方式自动推送系统报表。 • 告警通知：通过配置系统告警功能，针对系统操作和系统环境制定不同的告警方式和告警级别，以邮件和系统消息的方式推送告警通知，以便及时发现系统异常和用户异常操作
资源运维审计	全程记录用户的运维操作，支持多种运维审计技术和审计形式，可以随时审计用户操作，识别运维风险，为安全事件的追溯和分析提供依据。 1. 运维审计技术 • Linux 命令审计：基于字符协议（如 SSH 协议、TELNET 协议）的命令操作审计，可以记录命令的运维过程，支持解析字符操作命令、还原操作命令，以及根据输入、输出结果中的关键字搜索并快速定位回放记录。 • Windows 操作审计：基于图形协议（如 RDP 协议、VNC 协议）终端和应用发布的行为操作审计，可以全程记录远程桌面操作，包括键盘操作、鼠标操作、窗口指令、窗口切换等。 • 数据库命令审计：基于数据库协议（如 DB2 协议、MySQL 协议、Oracle 协议）的命令操作审计，可以对 SSO 单点登录数据库到数据库命令操作的过程进行记录，支持解析数据库操作命令和 100%还原操作命令。 • 文件传输审计：基于远程桌面的文件传输操作审计，以及基于文件传输协议（如 FTP 协议、SFTP 协议、SCP 协议）的传输操作审计，可以对 Web 浏览器或客户端文件传输进行全程审计，记录传输的文件名称和目标路径。 2. 运维审计形式 • 实时监控：实时查看正在进行的运维会话，支持监控和中断实时会话。 • 历史日志：全程记录运维操作，详细记录历史运维会话信息，支持一键导出历史会话日志。

续表

功能特性	说明
资源运维审计	• 会话视频：支持对 Linux 命令审计、Windows 操作审计进行全程录像记录，支持回放录像视频，支持生成视频文件，支持一键下载会话视频。 • 运维报表：集中可视化呈现运维统计信息，包括运维时间分布、资源访问次数、会话时长、命令拦截、字符数命令、传输文件数等信息。支持一键导出运维报表，并且可以定期以邮件的方式自动推送运维报表。 • 日志备份：通过配置日志备份，可以将历史会话日志远程备份至 Syslog 服务器、FTP/SFTP 服务器、OBS 桶中，实现系统日志的容灾备份。

5. 高效运维

云堡垒机可以接入多种运维架构、运维资源、运维工具，采用多种运维形式，全面提升运维效率。高效运维的功能特性及其说明如表 8-4 所示。

表 8-4　高效运维的功能特性及其说明

功能特性	说明
Web 浏览器运维	使用 HTML5 远程登录资源，无须安装客户端，可以一键登录运维资源，并且进行运维管理。 • 一站式登录运维：在 Windows、Linux、Android、iOS 等操作系统中，支持对任意主流浏览器（包括 Edge、Chrome、Firefox 等）进行无插件化运维，让运维人员脱离运维工具和操作系统的束缚，可以随时随地进行远程运维。 • 批量登录：支持一键登录多个授权资源，多个资源可以同时在一个浏览器页签中进行运维。 • 协同会话：支持多人协同分享，即邀请其他运维人员或专家进行协同运维，对同一个会话进行协同操作或问题定位，提高多人运维的效率。 • 文件传输：基于 WSS 协议的文件管理技术，支持文件上传/下载，以及文件在线管理，实现多主机文件共享功能。 • 命令群发：针对多个 Linux 资源，开启群发功能，在一个会话窗口中进行操作后，其他会话窗口会同步进行相同操作
第三方客户端运维	在不改变用户使用原来客户端习惯的前提下，支持一键接入多种运维工具，提升运维效率。 • 多种运维工具：支持接入 SecureCRT、Xshell、Xftp、WinSCP、Navicat、Toad for Oracle 等工具。 • SSH 客户端运维：针对字符协议类主机资源，可以通过运维客户端登录资源，支持多种运维平台。 • 数据库客户端运维：针对数据库协议类主机资源，通过配置 SSO 单点登录工具，调用数据库客户端，一键登录目标数据库资源，进行数据库运维操作。 • 文件传输客户端运维：针对文件传输协议类主机资源，通过调用 FTP/SFTP 客户端登录资源，实现客户端运维
自动化运维	自动进行线上的多步骤复杂操作，使用户告别枯燥的重复工作，提高工作效率。 • 脚本管理：将线下脚本上线管理，支持对 Shell 脚本和 Python 脚本的管理。 • 运维任务：通过配置命令执行、脚本执行、文件传输的运维任务，可以定期、批量、自动执行预置的运维任务

6. 工单申请

系统运维用户在运行与维护的过程中，如果遇到需要运维资源但无相关权限的情况，则可以提交系统工单，申请资源控制权限，寻求系统管理人员授权审批。

1）系统运维人员
- 通过手动或自动触发工单系统，提交访问授权工单、命令授权工单、数据库授权工单，申请相关的资源控制权限。
- 支持提交工单、查询工单、催单、撤销工单、删除工单等功能。

2）系统管理人员
- 通过自定义审批流程，支持多级审批功能。
- 支持批准单个工单、批量批准工单、驳回工单、撤销工单、查询工单、删除工单等功能。

8.2.3 个人数据保护机制

为了确保用户的个人数据（如云堡垒机的登录名、密码、手机号码等）不被未经过认证、授权的实体或个人获取，云堡垒机通过加密存储个人数据、控制个人数据访问权限及记录操作日志等方法防止个人数据泄露，保证用户个人数据的安全。

1. 收集范围

云堡垒机收集和产生的个人数据如表 8-5 所示。

表 8-5 云堡垒机收集和产生的个人数据

服务	类型	收集方式	是否可修改	是否必需
云堡垒机实例	登录名	在创建用户账户时，由系统管理员配置登录名	否	是，登录名是用户的身份标识
	密码	• 管理员在创建用户、重置用户密码时配置密码。 • 用户在登录系统前重置密码时、在登录系统后修改密码时输入密码	是	是，在用户登录云堡垒机时使用
	邮箱	• 管理员在创建用户时配置邮箱。 • 用户在登录系统后修改邮箱时输入邮箱	是	是，接收系统邮件通知
	手机号码	• 管理员在创建用户时配置手机号码。 • 用户在登录系统后修改手机号码时输入手机号码	是	是，接收系统手机短信通知，在忘记密码时通过手机验证码重置密码

2. 存储方式

云堡垒机可以使用加密算法对用户的个人敏感数据进行加密并存储。
- 登录名：不属于敏感数据，使用明文存储。
- 密码、邮箱、手机号码：属于敏感数据，需要加密存储。

3. 访问权限控制

云堡垒机用户的个人敏感数据需要加密存储。系统管理员及上级管理员使用安全码才能查看用户的邮箱、手机号码，但用户密码对所有人（包括本人）都不明文可见。

4. 二次认证

云堡垒机的用户账户在配置用户登录限制多因子认证后，会开启登录验证功能，在用户登录系统时，需要进行二次认证（二次认证方式包括手机短信认证、手机令牌认证、USB Key 认证、动态令牌认证），从而有效地保护用户的个人敏感信息。

5. 日志记录

对于云堡垒机用户个人数据的所有操作，如增加、修改、查询和删除操作，云堡垒机都会记录审计日志，并且将其备份到远程服务器或本地计算机中。具有审计权限的用户可以查看并管理下级管理部门用户账户的审计日志。系统管理员 Admin 具有系统最高权限，可以查看并管理登录系统的所有用户账户的操作记录。

8.3 任务分解

本章旨在让读者掌握鲲鹏云中常用的云堡垒机的相关知识和使用方式。在知识准备的基础上，我们可以将本章内容拆分为 4 个实操任务，具体的任务分解如表 8-6 所示。

表 8-6 任务分解

任务名称	任务目标	安排学时
数据库高危操作的复核审批	设置数据库高危操作的复核审批，实现关键信息的重点监控	2 学时
云堡垒机等保实践	对云服务器运维操作进行监控和审计	2 学时
跨云、跨 VPC、线上、线下统一运维实践	在目标网络域中配置代理服务器、连通华为云堡垒机，并且通过华为云堡垒机对跨云、跨 VPC、线上、线下的资源进行管理、监控与维护	2 学时
事后追溯安全事故实践	通过会话审计功能对安全事件进行追溯调查，完成对安全事件的责任界定	2 学时

8.4 安全防护实践

8.4.1 数据库高危操作的复核审批

专业版云堡垒机支持通过执行命令进行数据库运维，包括对数据进行删除、修改、查看等操作。为了确保数据库敏感信息的安全，避免关键信息的丢失和泄露。下面针对运维用户访问和维护数据库中的关键信息，详细介绍如何设置数据库高危操作的复核审批功能，以及如何实现关键信息的重点监控。

下面以管理员用户 admin_A 授权运维用户 User_A，针对 MySQL 数据库资源 RDS_A

高危操作的二次授权为例进行讲解。

1. 应用场景

云堡垒机可以通过设置数据库控制策略、预置命令执行策略，动态识别并拦截高危操作（如删库、修改关键信息、查看敏感信息等），中断数据库运维会话。此外，云堡垒机可以自动生成数据库授权工单，并且将其发送给管理员进行二次审批和授权。在管理员审批工单并授权后，运维用户才能执行该高危操作，继续数据库运维会话。

2. 约束限制

云堡垒机目前仅支持二次审核 MySQL 和 Oracle 数据库的执行命令。

3. 前提条件

- 已经购买专业版云堡垒机，并且可以正常登录云堡垒机。
- 云堡垒机所在的安全组已放开相应的数据库访问端口，数据库与云堡垒机之间的网络连接畅通。
- 资源 RDS_A 已被纳管为主机运维资源。
- 运维用户 User_A 已获取资源 RDS_A 的访问控制权限。

4. 配置二次审核策略

为了实现数据库高危操作的复核审批，需要在数据库控制策略中预置命令规则，并且开启动态授权执行方式。

（1）使用管理员用户 admin_A 登录云堡垒机。

（2）选择"策略"→"数据库控制策略"选项，进入"数据库控制策略"界面。

（3）配置数据库规则集，选择预置高危操作命令。

步骤 1：选择"规则集"选项卡，如图 8-1 所示。

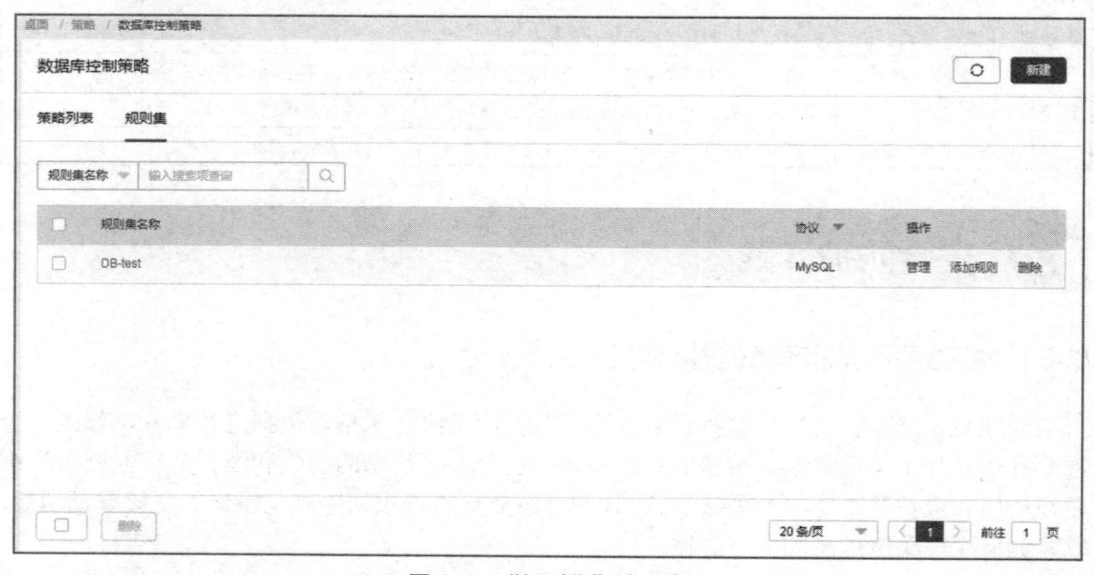

图 8-1 "规则集"选项卡

步骤 2：单击"新建"按钮，弹出"新建规则集"对话框，用于创建 MySQL 数据库的规则集。下面以创建 DB-test 规则集为例进行讲解。在"新建规则集"对话框中，将"规则集名称"设置为"DB-test"，将"协议"设置为"MySQL"，如图 8-2 所示，单击"确定"按钮。

图 8-2　"新建规则集"对话框

步骤 3：返回"规则集"选项卡，在规则集列表框中，单击 DB-test 规则集在"操作"列中的"添加规则"超链接，弹出"添加规则"对话框，可以在 DB-test 规则集中添加"库"、"表"或"命令"规则，如添加 DELETE（删除表内容）命令，如图 8-3 所示。

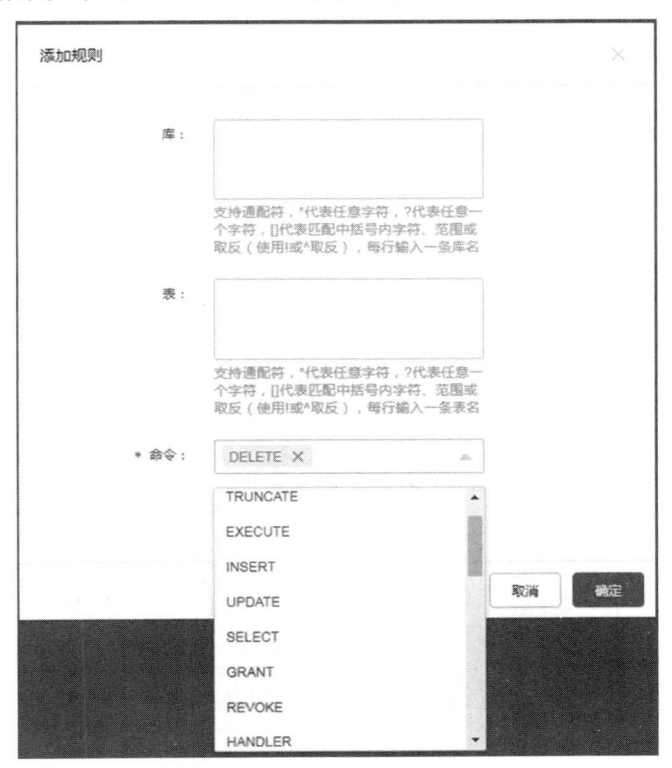

图 8-3　"添加规则"对话框

说明：
- "命令"为必填项，至少需要选择一个命令，可以同时选择多个命令。

| 鲲鹏云安全技术与应用

- 如果设置"库"或"表",则表示对数据库中指定库或表的操作命令进行限制。
- 如果未设置"库"或"表",则表示对数据库中的所有操作命令进行限制。

步骤 4:配置数据库控制策略。

选择"策略列表"选项卡,如图 8-4 所示。

图 8-4 "策略列表"选项卡

单击"新建"按钮,弹出"新建数据库控制策略"对话框,创建一个动态授权的数据库控制策略 DB-ACL,单击"下一步"按钮,如图 8-5 所示。

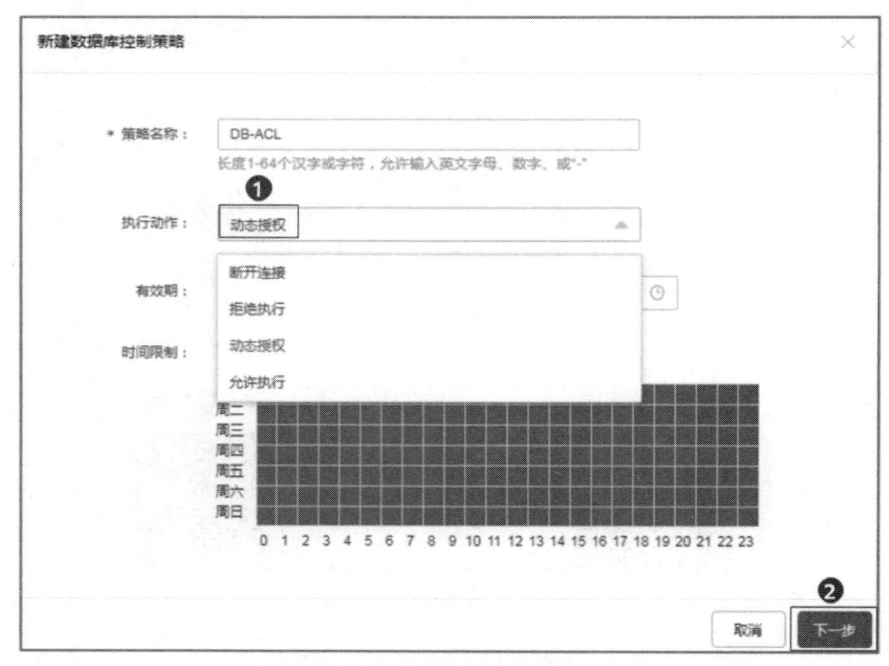

图 8-5 "新建数据库控制策略"对话框

274

关联规则集 DB-test，单击"下一步"按钮，如图 8-6 所示。

图 8-6　关联规则集

关联运维用户 User_A，单击"下一步"按钮，如图 8-7 所示。

图 8-7　关联用户

关联资源 RDS_A，单击"确定"按钮，如图 8-8 所示。

图 8-8　关联资源

5. 效果验证

运维用户在执行高危操作时，会遭到拦截，需要申请操作权限。管理员会对高危操作进行二次审核，可以加强对数据库核心资产的管控力度。

（1）使用运维用户 User_A 登录 MySQL 数据库资源 RDS_A。

步骤 1：登录云堡垒机。

步骤 2：选择"运维"→"主机运维"选项，进入"主机运维"界面，如图 8-9 所示。

图 8-9　"主机运维"界面

步骤3：单击"登录"超链接，使用SSO单点登录工具调用数据库客户端，登录MySQL数据库资源RDS_A。

（2）下面以调用Navicat客户端登录数据库为例进行讲解。运维用户User_A在MySQL数据库资源RDS_A中执行删除表中内容的操作时，会自动拦截DELETE命令，提示无删除权限，如图8-10所示。

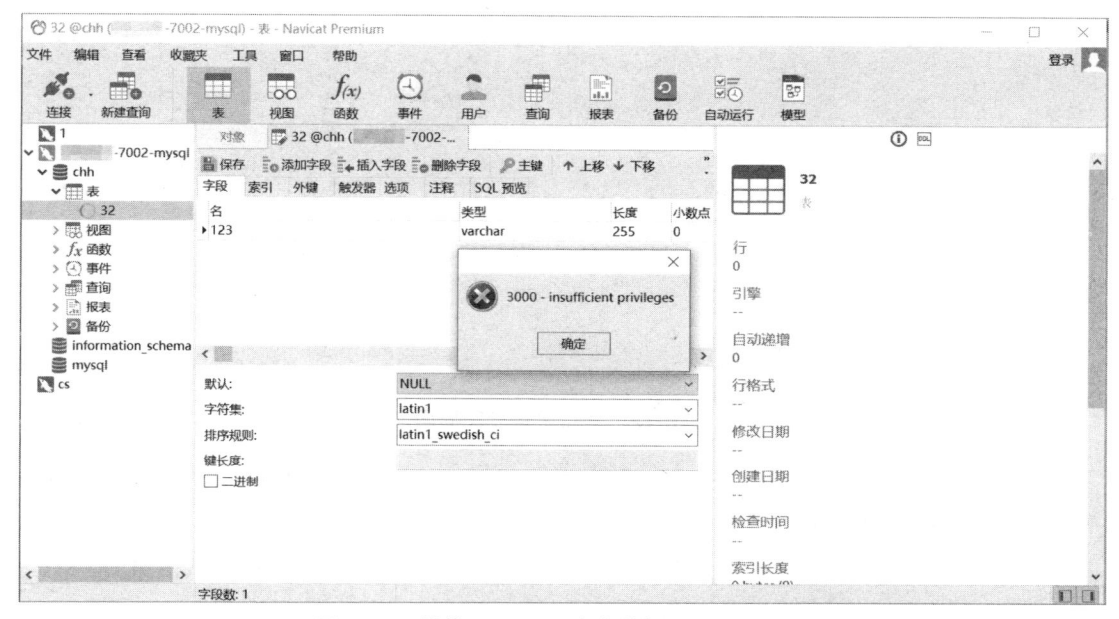

图8-10 拦截DELETE命令并提示无删除权限

（3）运维用户User_A将数据库授权工单提交给管理员用户admin_A进行审批。

步骤1：使用运维用户User_A登录云堡垒机。

步骤2：选择"工单"→"数据库授权工单"选项，进入"数据库授权工单"界面，查看因删除操作被拦截而产生的工单，如图8-11所示。

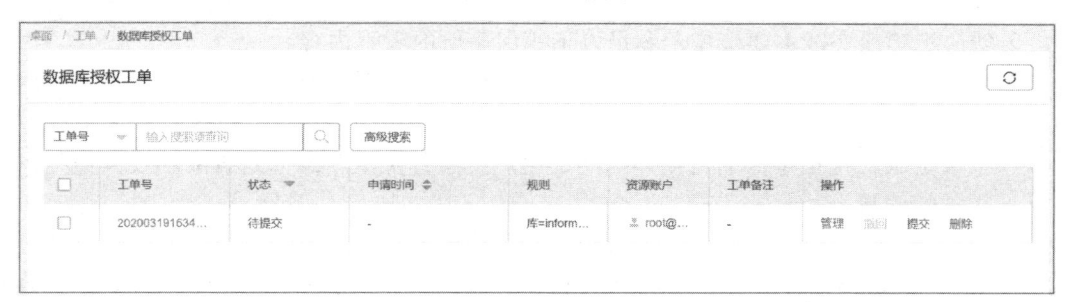

图8-11 "数据库授权工单"界面

步骤3：在工单列表框中，单击目标工单在"操作"列中的"提交"超链接，提交对MySQL数据库资源RDS_A中删除操作的授权申请。

（4）管理员用户admin_A审核运维用户User_A的运维操作，根据实际情况批准或驳回授权申请。

步骤1：使用管理员用户admin_A登录云堡垒机。

步骤2：选择"工单"→"工单审批"选项，进入"工单审批"界面，审核运维用户User_A提交的数据库授权工单，如图8-12所示。

图8-12 "工单审批"界面

步骤3：在工单列表框中，单击目标工单在"操作"列中的"批准"或"驳回"超链接，批准或驳回授权申请。

说明：在管理员批准授权申请后，运维用户才能继续执行被拦截的高危操作。

8.4.2 云堡垒机等保实践

为了助力企业通过等保合规测评，本文主要介绍华为云堡垒机各项功能与等保相关条款之间的对应关系，以便有针对性地提供佐证材料。

1. 等保三级相关条例

云堡垒机等保实践主要聚焦于满足以下等保条例的考察内容。

- 应在网络边界、重要网络节点进行安全审计，审计覆盖到每个用户，对重要的用户行为和重要安全事件进行审计。
- 审计记录应包括事件的日期和时间、用户、事件类型、事件是否成功及其他与审计相关的信息。
- 应对审计记录进行保护，定期备份，避免受到未预期的删除、修改或覆盖等。
- 应能对远程访问的用户行为、访问互联网的用户行为等单独进行行为审计和数据分析。
- 应对登录的用户进行身份标识和鉴别，身份标识具有唯一性，身份鉴别信息具有复杂度要求并定期更换。
- 应具有登录失败处理功能，应配置并启用结束会话、限制非法登录次数和当登录连接超时自动退出等相关措施。
- 当进行远程管理时，应采取必要措施防止鉴别信息在网络传输过程中被窃听。

- 应采用口令、密码技术、生物技术等两种或两种以上组合的鉴别技术对用户进行身份鉴别，且其中一种鉴别技术至少应使用密码技术来实现。
- 应对登录的用户分配账户和权限。
- 应重命名或删除默认账户，修改默认账户的默认口令。
- 应及时删除或停用多余的、过期的账户，避免共享账户的存在。
- 应授予管理用户所需的最小权限，实现管理用户的权限分离。
- 应由授权主体配置访问控制策略，访问控制策略规定主体对客体的访问规则。
- 应启用安全审计功能，审计覆盖到每个用户，对重要的用户行为和重要安全事件进行审计。

2. 前提条件

已经购买标准版及更高版本的云堡垒机，并且已完成云堡垒机的配置。

3. 安全区域边界：安全审计

等保条例：应在网络边界、重要网络节点进行安全审计，审计覆盖到每个用户，对重要的用户行为和重要安全事件进行审计。本条例主要考察是否进行过安全审计。云堡垒机支持对云服务器运维操作进行监控和审计。

（1）使用有审计模块权限的账户登录云堡垒机，选择“审计”→“历史会话”选项，进入“历史会话”界面，如图 8-13 所示。

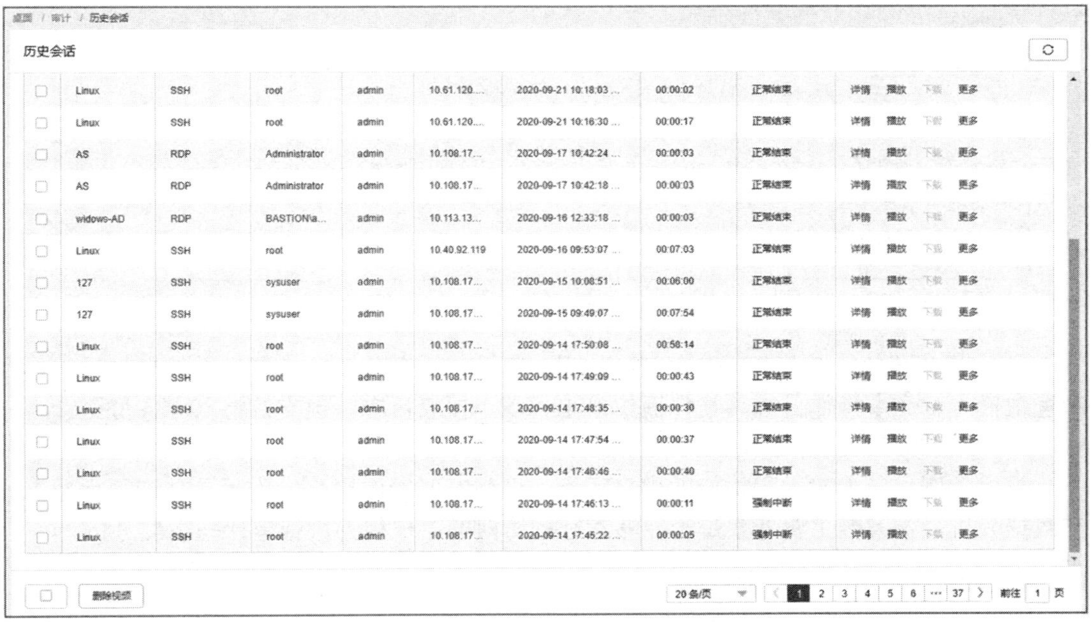

Linux	SSH	root	admin	10.61.120....	2020-09-21 10:18:03 ...	00:00:02	正常结束	详情 播放 下载 更多
Linux	SSH	root	admin	10.61.120....	2020-09-21 10:16:30 ...	00:00:17	正常结束	详情 播放 下载 更多
AS	RDP	Administrator	admin	10.108.17...	2020-09-17 10:42:24 ...	00:00:03	正常结束	详情 播放 下载 更多
AS	RDP	Administrator	admin	10.108.17...	2020-09-17 10:42:18 ...	00:00:03	正常结束	详情 播放 下载 更多
widows-AD	RDP	BASTION\a...	admin	10.113.13...	2020-09-16 12:33:18 ...	00:00:03	正常结束	详情 播放 下载 更多
Linux	SSH	root	admin	10.40.92.119	2020-09-16 09:53:07 ...	00:07:03	正常结束	详情 播放 下载 更多
127	SSH	sysuser	admin	10.108.17...	2020-09-15 10:08:51 ...	00:06:00	正常结束	详情 播放 下载 更多
127	SSH	sysuser	admin	10.108.17...	2020-09-15 09:49:07 ...	00:07:54	正常结束	详情 播放 下载 更多
Linux	SSH	root	admin	10.108.17...	2020-09-14 17:50:08 ...	00:58:14	正常结束	详情 播放 下载 更多
Linux	SSH	root	admin	10.108.17...	2020-09-14 17:49:09 ...	00:00:43	正常结束	详情 播放 下载 更多
Linux	SSH	root	admin	10.108.17...	2020-09-14 17:48:35 ...	00:00:30	正常结束	详情 播放 下载 更多
Linux	SSH	root	admin	10.108.17...	2020-09-14 17:47:54 ...	00:00:37	正常结束	详情 播放 下载 更多
Linux	SSH	root	admin	10.108.17...	2020-09-14 17:46:46 ...	00:00:40	正常结束	详情 播放 下载 更多
Linux	SSH	root	admin	10.108.17...	2020-09-14 17:46:13 ...	00:00:11	强制中断	详情 播放 下载 更多
Linux	SSH	root	admin	10.108.17...	2020-09-14 17:45:22 ...	00:00:05	强制中断	详情 播放 下载 更多

图 8-13　“历史会话”界面

（2）可以在“历史会话”界面中查看资源名称、类型、来源 IP、资源账户、起止时间、会话时长等信息。

等保条例：审计记录应包括事件的日期和时间、用户、事件类型、事件是否成功及其他与审计相关的信息。本条例主要考察日志是否按照要求进行记录。

（1）使用管理员账户登录云堡垒机，选择"审计"→"历史会话"选项，进入"历史会话"界面。

（2）在历史会话列表框中，单击要查看的历史会话的"详情"超链接，进入相应的"会话详情"界面，可以查看该历史会话的资源会话信息、系统会话信息等，如图 8-14 所示。

图 8-14　"会话详情"界面

等保条例：应对审计记录进行保护，定期备份，避免受到未预期的删除、修改或覆盖等。

（1）使用管理员账户登录云堡垒机，选择"系统"→"数据维护"选项，进入"数据维护"界面，选择"日志备份"选项卡，如图 8-15 所示。

图 8-15　"数据维护"界面中的"日志备份"选项卡

（2）在"日志备份"选项卡中可以创建、查看日志备份，支持备份系统登录日志、资源登录日志、命令操作日志、文件操作日志、双人授权日志，也支持将日志备份至 syslog 服务器、FTP/SFTP 服务器和 OBS 服务器中。

等保条例：应能对远程访问的用户行为、访问互联网的用户行为等单独进行行为审计和数据分析。本条例主要考察是否能够对远程访问的用户行为进行审计与数据分析。

4. 安全计算环境：身份鉴别

等保条例：应对登录的用户进行身份标识和鉴别，身份标识具有唯一性，身份鉴别信息具有复杂度要求并定期更换。本条例主要考察以下 3 点。

- 是否对登录用户进行身份识别和鉴别。使用浏览器访问华为云堡垒机的登录页面，如图 8-16 所示，证明需要对用户身份进行鉴别，才可以正常使用产品功能。

图 8-16　华为云堡垒机的登录页面

- 身份标识是否具有唯一性。在创建用户时，必须填写姓名、手机号码、邮箱及角色，并且一个用户只能配置一个角色。
- 身份鉴别信息是否具有复杂度要求并定期更换。华为云堡垒机支持 3 种改密执行方式，分别为"手动执行"、"定时执行"和"周期执行"。华为云堡垒机支持 3 种改密方式，分别为"生成不同密码"、"生成相同密码"和"指定相同密码"。可以在"新建策略"对话框中设置改密执行方式和改密方式，如图 8-17 所示。

图 8-17　"新建策略"对话框

等保条例：应采用口令、密码技术、生物技术等两种或两种以上组合的鉴别技术对用户进行身份鉴别，且其中一种鉴别技术至少应使用密码技术来实现。

华为云堡垒机采用多因子认证的登录方式，具体的登录认证方法有 4 种，分别为手机短信、手机令牌、USB Key 和动态令牌。可以在"编辑用户配置"对话框中设置多因子认证的登录方法，如图 8-18 所示。

图 8-18 "编辑用户配置"对话框

等保条例：应具有登录失败处理功能，应配置并启用结束会话、限制非法登录次数和当登录连接超时自动退出等相关措施。

华为云堡垒机可以在"用户锁定配置"对话框中配置用户登录安全锁，可以设置锁定方式、尝试密码次数、锁定时长等，如图 8-19 所示。

图 8-19 "用户锁定配置"对话框

5. 访问控制

等保条例：应授予管理用户所需的最小权限，实现管理用户的权限分离。

华为云堡垒机支持对用户的操作权限进行限制，相关策略有三类，分别为访问控制策略、命令控制策略和数据库控制策略。

华为云堡垒机可以对登录的用户角色的一些操作权限进行控制，如为运维主管的账户授予删除和修改代理服务器的权限。可以在"编辑角色权限"对话框中查看角色权限的细粒度划分，并且设置角色的权限，如图 8-20 所示。

图 8-20　"编辑角色权限"对话框

华为云堡垒机可以在"新建访问控制策略"对话框中对各个账户进行访问控制，具体可以细分为文件管理、上行剪切板、下行剪切板、显示水印、控制登录时间、上传文件、下载文件等，并且可以对登录的角色进行 IP 地址的黑、白名单限制，如图 8-21 所示。

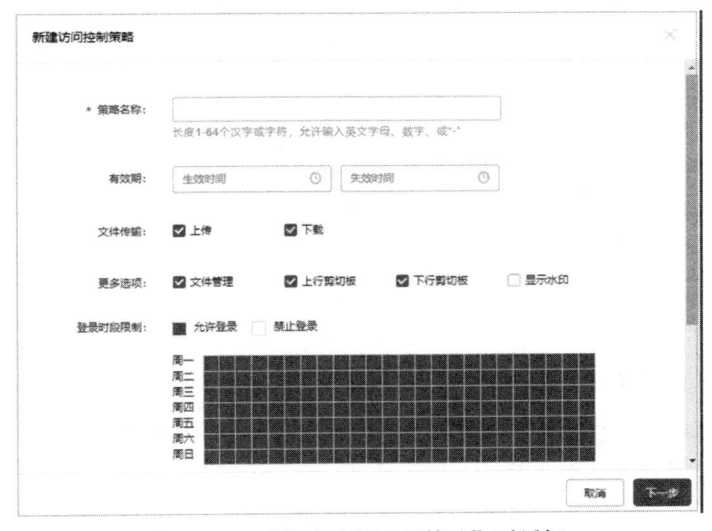

图 8-21　"新建访问控制策略"对话框

等保条例：应对登录的用户分配账户和权限。

华为云堡垒机支持对用户进行角色分配和用户组分配。

对于长期不登录或过期的账户，应该及时将其删除。云堡垒机可以在"用户禁用配置"对话框中设置僵尸用户判定时间，如图8-22所示，超过该时间的用户账户会被禁用。

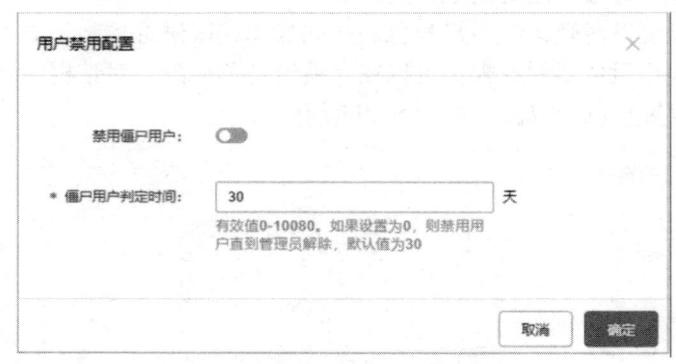

图8-22 "用户禁用配置"对话框

6. 安全审计

等保条例：应启用安全审计功能，审计覆盖到每个用户，对重要的用户行为和重要安全事件进行审计。

华为云堡垒机支持查看实时会话、历史会话及系统日志。

可以在"系统日志"界面的"系统登录日志"选项卡中查看系统登录信息，包括时间、用户、来源IP、日志内容、登录方式、结果和备注等，如图8-23所示。

图8-23 "系统日志"界面中的"系统登录日志"选项卡

等保条例：审计记录应包括事件的日期和时间、用户、事件类型、事件是否成功及其他与审计相关的信息。

华为云可以在"系统日志"界面的"系统操作日志"选项卡中查看账户对堡垒机进行

的操作信息，包括时间、用户、来源 IP、模块、日志内容、结果和备注等，如图 8-24 所示。

图 8-24 "系统日志"界面中的"系统操作日志"选项卡

8.4.3 跨云、跨 VPC、线上、线下统一运维实践

1. 应用场景

针对服务器资源分布在跨 VPC、线下 IDC 机房、非华为云等跨网络域的场景，华为云堡垒机提供了通过网络代理服务器进行运维的方案，以便在没有搭建网络专线的情况下，纳管各网络域的各类服务器资源，从而利用华为云堡垒机统一管理、运维各类工作负载。

下面介绍如何在目标网络域内配置代理服务器、连通华为云堡垒机，并且使用华为云堡垒机对跨云、跨 VPC、线上、线下的资源进行管理和运维。跨云、跨 VPC、线上、线下统一运维示意图如图 8-25 所示。

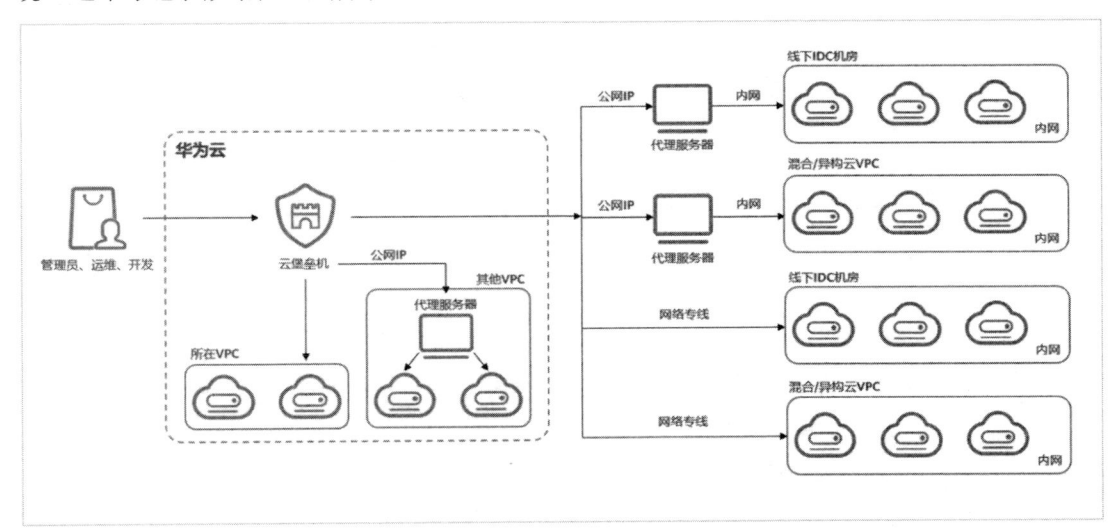

图 8-25 跨云、跨 VPC、线上、线下统一运维示意图

2. 前提条件及准备工作

- 已购买华为云堡垒机并正常使用。
- 已购买 ECS 并正常使用。
- 已在对端网络域中获取一台服务器并将其作为代理服务器。
- 代理服务器已绑定 EIP。
- 代理服务器与待纳管的服务器网络互通。

- 已下载最新版本的 3proxy 压缩包。

3. 设置代理服务器

在对跨网络域的服务器进行管理和运维前，需要在对端网络域中配置一台网络代理服务器。先将该代理服务器与业务服务器通过内网进行互通，再将代理服务器与华为云堡垒机通过网络进行互通，即可实现华为云堡垒机到业务服务器之间的跨域网络互联。

这部分操作是实现华为云堡垒机跨域纳管主机资源的前提。

1）为代理服务器启用网络代理服务

（1）登录代理服务器（3proxy），进行代理服务器的相关设置。

（2）上传 3proxy 压缩包并将其解压缩，进入对应的目录，执行以下命令。

```
bash install.sh
```

（3）执行以下命令，添加 3proxy 用户。

```
/etc/3proxy/add3proxyuser.sh myuser mypassword
```

（4）执行以下命令，重启代理服务器 3proxy。

```
systemctl restart 3proxy
```

注意：第（2）～（4）步中的命令，均以 CentOS7 为例。

说明：socks 代理协议（端口：1080）没有加密功能，务必在安全组设置中禁止非必要的 IP 地址访问。

2）为代理服务器配置安全组规则

（1）配置代理服务器的入方向规则，允许云堡垒机访问代理服务器，如图 8-26 所示。

图 8-26 配置代理服务器的入方向规则

（2）配置代理服务器的出方向规则，允许代理服务器访问待纳管的业务服务器，如图 8-27 所示。

图 8-27　配置代理服务器的出方向规则

4．通过云堡垒机纳管跨域的代理服务器

（1）登录网络控制台，在左侧的导航栏中选择"访问控制"→"安全组"选项，进入"安全组"界面，为云堡垒机所在的安全组配置入方向规则和出方向规则，分别如图 8-28 和图 8-29 所示。

图 8-28　配置云堡垒机所在安全组的入方向规则

287

图 8-29 配置云堡垒机所在安全组的出方向规则

（2）通过云堡垒机纳管代理服务器。登录云堡垒机，打开"新建代理服务器"对话框，创建一个代理服务器，如图 8-30 所示。

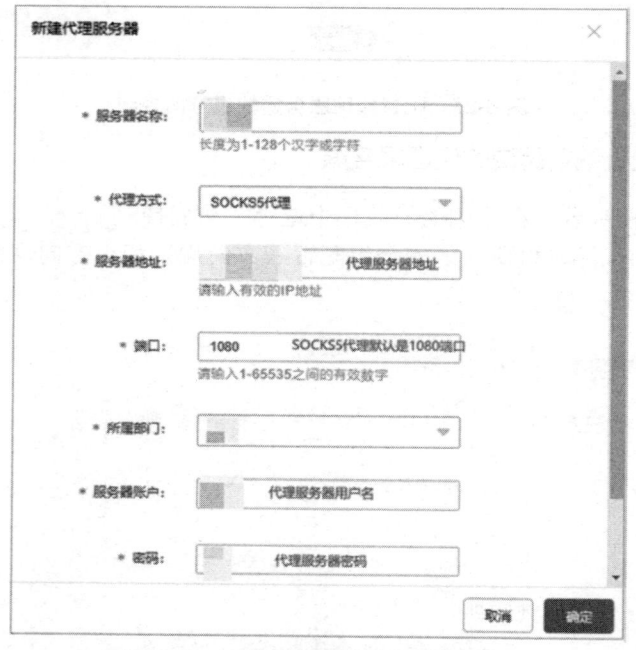

图 8-30 "新建代理服务器"对话框

（3）为待纳管的代理服务器所在的安全组配置入方向规则，如图 8-31 所示。

说明：根据需要，自行为待纳管的代理服务器所在的安全组配置出方向规则。

（4）通过云堡垒机纳管代理服务器。

在完成上述操作后，可以根据华为云堡垒机自带的主机运维功能跨网络域运维被纳管的代理服务器。类似地，可以将以上操作推广到混合云、异构云、线下 IDC 等不同的网络环境中，用于实现跨云、跨 VPC、线上、线下统一运维。

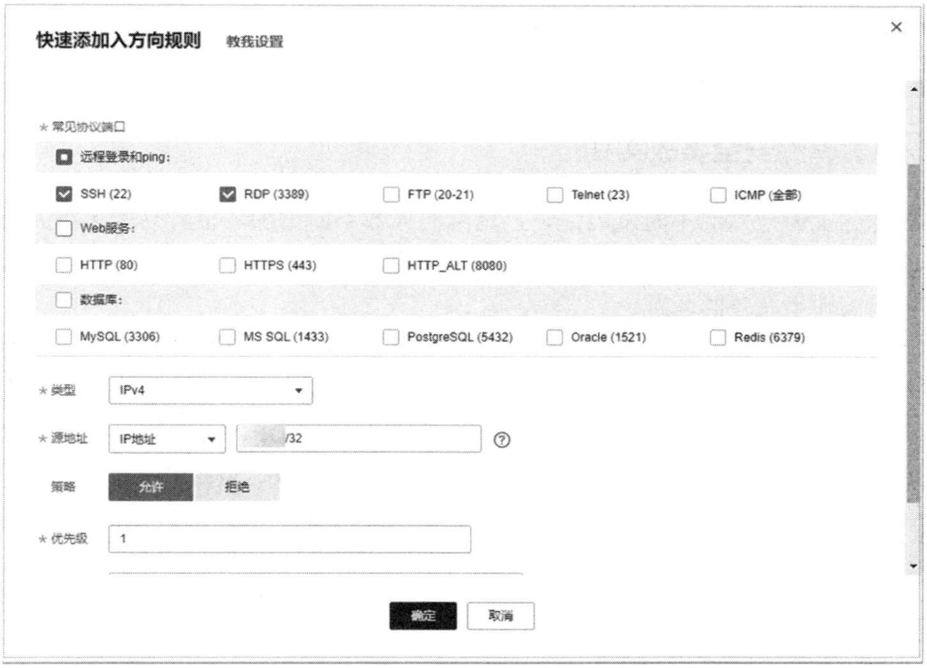

图 8-31　为待纳管的代理服务器所在的安全组配置入方向规则

5. CentOS8 配置代理示例

（1）执行以下命令，安装 3proxy 软件包。

```
yum install -y epel-release
yum install -y 3proxy
```

（2）执行以下命令，进行极简配置。

```
nscache 65536
timeouts 1 5 30 60 180 1800 15 60
#设置用户名为test、密码为test
users test:CL:test
daemon
log /var/log/3proxy/3proxy.log
logformat "- +_L%t.%. %N.%p %E %U %C:%c %R:%r %O %I %h %T"
archiver gz /bin/gzip %F
rotate 30
external 0.0.0.0
internal 0.0.0.0
auth strong
allow test
maxconn 20
socks
flush
```

(3) 执行以下命令，启用代理服务。

```
systemctl start 3proxy
```

8.4.4 事后追溯安全事故实践

随着业务上云技术的不断发展，云上运维的人数不断增加，很容易因运维人员操作失误导致安全事故，但因为传统服务器缺少指令监控、操作回放等功能，所以可能会出现安全事件可追溯性不完善的问题。

华为云堡垒机可以管控所有的操作，并且对所有的操作都进行详细记录。针对会话的审计日志，华为云堡垒机支持在线查看、在线播放和下载后离线播放等功能。华为云堡垒机目前支持字符协议（如 SSH、TELNET）、图形协议（如 RDP、VNC）、文件传输协议（如 FTP、SFTP、SCP）、数据库协议（如 DB2、MySQL、Oracle、SQL Server）和应用发布的操作审计。其中，字符协议和数据库协议能够进行操作指令解析，还原操作指令；文件传输协议能够记录传输的文件名称和目标路径。

1．简介

本章主要介绍云堡垒机如何通过会话审计功能对安全事件进行追溯调查，完成安全事件的责任界定。

2．前提条件

已购买云堡垒机，并且使用具有审计模块权限的账户登录云堡垒机。

3．对历史会话进行审计

（1）登录云堡垒机，选择"审计"→"历史会话"选项，进入"历史会话"界面。

（2）根据业务的安全问题，在"高级搜索框"中输入相关信息进行检索，如图 8-32 所示。

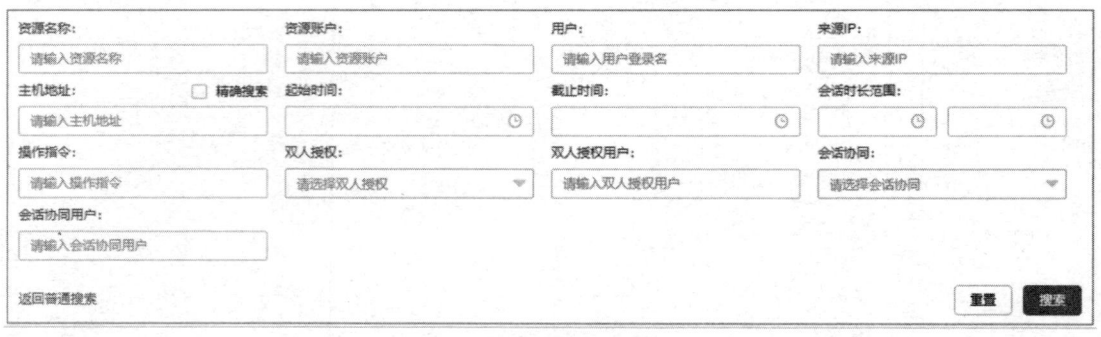

图 8-32　高级搜索

（3）在搜索结果中，单击目标会话在"操作"列中的"详情"超链接，进入相应的"会话详情"界面，对历史操作指令、文件传输情况等进行排查。

按照上述步骤，可以根据操作指令的情况，排查出是哪个步骤出现了问题，为事件追溯提供便利性。也可以在"历史会话"界面中，单击目标历史会话在"操作"列中的"播放"超链接，如图 8-33 所示，播放相应的运维视频，查看具体的操作情况。

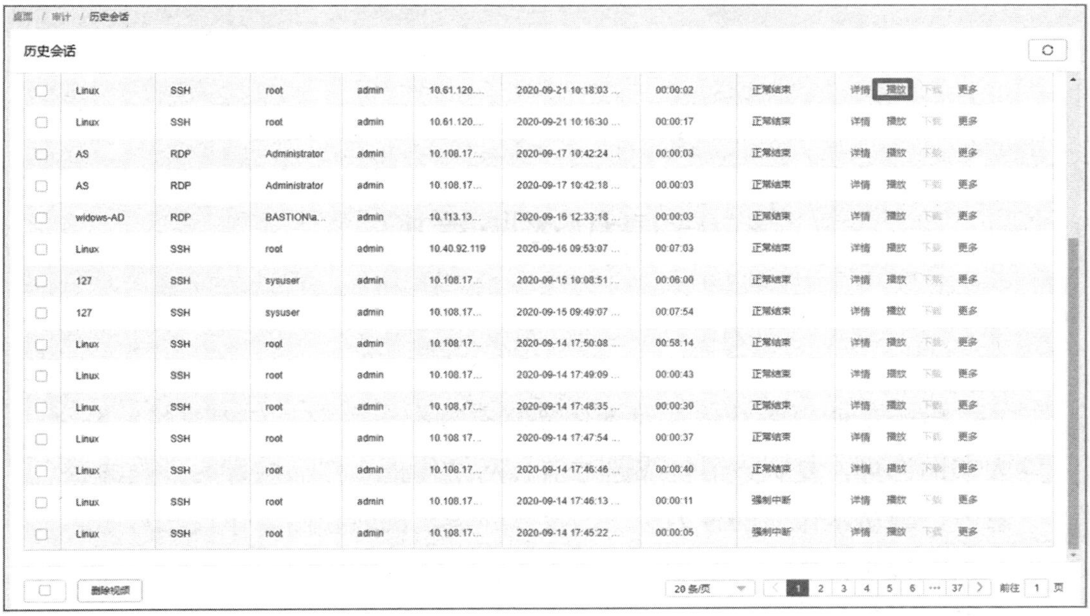

图 8-33　单击"播放"超链接

8.5　本章小结

本章主要介绍了华为云堡垒机的相关知识和应用。云堡垒机是一款功能丰富、安全、可靠的云计算安全管控平台，可以帮助企业集中管理大规模的云上资源，降低资源账户的泄露风险，提高资源信息的安全水平。

8.6　本章练习

1. 云堡垒机和普通堡垒机的区别是什么？云堡垒机能够解决什么行业问题？
2. 简述如何配置二次审核策略，用于实现高危操作的复核审批，并且验证其效果。
3. 简述华为云堡垒机的功能特性。

反侵权盗版声明

　　电子工业出版社依法对本作品享有专有出版权。任何未经权利人书面许可，复制、销售或通过信息网络传播本作品的行为；歪曲、篡改、剽窃本作品的行为，均违反《中华人民共和国著作权法》，其行为人应承担相应的民事责任和行政责任，构成犯罪的，将被依法追究刑事责任。

　　为了维护市场秩序，保护权利人的合法权益，我社将依法查处和打击侵权盗版的单位和个人。欢迎社会各界人士积极举报侵权盗版行为，本社将奖励举报有功人员，并保证举报人的信息不被泄露。

举报电话：（010）88254396；（010）88258888
传　　真：（010）88254397
E-mail：　dbqq@phei.com.cn
通信地址：北京市万寿路173信箱
　　　　　电子工业出版社总编办公室
邮　　编：100036